# FEASTS and FASTS

## A History of Food in India

# 印度美食史

## 盛宴与斋戒

**Colleen Taylor Sen**

[加] 珂琳·泰勒·森 著

姜昊骞 译

中国出版集团 东方出版中心

**图书在版编目（CIP）数据**

印度美食史：盛宴与斋戒 / （加）珂琳·泰勒·森
(Colleen Taylor Sen) 著；姜昊骞译 . -- 上海：东方
出版中心，2025. 3. -- ISBN 978- 7- 5473- 2601- 5

Ⅰ. TS971.203.51

中国国家版本馆 CIP 数据核字第 2025EL3652 号


上海市版权局著作权合同登记：图字 09- 2024- 0114 号

*Feasts and Fasts: A History of Food in India* by Colleen Taylor Sen was
first published by Reaktion Books, London, UK, 2014, in the Foods and
Nations series.
Copyright © Colleen Taylor Sen 2014.


**印度美食史：盛宴与斋戒**

著　　者　［加］柯琳·泰勒·森
译　　者　姜昊骞
策划编辑　沈旖婷
责任编辑　沈旖婷
封面设计　钟　颖

出 版 人　陈义望
出版发行　东方出版中心
地　　址　上海市仙霞路345号
邮政编码　200336
电　　话　021- 62417400
印 刷 者　上海盛通时代印刷有限公司

开　　本　890mm×1240mm　1/32
印　　张　13.125
字　　数　280千字
版　　次　2025年4月第1版
印　　次　2025年4月第1次印刷
定　　价　78.00元

纪念我的母亲，

凯特琳·吉尔伯特·泰勒

# 目 录

序 言

*I*

第一章

## 气候、作物与史前史 *5*

第二章

## 仪式时代

（公元前1700年至前1100年） *34*

第三章

## 弃世传统与素食主义

（公元前1000年至前300年） *50*

第四章

## 全球化印度与新正统

（公元前300年至公元500年） *79*

第五章

## 新的宗教潮流与运动：宴会与斋戒

（公元500年至1000年） *101*

## 第六章

## 食品与印度医生

（公元前600年至公元600年） *130*

## 第七章

## 中世纪：《心之乐》《利民论》与地方菜

（公元600年至1300年） *153*

## 第八章

## 德里苏丹国：《美馔之书》《厨经》和《饮食与保健》

（1300年至1550年） *170*

## 第九章

## 莫卧儿王朝及其继承者

（1526年至1857年） *203*

## 第十章

## 欧洲人、公侯及其遗产

（1500年至1947年） *238*

## 第十一章

## 印度饮食概览：餐制、烹饪技法与地方差异 *274*

# 目 录

第十二章

**印餐新趋势**

（1947年至今） *313*

第十三章

**侨民印餐** *335*

印餐年表

*360*

注 释

*364*

参考文献

*389*

致 谢

*395*

照片版权

*397*

索 引

*399*

# 序　言

　　（印度）就像一张古老的羊皮纸，覆写了一层又一层的思想与幻想，但没有哪一层能将之前的内容完全盖住或者擦掉……尽管从外表看来，我国人民纷繁多样，不可胜数，但到处又都有一种宏大的统一感，从遥远的过去便将我们所有人团结在一起，无论怎样的政治命运或不幸降临到我们身上。

　　　　　　　　——贾瓦哈拉尔·尼赫鲁，《印度的发现》（1946 年）

　　印度一贯被称作一个世界，而非一个国家。印度是仅次于中国的人口第二大国，国土面积在全世界排名第七；没有任何一个国家拥有如此多样的气候与土壤、种族和语言、宗教与教派、部落、种姓阶级、习俗，还有饮食。有时，人们从语言族群多样性方面比较印度和欧洲——但是你想象一下，一个有八门宗教（其中四门诞生于本土）的欧洲，每门宗教都有自己的禁忌。正如马克·吐温观察到的那样，"在宗教方面，所有国家都是乞丐，只有印度一个百万富翁"。[1]

　　自古以来，外国旅行者就赞叹这片土地作物丰裕。原产于印度的植物包括黑豆（urad）、绿豆（mung）、红扁豆（masur dal）

等各类扁豆，粟，茄子，多种根茎类作物，南瓜，瓠瓜，芒果，菠萝蜜，柑橘，姜，姜黄，罗望子，胡椒，荜茇。印度还是家鸡的故乡。这些食材至今依然是众多印度人的主食。

但印度也是世界上最早的全球经济体之一。从公元前2000多年的印度河谷文明开始，印度就是一张庞大的海陆贸易网络的中枢，阿富汗、波斯、中亚、中东、非洲、中国、东南亚和印度尼西亚群岛的各种植物、食材、菜品和烹饪技法往来通衢。佛教从印度传到中国、东南亚、朝鲜和日本，改变了这些国家的饮食习惯。后来，欧洲人带来了西半球和其他地方的植物，包括番茄、菠萝、腰果、马铃薯和辣椒。借用尼赫鲁的话，印度饮食好比一张羊皮纸，前面提到的那些事物在上面覆写了一层又一层，而没有哪一层将过去的饮食完全盖住或者擦掉。

鉴于这种多样性，发掘印度饮食的标志性特点和这些特点的演变过程，探究是否存在一种全体印度人共通的饮食文化，这便是一件引人入胜的事。本书将结合历史、社会、宗教和哲学发展的背景，追溯从史前时代至今的印度饮食史，从而探讨上述问题。本书大体上按照时间顺序，但也有一定的自由度，因为许多印度古代著作的成书时间只能精确到百年乃至千年的尺度。一位学者写道："对研究浩如烟海的印度史诗和神话文献的人来说，最稀罕的礼物之一便是日期。"[2]

食物的宗教、伦理和哲学意义是本书的一个重要主题，因为在印度，食物被赋予了身份标识的含义，程度超过全世界其他任何地方。由"你吃什么食物，就是什么人"可推得，"你是什么人，就吃什么食物"。佛教徒、耆那教徒、印度教徒、锡克教徒、伊斯兰教徒和其他宗教的信徒都有自己的饮食规定和禁止。为了庆祝节日和人生转折点而开宴会，为了精神和医疗原因而斋戒，这都是次大陆上的普遍做法。

另一个重要主题是饮食与健康之间牢不可破的关系。食疗是阿育吠陀（Ayurveda，印度医学）和尤纳尼（Unani，伊斯兰教医学）的主要手段。如今，现代科学研究证实了许多阿育吠陀疗法与药材的效力。

本书采用的信息来源包括：远古时代的考古发掘报告，经文、哲学著作或规则书（shastras），阿育吠陀文献，憍底利耶（Kautilya，又作Chanakya）的《利论》（Arthashastra），印度教史诗，泰米尔人的桑格姆文学（Sangam）和其他诗作，自亚历山大大帝以来的外国人游记，回忆录。最早的简略"菜谱"——《心之乐》（Manasollassa）、《利民论》（Lokopakara）、《厨经》（Supa Shastra）和曼杜城（Mandu）苏丹所用的配有精美插图的《美馔之书》（Ni'matnama）——直到12世纪才开始出现。尽管这些著作能让我们对当时的食物和用餐方式有一个大致了解，但菜品的确切详细制作方法却付诸阙如。人类学家阿尔琼·阿帕多拉伊（Arjun Appadurai）写道：

> 宏大的印度教传统中缺少了饮食文化的基础形式，也就是菜谱……尽管印度教法律、医学或哲学文献中有大量关于**用餐**和供餐的文字，谈论**烹饪**却少得出奇……在传统印度教思想中，饮食主要事关伦理或医疗。[3]

由于物理和文化层面的多样性，印度不仅仅有一种饮食文化，而是根据地域、宗教和社会差异有**多种**独特的饮食文化——

种类之多，本书或者任何一本书都无法遍历。英国官员和作家大体上忽视印度的地域差异和国内食物消费，历史学家也相对关注较少。食物研究基本上交给了人类学家，而正如一位人类学家所说，同行们已经发展出了一套"令人惊叹的庞大概念工具，可以脱离历史背景来谈论食物"。[4]

迄今为止，研究印度饮食之道的最全面著作是K. T. 阿查亚教授（Professor K. T. Achaya）那本精彩的《印度饮食历史手册》（*A Historical Companion to Indian Food*，1994）及其配套读物《印度饮食历史词典》（*A Historical Dictionary of Indian Food*，1998）。我有一件憾事，就是自己去印度的时候从未与阿查亚教授谋面。印度饮食研究者也受惠于奥姆·普拉卡什教授（Professor Om Prakash）《古印度饮食：从远古到公元1200年前后》（*Food and Drinks in Ancient India: From Earliest Times to C. 1200 AD*，1963）一书中的梵语文献编译段落。"参考资料节选"中还列举了其他有价值的文献。

## 转 写 说 明

梵语、乌尔都语、印地语和其他印度次大陆语言不采用拉丁字母，英文字母也难以精确对应原文发音。学者会使用附标来表示正确的发音；例如，ā代表长元音，ṣ代表咝音。如果一个词语已有通用英文写法，则会在正文中沿用（比如，写在Krishna而非Kṛṣṇa）。

# 第一章

# 气候、作物与史前史

要了解任何一个国家的饮食，起点便是物质层面的特征，那里的环境、气候和天气、土壤和地貌。印度次大陆有着令人惊讶的地理多样性，拥有几乎每一种能够想象到的气候：冰冷的喜马拉雅山巅、克什米尔的松林、喀拉拉的茂密热带森林、拉贾斯坦的干旱沙漠、孟加拉国和西孟加拉邦的冲积平原，还有7 500英里（约合12 000千米）的海岸线和十大水系。

## 地 理 环 境

地球上的陆地曾经组成了一整个大陆，名为"盘古大陆"（Pangaea），漂浮在整个大洋上。这种状态持续了数亿年。大约2亿年前，盘古大陆开始解体，最终分裂成了两大陆块，即劳亚古陆（Laurasia）和冈瓦纳古陆（Gondwana）。"冈瓦纳"得名于居住在印度的部落民冈德人（Gonds）。冈瓦纳古陆是今天的南极洲、南美洲、非洲、印度和澳大利亚的前身。大约9 000万年前，印度次大陆脱离冈瓦纳古陆，向北漂移，直到与欧亚板块相撞。次大陆猛烈冲入了现在的中亚地区，将地表抬升了8 000米，遂为喜马拉雅山脉。

5

北侧的喜马拉雅山脉（得名于梵语中的"雪国"一词，写作himalaya）绵延2 400千米，西起巴基斯坦和阿富汗，东至缅甸。全世界有一些最高的山峰就坐落于那里，包括珠穆朗玛峰和乔戈里峰，两者的海拔都接近9 000米。喜马拉雅山常有隔绝印度与11 亚洲其他地区的天堑之称，但印度一直通过山口和山谷——包括著名的开伯尔山口（Khyber Pass）——与西亚、中亚保持交流。几千年前就有游牧民和商人从中亚、伊朗和阿富汗来印度了。东北面高耸的雪峰使得交流更加困难，但印度与中国之间一直有贸易。

喜马拉雅雪山融水和季节性降雨滋养了次大陆上的宏伟水系：汇入阿拉伯海的印度河（Indus）及其支流哲伦河（Jhelum）、拉维河（Ravi）、苏特莱杰河（Sutlej）、比斯河（Beas）和奇诺布河（Chenab），这五条河在波斯语和乌尔都语中叫做"旁遮普"（panj ab），意为"五河"；亚穆纳河—恒河（Yamuna-Ganga，英语中称作Ganges）；往东南方向流经阿萨姆（Assam），最终汇入孟加拉湾的布拉玛普特拉河（Brahmaputra）。这几条大河的流域形成了3 200千米长、240千米至320千米宽的印度河—恒河平原（Indo-Gangetic plain），这是北印度文明的摇篮。

由于河流带来的肥沃沉积土、丰富的地下水储量辅以庞大的灌溉体系，所以印度河—恒河平原的北部和东部成了全印度农业生产力最高的区域。印度的旁遮普邦和哈里亚纳邦，巴基斯坦的旁遮普省出产小麦、大麦、黑麦等谷物。西孟加拉邦、阿萨姆邦水稻一年两熟，有时能做到一年三熟。

印度河—恒河平原历史上的密林如今大大萎缩，拉贾斯坦地区荒无人烟的塔尔大沙漠（Thar Desert）就是明证。在引水灌溉之前，这里唯一生产的主食就是所谓的粗粮：高粱和粟米。

德干高原（Deccan Plateau）占据了印度南部的很大一部分，干旱多石，北界是文底耶山脉（Vindhya）、萨特普拉山脉（Satpura）和讷尔默达河（Narmada River）。两大山脉部分阻隔了南北印度的交通，并促使喀拉拉（Kerala）、卡纳塔卡（Karnataka）、泰米尔纳德（Tamil Nadu）和安得拉（Andhra Pradesh）南方四邦发展出了独特的文化、语言和饮食。南印度的三条大河是高韦里河（Kaveri）、戈达瓦里河（Godavari）和克里希纳河（Krishna），均流入孟加拉湾。它们的三角洲是南印度水稻之乡。

西高止山（Western Ghats）是一道沿着印度西海岸分布的古老山脉，它与印度洋之间夹着一片绿意葱茏的狭窄海岸，名为马拉巴尔海岸（Malabar Coast）。由于降水丰富，这里是印度最肥沃的区域之一，历史上印度香料贸易的枢纽，也是15世纪末欧洲人最早到访的印度地区。 12

# 气　候

在约结束于12 500年前的上一个冰期中，北印度受到影响的范围和程度低于欧亚大陆和北美洲，南印度则完全没有受到影响。冰期的结束降低了食物采集难度，也促进了人口增长。

印度囊括了许多种天气条件和气候带：南边是热带，北边是温带和山地气候区。喜马拉雅山阻挡了来自北方的冷风，让次大陆比同纬度的其他国家更加温暖。印度许多地区都有独特的微气候。传统印度历法有六个季节：

7

春季（vasanta）：3月中旬至5月中旬（节日众多）

夏季（grishma）：5月中旬至7月中旬

雨季或季风季（varsha）：7月中旬至9月中旬

秋季（sharad）：9月中旬至11月中旬

冬季（hemant）：11月中旬至1月中旬

寒季（Shishir）：1月中旬至3月中旬

今天，印度气象局正式规定的季节有四个：冬季（12月至4月初）、夏季/前雨季（大致是4月至6月）、雨季/季风季（6月至9月）、后雨季（10月至12月）。在阿育吠陀中，饮食因季节而定，炎热的月份建议吃凉性的食物，潮湿的季节建议吃干性的食物，等等。

印度的气候、农业和整个经济都由季风（热带降水风）主导。6月至9月，来自印度洋的西南季风席卷印度地块，为印度西部、东北部和北部带来降水。印度75%以上的降水都发生在这段时间。之后风向逆转，东北季风为南印度带来降水。自古以来，印度商人就利用季风驱动帆船，向西驶过阿拉伯海去往阿拉伯半岛、中东、罗马帝国和非洲，向东越过印度洋去往东南亚国家和中国。

季风的时间和雨量对食物供给至关重要。在采用现代灌溉方法和绿色革命（原书第273—274页）之前，季风不调会造成毁灭性的饥荒。[1]降雨最多的地区是印度东北部和西部沿海（年降雨量2 000毫米以上），可以种植耗水量大的水稻。北部平原降雨中等（年降雨量为1 000至2 000毫米），但包括小麦在内的多种作物无须灌溉即可生长。冬季作物小麦是北印度和巴基斯坦的主

粟米田，粟是印度的传统粮食作物

食，雨季末尾播种，12月成熟。北印度还种植大麦。印度大部分地区有两个种植季：冬季和夏季。冬季作物（rabi）是冬季播种，夏季收获；夏季作物（kharif）是夏季播种，冬季收获。

降雨量低的地区（年降雨量500至1000毫米）出产旱地作物，包括各种无须灌溉就能种植，甚至降雨稀少也能生长的粟。玉米盛产于平原和丘陵地带，在干旱和中度湿润地区皆可生长。印度几乎全境都有甘蔗，但主要栽培区域在恒河上游谷地和旁遮普的灌溉农田。

## 农 业 发 展

14

传统主流理论认为，欧洲、中亚和南亚农业发源于土耳其东南部的"核心地带"，所有主要作物种类都是同时在那里驯化的。近年来的证据表明，各种作物是在不同时间、不同地区驯化的。南亚本土作物可能有多达六个独立驯化地点：印度南部、恒河平原、奥里萨（Orissa）、古吉拉特地区的萨乌拉施特拉（Saurashtra）、印度河与恒河分水岭、俾路支斯坦（Baluchistan）。[2] 通过狩猎采集者或农民的区域间流动，或者不同区域的接触（文化扩散），作物得以传播。

各大农业文明都有两类核心作物：谷物（为谷粒而种植的一年生草本植物）和豆类（豆科植物的可食用种子）。两者都有相对丰富的碳水化合物和蛋白质，组合起来就能为人类提供均衡的膳食。谷物和豆类的混种轮作也会提升土壤肥力。每一种文化都有自己的谷物主食和豆类辅食：古代中东是小麦或大麦配杂豆，中美洲是玉米配菜豆，中国是水稻或高粱配大豆，印度是大麦、小麦、水稻、粟或高粱配扁豆。今天的次大陆谷物以水稻和小麦为主。

# 豆　　类

豆子是印度菜的一个标志性特征。印地语里有一个词叫Dal，指的是生扁豆和熟扁豆，它或许是最接近印度国菜的食品。印度是全世界最大的豆类生产国，印度人均从豆类摄入的营养是美国人或中国人的将近四倍。[3] 豆类平均蛋白质含量为重量的20%至25%。豆类适应能力强，大多数土壤和气候条件下均可生长，还能增加土壤的氮含量。

印度豆类分别有四个起源地。从公元前2500年左右开始，南印度草原地区开始种植黑豆（urad）和绿豆（mung），还有两

史前南亚地区的主要豆类及其发源地

| 拉丁文学名 | 英文名 | 中文名 | 印地语名 | 可能的发源地 |
|---|---|---|---|---|
| *Cajanus cajan* | red gram | 木豆 | arhar, tuvar | 印度：奥里萨、北安得拉、切蒂斯格尔 |
| *Vigna mungo* | urad, black gram | 黑豆 | urad | 南印度：森林与萨瓦纳地带带的边缘 |
| *Vigna radiate* | mung, green gram | 绿豆 | mung | 南印度：森林与萨瓦纳地带带的边缘 |
| *Macrotyloma uniflorum* | horse gram | 硬皮豆 | kulthi | 印度：萨瓦纳地带、半岛（？） |
| *Cicer arietinum* | chickpea, Bengal gram, garbanzo bean, chana dal | 鹰嘴豆 | chana | 亚洲西南部、黎凡特 |
| *Lathyrus sativus* | grass pea | 草豌豆 | khesari | 亚洲西南部、黎凡特 |
| *Lens culinaris* | lentil | 扁豆 | masur | 亚洲西南部、黎凡特 |
| *Pisum sativum* | pea | 豌豆 | matter | 亚洲西南部、黎凡特 |
| *Lablab purpureus* | hyacinth bean | 扁豆 | sem | 东非 |
| *Vigna unguiculata* | cow pea | 豇豆 | chowli, lboia | 西非、加纳 |

信息来源：Dorian Q. Fuller and Emma L. Harvey, 'The Archaeobotany of Indian Pulses: Identification, Processing and Evidence for Cultivation', *Environmental Archaeology*, xi/2 (2006), p. 220.

种本土粟米。[4] 鹰嘴豆（chana dal，又名 chickpea、garbanzo bean 或 Bengal gram）、红扁豆（masur dal）、豌豆（green pea）和草豌

15 豆（grasspea）原产西亚，公元前4000年至前3000年传入印度河谷，很可能与小麦、大麦大约同时传入，因为它们在大多数考古遗址中都是一同出现。因为这些豆子都是冬季作物，所以后来在北印度纳入了一年两熟的种植制度。

扁豆（hyacinth bean）、豇豆（cow pea）与高粱、粟米的组合很可能是在公元前1500年至前1000年间从非洲稀树草原萨瓦纳地带传到南印度草原，并轻易纳入了原有的农业体系。这些植物可能是由沿海游牧民和渔民用小船带过来的。[5] 另一种常见的豆类是木豆（pigeon pea），起源地似乎是奥里萨和安得拉邦北部，然后向南传播。

16

## 大豆在印度

公元1000年之后的某个时候，大豆从中国传入印度，可能是沿着丝绸之路，也可能是途经缅甸和阿萨姆传入。大豆种植于印度东北部，发酵后用于制作炖菜或调味酱（chutney，新鲜蔬菜、水果、坚果等食材捣碎制成）。英国人曾试图在印度其他地区发展大豆经济作物产业，但没有成功。20世纪30年代，印度又对大豆燃起了兴趣。当时，圣雄甘地提倡将大豆作为一种廉价的优质蛋白来源，巴罗达土邦君主（Maharaja of Baroda）也鼓励大豆食用和栽培。但是，大豆从未流行，原因可能是印度人按照扁豆的

方式烹制大豆，整粒下锅，火候也不足，于是造成了消化问题。

绿色革命期间，美国大豆品种证明适合在印度中部生长。一开始的想法是，将大豆用于制作高蛋白乳制品，比如豆奶、奶酪、酸奶。1972年，基督复临安息日会（Seventh Day Adventists）在浦那（Poona）开了第一家豆奶店，还出版了几本大豆制品菜谱。

20世纪60年代和70年代的印度面临着一个新难题——食用油短缺。大豆是理想的解决方案。榨油厂在全国遍地开花，产量剧增。现在，印度种植的90%左右大豆用于生产食用油。[6]

# 谷　　物

小麦和大麦是世界上最古老的两种栽培谷物，野生品系曾经遍布西亚。驯化野生小麦的复杂过程起始于公元前10000年左右的土耳其南部山区，之后传播到亚洲西南部的其他部分和美索不达米亚，接着传到欧洲、北非、埃及和中亚。公元前6500年，印度俾路支斯坦出现了小麦种植。 18

小麦主要有两个品种：软粒小麦（又名面包小麦）和硬粒小麦（又名杜兰小麦）。硬粒小麦的麸质含量较高，筋性强，面团可以拉得非常薄。今天，印度（以及全球）种植的小麦中有90%是硬粒小麦。麦粒精细研磨后产生的面粉在印地语里叫做atta，

南亚地区的主要谷物及其发源地

| 拉丁文学名 | 英文名 | 中文名 | 印地语名 | 可能的发源地 |
|---|---|---|---|---|
| *Triticum spp.* | wheat | 小麦 | gehun | 幼发拉底河谷 |
| *Hordeum vulgare* | barley | 大麦 | jau | 幼发拉底河谷 |
| *Oryza sativa* | rice | 稻米 | dhaan (paddy) | 长江谷地 |
| *Paspalum scrobiculatum* | kodo millet | 鸭姆草 | kodra | 印度 |
| *Sorghum bicolor* | sorghum | 高粱 | jowar | 非洲 |
| *Pennisetum glaucum* | pearl millet | 珍珠粟 | bajra/bajri | 非洲 |
| *Eleusine coracana* | finger millet | 穇子 | ragi | 非洲 |
| *Panicum sumatrense* | little millet | 小米 | kutki | 印度西部 |
| *Panicum miliaceum* | broomcorn, common millet | 糜子 | cheena | 中国东北 |
| *Setaria italic* | foxtail millet | 谷子 | kangni | 可能为中国 |
| *Brachiaria ramose* | browntop millet | 多枝臂形草 | pedda-sama | 印度 |
| *Echinochloa frumentacea* | barnyard millet | 稗 | jahngora | 不详 |
| *Fagopyrum esculentum* | buckwheat | 荞麦 | kuttu/koto | 中亚 |

信息来源：Steven Weber and Dorian Q. Fuller, 'Millets and their Role in Early Architecture', based on the paper presented at 'First Farmers in Global Perspective', seminar of Uttar Pradesh State Department of Archaeology, Lucknow, India, 18–20 January 2006.

用于制作抛饼（paratha）、脆饼（puri）和其他美味的印度面食。Atta中包含胚芽和胚乳（胚芽周围的营养物质）。绿色革命大大提高了印度的小麦产量，印度现在是仅次于中国的全球第二大小麦生产国。小麦主要种植于印度北部和巴基斯坦的旁遮普省。

大麦驯化于约12000年前的新月沃地，通过俾路支斯坦的定居点传到印度河谷。公元前2000年至前1000年之间，大麦是印度的主粮，也是《梨俱吠陀》（*Rig Veda*，见本书第二章）中提到的唯一一种粮食。因为大麦可以在相当干燥贫瘠的边缘地带生长，所以被视为穷人的主食。印度如今的大麦产量在全世界只排在第28位。但与芝麻等古老食物一样，大麦依然在一些印度教宗教仪式中有一席之地，包括祭奠先人的肃礼（shraddha）。

## 粟饼做法

粟粉500克（5杯）

酥油90克（6大勺）

盐少许

将粟粉筛入碗中，分次加入温水至面团半软。揉面5分钟。将面团分割成直径8厘米的剂子，用手掌将剂子压扁成直径13～15厘米的坯子。加热厚平底锅，坯子一面烘烤2分钟，翻面再烤30～40秒，翻动饼坯，直至两面金黄酥脆。夹住饼子，放在明火上烧灼，使饼酥脆。上桌前抹酥油。

19

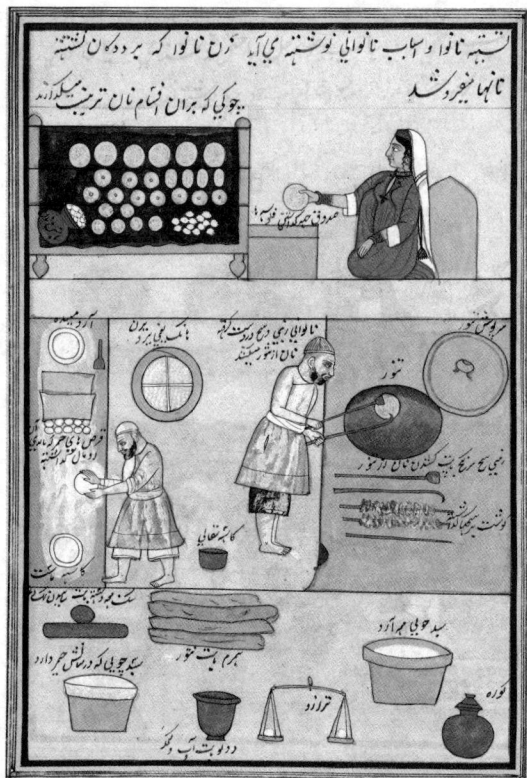

19世纪克什米尔的烤
饼场景

　　粟和高粱是所谓的"粗粮"，生长在干旱半干旱地区或贫瘠
干燥的山区。粗粮生长期短，因此在食物匮乏的年份可以快速提
供营养。粗粮的蛋白质含量在6%至14%之间，与小麦相近，不
含麸质。第14页的表格中介绍了印度种植的主要粟品种及其发
源地。

　　印度本土出产几种粟，之后在公元前2000年至前1000年从
撒哈拉以南非洲又引进了一些，也有的可能来自中国。经过处理
的粟米可以磨成粟粉，用于烤饼或者炖粥。

自20世纪70年代绿色革命以来，由于人们偏爱更软、更方便食用且被认为更"现代"的小麦，所以印度国内粗粮消费量急剧降低。但近年来，在健康因素的推动下（见本书第十三章），印度人重新对粗粮产生了兴趣。印度是全球第一大粟米生产国，主要种植区域位于该国西部。

水稻的起源地是一个研究和争议相当多的话题。最新理论 20
（2012年3月）认为，水稻最早驯化于中国的珠江河谷，时间在公元前10000年至前8000年之间，后来华中地区主要种植粳米（japonica）和籼米（indica）两种水稻。在公元前3000年至前2000年之间，水稻种植扩展到了东南亚，向西传入尼泊尔和印度。[7]然而，野稻（学名Oryza nivara）似乎在很久之前就生长于恒河平原，而且根据印度北方邦（Uttar Pradesh）的拉胡拉德瓦（Lahuradewa）考古遗址发现，食用稻米和相关陶器可以追溯到公元前6400年。

如今，印度是仅次于中国的第二大水稻生产国，主要种植区域是东海岸、西海岸、东北地区与恒河流域。印度东部和南部以水稻为主食，小麦只以面饼形态作为副食。

# 水 果 和 蔬 菜

很可能原产于印度的果蔬包括：一些品种的南瓜、甜瓜和瓠瓜，包括葫芦科（Cucumis）和西瓜属（Citrullus）的一些成员。黄瓜、冬瓜、尖角葫芦（parwal）、蛇瓜、苦瓜都有着悠久的历 21
史，在印度饮食中扮演重要角色。[包括南瓜、西葫芦、节瓜的南瓜属（Cucurbita）原产于新大陆。一些品种的种子有可能在

木橘果味酸，阿育吠陀中用于治疗肠胃病等病症，
在印度教仪式中也扮演着一定的角色

几千年前漂过太平洋，来到了印度[8]，但大部分物种是在哥伦布大交换之后引进的，尤其是南瓜。]其他本土作物包括茄子；梵语中统称shaka的各种绿叶菜；余甘子（印度醋栗）；诃子（一种类似梅子的水果）；黑梅（jamoon，一种甜涩的水果）；木橘（bael，一种硬皮水果，果肉黄色有香气）；菠萝蜜；还有印度献给世界美食的一大珍宝，芒果。[9]4 000年前刚被驯化的芒果非常小，纤维很多，但后来经过选育改良，尤以莫卧儿人和葡萄牙人为最。印度也是许多种柑橘的故乡。印度有两种原产坚果：奇隆子（chiroji）的种子用于为甜品增添风味，巴西松子（chilgoza）出自一种常绿树木。尽管秋葵（英语又名lady's fingers，意为

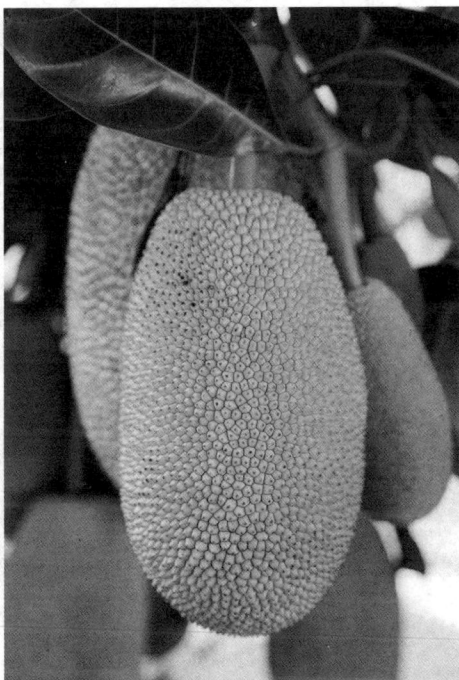

菠萝蜜，原产于印度，食用方法多样

"女士的手指"；印地语中叫做bhindi）很可能原产于非洲，但驯 22
化地大概在印度。

　　椰子树（学名cocos nucifera）可能有两个独立的驯化地点：
太平洋／东南亚周边和印度洋周边。语言学证据表明，3000年至
2500年前的南印度有椰树种植。这种植物有燃料、饮用、食用
等多种用途。如今，印度是全世界第三大椰子生产国，椰子在喀
拉拉邦饮食中扮演着重要角色。芭蕉属（Musa）下的香蕉和芭
蕉起源也不明确。原产地很可能是新几内亚（New Guinea），但
印度很早就有种植了。洋葱大蒜种植在亚洲西南部和阿富汗由
来已久，但最早的印度文献中从未提及两者。洋葱最早是作为

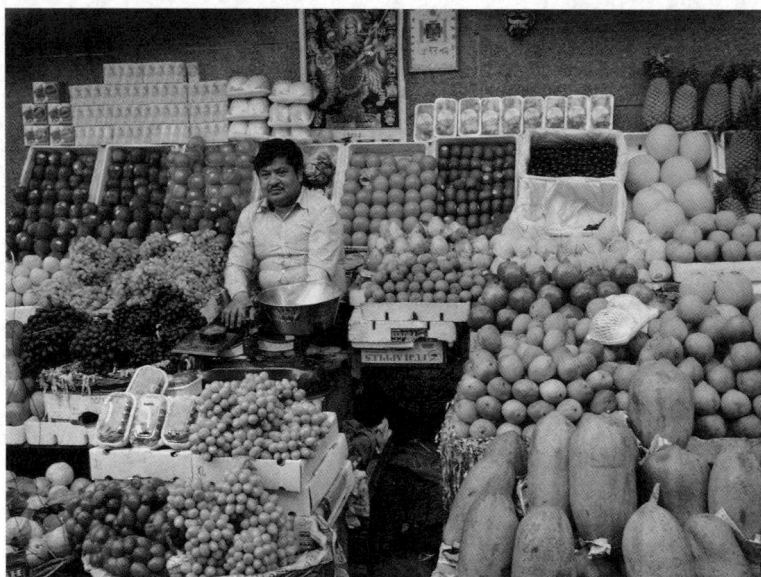

一家新德里水果摊，既有本土水果，也有进口水果

受歧视的部落民和外国人食物而出现的，这或许能解释后来的禁忌。

甘蔗是一种多年生草本植物，最早在公元前8000年左右驯化于新几内亚，之后迅速传播到东南亚、中国和印度。甘蔗茎汁水丰富，含糖量可达17%，压榨提汁煮沸后为深色糖块，叫做gur或jaggery。公元前3000年至前2000年之间，印度人发现了结晶制糖工艺。糖一直在印度饮食中扮演重要角色，印度是全球人均糖摄入量最高的国家之一。

葡萄、桃、梅、杏、石榴、藏红花、菠菜、大黄、苹果、大麻（学名Cannabis sativs）在不同时期从中国、中亚、阿富汗和波斯传入印度。外来坚果有来自中亚和西亚的杏仁、开心果、核

23

桃，后来又从美洲传来了花生和腰果。从16世纪葡萄牙人在次大陆各地建立商栈以来，印度就迎来了一波新大陆果蔬浪潮，包括木瓜、番石榴、佛手瓜、人心果、鳄梨、马铃薯、番茄、菠萝、腰果和辣椒。这些外来作物都在印度的热带气候下生长良好（见本书第十章）。

# 香　料

印度饮食的精髓是香料运用。香料是一个泛称，包含了植物的各个部位：树皮（锡兰肉桂和中国肉桂）、种子（孜然、芫荽籽、豆蔻、芥末籽）、根或地下茎（姜、姜黄）、柱头（藏红花）、花蕾（丁香）。国际标准化组织（ISO）共登记了109种香料，其中52种由印度香料委员会监管。

印度原产香料有姜、姜黄、罗望子、胡椒（学名Piper nigrum）、咖喱叶（学名Murraya koenigii）、荜茇（学名P. longum）、绿豆蔻和黑豆蔻（野生豆蔻生长于西高止山，又名"豆蔻山"）、圣罗勒（学名Ocimum sanctum）。不过，圣罗勒并不用作食材，或许是因为它是毗湿奴神的圣物，受到许多印度教徒的崇拜。芝麻（学名Sesame indicum）是最古老的油料作物之一，驯化时间非常早。其他古代从西非传入的香料包括孜然、葫芦巴、芥末籽、藏红花和芫荽。阿魏（asafoetida，又名hing）是地下茎干燥后制成的胶状物质（正统印度教徒和耆那教徒广泛用它来替代大蒜），原产于阿富汗，阿富汗至今依然是重要的阿魏产地。公元3世纪以来，斯里兰卡的锡兰肉桂、华南的中国肉桂、印度尼西亚的丁香和肉豆蔻传入印度。直到1800年前后，印度才有丁香

24

荜茇又名"长胡椒"，有近似泥土味的刺激性气味，一度是最流行的胡椒品种，但后来基本上被胡椒和辣椒取代，今天主要用于阿育吠陀医学

种植。

娄叶（学名Piper betle）和槟榔（学名Areca catechu）的最初驯化地可能是东南亚，但很快作为包叶槟榔的主料，融入了印度的饮食和社交生活。辣椒是辣椒属（Capiscum）植物的果实，甜椒也属于同一个属。辣椒在16世纪从新大陆传入，迅速融入印度料理，取代了荜茇的地位。在印度诸语言中，表示辣椒的词语是从表示胡椒的词语衍生来的。以印地语为例，胡椒叫kali mirch，辣椒叫hari mirch，字面意思分别是"黑色的胡椒"和"绿色的胡椒"。如今印度使用的大部分香料都有梵语名称，可见源远流长。

对于印度、墨西哥和其他炎热国家大量使用香料的情况，人们给出了许多种解释——大部分都是迷思。例如，辛辣香料的发汗效果不足以降低体温，也不是用来掩盖腐肉的气味，因为吃的人依然容易生病乃至死亡。香料确实能提供维生素A、维生素C等营养成分，但数量很少。有科学证据支持的最新理论认为，热带地区之所以千百年来演化出辛辣口味，是因为香料中含有强力抗生素，可以杀死或抑制导致食物腐败的细菌和真菌。有些香料 25 可以杀死数十种细菌或使其停止生长，灭菌效果最好的香料是大蒜、洋葱、多香果、肉桂、孜然、丁香和辣椒。辣椒、洋葱、大蒜、孜然混合使用还会进一步加强抗菌效果。几千年来，印度和中国都用姜黄来对抗感染，缓解炎症。新近研究发现，香料有强大的抗氧化性，尤其是姜黄，可以缓解炎症，促进人体吸收谷物和鹰嘴豆中的蛋白质，降低胆固醇，甚至减缓癌症发展。[10]常见的炝锅技法能够增强姜黄和其他香料的疗效。

从美食角度看，使用香料是为了增加菜品的风味、口感和质地，还为贫乏单调的贫民饮食提供了廉价的风味和刺激。简单的素菜里可能只会用两三种香料，而更复杂的肉菜则可能会用到十几种。烹饪过程中可能会一次、两次甚至分三次加入香料。香料的用法有磨粉（masala，印地语中意为"混合"）、整粒放入（尤 26 其是胡椒、豆蔻、丁香），或者加水、辣椒、洋葱、酸奶、番茄捣成糊。香料一般会预先烘干或短时间油煎，以增强风味。

人们常常将香料与辛辣画上等号。胡椒和辣椒会在口腔中产生灼烧感，会让人联想到"烫"的食物。胡椒的辛辣味来自挥发性胡椒碱和胶质，两者合起来会促进唾液和胃液流动。辣椒的辛辣味来自辣椒素，这种植物碱主要存在于果实的隔膜部位（而非通常认为的辣椒籽）。一般来说，南印度菜比北印度菜更辣，尽

印度河谷出土的公牛图案印章，
约公元前2450年至前2200年

管巴基斯坦菜也会让嘴巴发烧。

# 动　物

　　印度次大陆原产的动物包括：水牛（学名 Bubalus bubalis），
驯化时间约为公元前4000年；瘤牛（学名 Bos indicus），又名婆
罗门牛；鸡（学名 Gallus gallus），最早蓄养可能是为了看斗鸡，
而非食用。山羊和绵羊原产于阿富汗和中亚其他国家，公元前
3000年至前2000年在印度开始养殖。因为羊会啃食自然植被，
所以无法种粮和养奶畜的乡村经济中具有实用意义。遗传学资料
表明，印度从几千年前就开始将野猪驯化为家猪了。

另一种常见的牛种（学名B. taurus）原产于新月沃地，可能是由印度—雅利安人带到印度的，这种牛又与本土牛种进行了杂交。奶牛和瘤牛被认为拥有共同的祖先，一种在上次冰期末期游荡于欧亚大陆的野牛（auroch，学名B. primigenius）。

印度曾经广袤的森林中有大量野生动物，包括野猪、鹌鹑、山鹑、野兔和多种野鹿，羚羊、梅花鹿和蓝牛羚（nilgai），但它们基本均已绝迹。

# 人　群

与动植物一样，区分哪些人是原住民，哪些人是外来者是一件难事，尤其是在遥远的过去。历史学家罗米拉·塔帕尔（Romila Thaper）写道：

> 有人主张"最先到"印度的是雅利安人，有人主张是 27
> 达罗毗荼人，有人主张是澳亚人，等等。这场争先游戏在历
> 史上站不住脚。这些族群身份历史悠久，源远流长的主张不
> 仅难以论证，而且缺乏必要证据，不可能给出任何确切的
> 答案。[11]

现在有遗传学证据表明，次大陆最早的居民是公元前70000年至前50000年前从非洲沿着阿拉伯海岸来到印度的。距今74 000年的南印度贾沃拉布勒姆（Jawalapurm）遗址发现的工具与同时期非洲使用的工具相符。人类从这里出发，前往亚洲的其他部分、印度尼西亚、澳大利亚和欧洲。DNA检测已经发现了

南印度部分族群与澳大利亚原住民之间的联系（尽管澳大利亚原住民携带了远古丹尼索瓦人的基因，印度人则无）。[12]在印度，这些最古老人群的后裔有时被称作蒙达人（Munda），他们讲的蒙达语属于澳亚语系，与越南语、高棉语有亲缘关系。

这些最早的居民是狩猎采集者，以水果、坚果、根茎和各种兽肉为食。从公元前10000年前后开始，他们开始在岩洞或者岩洞附近定居，驯化狗、牛、绵羊和山羊。大型动物用于运输牵引，小型动物则食其肉。他们种植小麦、大麦、黍，还有豌豆、鹰嘴豆、绿豆和芥末。拉贾斯坦北部的出土文物表明，人类早在公元前8000年就在清除森林、播种谷物了。人最早使用石器来研磨野生谷物和植物，后来又有了木犁。

1974年，俾路支斯坦卡兹平原（Kachi Plain）梅赫尔格尔（Mehrgarh）村的考古发现增进了我们对上述先民的了解。发掘成果显示，先民居住在泥砖房中，制砖使用的铜制工具来自本地铜矿冶炼。他们会制作陶器和印章，用沥青给篮筐描边。他们早在公元前6500年就培育出了原始的大麦和小麦。在之后的一千年间，他们发展出了高产量的小麦和大麦品系，培育了枣、葡萄、红扁豆、粮用豌豆、鹰嘴豆、油用亚麻和椰枣，还驯化了野山羊、野绵羊和野牛。他们做饭主要烧圆柏木。俾路支斯坦东部夏季会种植水稻，或许表明他们与东方有了往来。

28　　梅赫尔格尔于公元前2500年被废弃，原因不明。到了公元前2000年，当地已经沦为荒漠。一种理论认为，居民迁往了更肥沃的印度河谷，梅赫尔格尔被认为是印度河谷文明的前身之一。

南印度的高韦里河、戈达瓦里河、克里希纳河和其他河流的谷地早在公元前3000年至前2000年就有人定居。他们说的达罗毗荼诸语与当今世界上的其他任何语系都没有亲缘关系。现在，印度南部和中部有大约20种达罗毗荼语，巴基斯坦和阿富汗还有一小片地区说布拉灰语（Brahui）。[13]到了公元前2000年，达罗毗荼人分布范围极为广大，包括现在的马哈拉施塔特邦、安得拉邦、喀拉拉邦和泰米尔纳德邦。

通过构拟这些古代居民的语言（原始达罗毗荼语）并与考古发掘的植物遗骸、工具和文物作比对，学者们已经描绘出了先民的生活、耕作和饮食图景。[14]在新石器时代（公元前2800年至前1200年），他们的主食是两种豆类和两种粟。他们会将谷物磨成粉，混入豆粉后制成食物，这可能就是南印度的典型食品蒸米糕（idli）、炸豆饼（vadai）和煎脆饼（dosa）的祖先。[15]遗址中发现了敞口大碗和罐子，表明先民会用谷物磨粉熬成粥糊，而且是集体用餐。

在公元前2000年至前1000年，西北方向一直在有选择性地种植新作物（小麦、大麦、水稻）。新器具包括穿孔的碗，其中有一些带尖嘴，考古学家推测用途可能是蒸制食物、沥水、挤出用牛奶煮熟的高粱面团或过滤酸奶。后来还出现了陶碟，可能表明人们食用盖浇饭或者饼子。

## 公元前3000年至1500年的哈拉帕文明（印度河谷文明）

哈拉帕文明又名印度河谷文明，与两河文明、古埃及文明一样是旧大陆的早期文明摇篮，也是考古学历史上最引人入胜的篇章之一。20世纪20年代，英国考古学家莫蒂默·惠勒爵士（Sir Mortimer Wheeler）开始在今巴基斯坦的信德省发掘规模宏大的古代城市遗址。持续发掘工作揭示了这个庞大文明的范围和复杂程度，当时的人们已经懂得了文字、城市规划、冶金学、建筑学和排水技术。

巅峰时代的哈拉帕文明范围超过100万平方千米，横跨巴基斯坦的俾路支斯坦省、信德省、旁遮普省和印度的旁遮普邦、哈里亚纳邦、拉贾斯坦邦、古吉拉特邦和北方邦，几乎一直延伸到新德里郊区。考古学家已经发现了村庄和小镇1 500余座、大型城市5座。其中最著名的遗址是南边的摩亨佐达罗（Mohenjo Daro）和北边的哈拉帕（Harappa），前者占地面积达200公顷以上，后者达150公顷。这些城市兴盛于公元前2500年至前1600年。

这片土地如今多为荒漠，但在古代却是沃土，小麦和大麦产量盈余与发达技术足以发展出城市文明。拉贾斯坦邦卡利邦甘（Kalibangan）有一片犁过的田，年代可以追溯到公元前2800年。犁沟呈网格状分布，东西方向的沟间距约为30厘米，南北方向的沟间距约为190厘米。这样便可以在同一块田里种植两种作物（比如芥末和鹰嘴豆），当地至今依然沿用此法。

印度河谷文明是一个富足的商业社会，商人通过海路和陆路与中亚、两河流域和阿拉伯半岛开展贸易。他们的技术水平足以建造阿卡德文献中提到的海船。阿曼和伊拉克发现了该文明的印章。出口物资包括大麦、棉花、棉织品、芝麻油、亚麻籽油、木材、铁、宝石、阿富汗青金石、铜和金。有些商人居住在两河流域城市的特殊区域，因此两个文明之间很可能会有饮食习俗交流。

印度河谷出土的文物包括陶器、石像、红铜和青铜雕像，还有珠宝，尤其是显示出高超水平的优美手镯。陶质印章和陶器的图案有象、虎、印度瘤牛和一位瑜伽练习者坐姿的有角神祇，有人认为这就是印度教神祇湿婆的原型。发掘工作揭示了规划完善的市中心，有网格街道、砖房、给排水系统，还有台面加高、地面通风的砖制建筑，有可能是谷仓。摩亨佐达罗的一条主街旁出土了一座建筑，其中的一个房间有五个圆锥形的坑，还有放置大罐子的地方，可能是公共餐厅。摩亨佐达罗的一个核心特征是名为"大浴场"的大水池，用途可能是沐浴仪式——表现出了对个人卫生的关切，这也是后世印度文明的一大特征。埃及和中东文明都有军事冲突、战争和强大统治者的宫殿，而这里鲜有这一类证据。有学者提出理论称，印度河诸城是由地主、商人、仪式专家等有力精英统治的。

无人能肯定这些古老的市民来自何方，说什么语言。他们的文字尚未破解，尽管有理论认为，他们讲的是一种达罗毗荼语。

印度河谷文明沿河发展，这些河流的水源来自喜马拉雅山融雪，在今卡拉奇附近流入阿拉伯海。河流在季风期会泛滥，水退后留下肥沃的淤泥。支流连接了其他沿海或内陆的城镇和区域，也方便运输铜、准宝石、矿石和木材等物资。大河中有一条是印度河，另一条是出现于众多吠陀圣歌中的沙罗室伐底河（Saraswati），一位印度教女神也得名于此。沙罗室伐底河在公元前2000年前后消失，于是有人相信它只是神话，或者是地下河。现代科学家正通过卫星成像和其他技术，企图发现这条河的可能位置。[16]

31

农作活动包括犁地、开沟、修建水渠水坝、灌溉。主粮是小麦和大麦，秋季播种，春季或夏初收获。考古学家发现了西亚冬季作物和南亚夏季作物的痕迹，包括粟、小麦、大麦、黑扁豆、绿扁豆、豌豆、鹰嘴豆、芝麻、甜瓜、黄瓜和芒果。

饼是印度河谷文明的主食。古代两河文明的泥板上列举了200多种饼，我们不妨推测，印度河文明也有品种相当的饼。一批公元前1600年前后的两河流域菜谱中写道，用面粉加水揉成面团，不发酵，擀开后贴到温度很高的泥炉表面上。这种泥炉名叫丁努鲁（tinuru），底部开口添柴通气——和现代的印度泥炉（tandoor）一样。制作发酵饼需要向面团里加入少许啤酒或者吃剩下的酸汤，整理成长方形，然后放到泥炉底部的拱形容器中烘烤。[17]肉类的最基本烹饪方法是明火烤，有可能会串在钎子上。这是现代土耳其烤肉（kebab）的前身之一；事实上，有一种理论认为，kebab这个词源于阿卡德语中表示"烧灼"的词根。

印度河谷出土的烹饪用陶罐，公元前3300年至前2800年

通过分析新德里城外60千米处法尔马纳（Farmana）出土的　32
烹饪用陶罐内部残渣、人类牙齿和牛牙（当时和现在一样，也用
剩菜喂牛），我们确定公元前2500年至前2000年的印度河谷厨师
会使用姜黄、姜和大蒜调味——这就是一道有4 000年历史的北
印度咖喱的原料。（本书提到"咖喱"一词时，均指搭配米饭、
面包或其他淀粉类食物食用的炖肉、炖鱼或炖蔬菜。[18]）哈拉帕
发现了一堆烧焦的芝麻籽，另有小麦和豌豆。三处相距遥远的遗
址中都出现了香蕉。甚至有至少一座村庄在公元前3000年至前
2000年就以水稻为主食，而水稻之前长期被认为是后期才加入
当地饮食的。[19]其他食物还有烤大麦粒、煮扁豆、鹰嘴豆粉、烤
薯。平民的饮食很可能就是简单的小麦或大麦配扁豆和几种蔬
菜，偶尔有一点肉和鱼——正如今天的印度人一样。[20]

印度河谷文明不了解甘蔗，主要的甜味剂有风靡、椰枣、棕
榈糖以及枣、黑梅、芒果等水果。高原有石榴、葡萄、苹果、
梅、杏、开心果、核桃、杏仁和松仁，东部地区则有椰子、香
蕉、菠萝蜜和柑橘。当地有海盐和岩盐。食用油有黄油、芥子油
和芝麻油，可能还有棉籽油和亚麻籽油。

除了定居农民以外，印度河谷还生活着蓄养水牛的游牧
民。牧民选育出了适合拉犁、拉车、驮运等任务的品种。水牛
是重要的奶源。［甚至到了今天，距离哈拉帕不远的萨希瓦尔
（Sahiwal）周边地区依然以水牛养殖和优质水牛奶闻名。[21]］水
牛奶的脂肪含量高于乳牛奶，适合制作酥油、澄清黄油和酸
奶。牧民还会养山羊和绵羊，用途有驮运以及获取肉、奶制品和
毛皮。

印度河谷居民有野味作为副食，包括野鹿和野猪。许多遗址

都发现了野猪骨骼，但家猪很可能尚未出现。当地没有乳牛。

鉴于当地有漫长的海岸线和众多河流，鱼和海鲜在印度河谷人民的饮食中扮演着重要的角色。印度河谷文明印章最常见的符号就是鱼，海贝鱼骨（包括淡水和海水鲇鱼、鲤鱼、鳗鱼和鲱鱼）的出土量也很大。他们常常将鱼晒干，贩卖地点远达两河流域。

传统通说认为，印欧人部落南下入侵印度河谷，摧毁当地城市，骤然将印度河谷文明从地球上抹去。然而，这个理论已经被推翻了。学界现在的看法是，印度河谷文明是在数百年间（可能是公元前1900年至前1300年）逐步瓦解的，居民四散离去，在东部和北部边缘地带组成了新的政治实体。原因可能是荒漠化、地震或洪水等天灾、河道淤积或者上述因素的某种组合。

另一个解释是，大洪水（可能类似于2010年夏季荼毒巴基斯坦的印度河谷洪灾）与河流改道破坏了印度河诸城的农业根基，迫使居民发展新的农耕策略，或者迁往更稳定的区域。凭借栽培水稻、粟、高粱等夏季作物，向恒河—亚穆纳河间地（Ganga-Yamuna-Doab）和古吉拉特扩张成为可能。

随着印度河城市的衰落，难民可能与其他族群融合，在阿富汗、中亚与恒河—亚穆纳河流域附近建立了小型城邦或酋邦。在公元前1000年至公元1年之间，这些新政治体构成了又一个大型城市文明的基础。两个城市文明之间没有大的断裂，而是逐渐转型的关系。这种连续性不仅反映了环境的相似性，也反映在生计手段、原材料和其他符号上。正如著名印度河谷考古学家乔纳森·马克·克诺耶（Jonathan Mark Kenoyer）写道：

　　甚至到了今天，在现代巴基斯坦和印度的城市与村庄中，我们依然能看见印度河诸城的遗产，反映在传统艺术和工艺上，也反映在房屋和定居点的布局上［还要加上饮食习惯］。这些遗留下来的东西并不代表文化停滞，反而凸显了印度河文明做出的最优选择。[22]

# 第二章

# 仪式时代（公元前1700年至前1100年）

## 印度—雅利安人

公元前2000年至前1000年，印度—雅利安人出现了。他们播下的种子日后将会长成印度社会最独特的一些特点：种姓制度、神牛崇拜，还有奶及奶制品在饮食习惯和宗教仪式中扮演的核心角色。

印度—雅利安人讲印欧语，这个语系包括梵语、希腊语、拉丁语、赫梯语（安纳托利亚半岛的一门古代语言），还有大多数现代欧洲和北印度语言。一些学者认为，印欧语发源于公元前5000至前3000年的东欧大草原（Pontic Caspian steppe），西起黑海北岸，向东越过里海一直到哈萨克斯坦西部，乌克兰东部和俄罗斯南部皆囊括其中。[1]另一种理论认为，原始印欧语起源于农业兴起前的安纳托利亚，从公元前8000年到前7000年起随着新石器时代的移民传播到欧洲各地和本都草原（Pontic stepps）。

印度—雅利安人是半游牧社会，由小型氏族组成，畜养牛羊，兼事定居农业和谷物种植。他们驯化了马，使用有轮子的车。他们不断寻找耕地和牲畜食用的青草，从小亚细亚和安纳托利亚向外散开，进入中东、亚美尼亚、欧洲、伊朗、阿富汗，最终在公元前1700年至前1300年来到了印度次大陆。印度—雅利安人大举"入侵"印度的旧理论已被推翻；最可能发生的情形是，小规模人群在几百年间穿过山口，逐渐流入印度。他们最早定居的区域之一是靠近今巴基斯坦与印度边界线的旁遮普。在东进过程中，他们与原住民"达萨人"（dasas）战斗并将其降服。达萨人的起源有争议，有可能是蒙达人、达罗毗荼人、印度河谷文明的幸存者，或者更早到来的印欧移民。有语言学证据表明，这些更早的移民已经是农民了，因为梵语中表示犁地的词语（langala）不是印欧语词。

35

厨师（bawarchi）在灶台（stove）旁烹饪食物。瓦拉纳西，约1850年

印度—雅利安人精英主要关心的是抓牛和养牛。人们用牛来计量贫富，表示战斗的动词（gavishthi）本意就是"找牛"，暗示抢牛是冲突的源泉。即便到了今天，表示氏族的单词（gotra）本意还是"牛棚"。

尽管我们知道印度—雅利安人是谁，从何而来，但对其物质文化的了解却少于印度河谷文明，因为他们的住房和村庄是用木材等天然材料建成的，没有存留下来。然而，透过汗牛充栋的吠陀文献（Veda，出自表示"知识"的梵语词），我们能够对印36 度—雅利安人饮食习惯和生活方式形成一定的认识。吠陀文献创作于公元前2000年至前1000年之间的印度西北部，以心记口传的方式传承了数个世纪，最终在公元前1000年至公元1年之间落于书面。即便是今天，印度教徒依然推崇其为全印度最神圣的文本。尽管很少有人读完，但重大印度教仪式上会吟诵片段，吠陀因此成了全世界传承不绝的最古老宗教文献之一。19世纪中期的吠陀英文译本对西方知识分子造成了巨大影响，包括作家亨利·大卫·梭罗（Henry David Thoreau）以及哲学家威廉·詹姆斯（William James）和亚瑟·叔本华（Arthur Schopenhauer）。叔本华说，吠陀奠定了他的哲学体系的根基。

最古老的吠陀《梨俱吠陀》（"梨俱"意为"颂歌"）创作于公元前1700年至前1100年，收录了献给神灵的颂歌与赞歌、祭词、歌咏、祈求寿命与丰饶的祷词，还有哲学思辨。[2]《梨俱吠陀》共10卷（mandala）1 028首圣歌。尽管圣歌的创作与成文之间相隔数个世纪，但学者们相信文本非常贴近原曲，因为雅利安人发展出了精巧的记忆法，而且父子或师生之间的传承相当用心。

第二章 仪式时代（公元前1700年至前1100年）

神灵是自然力量，与古希腊罗马神话有对应关系。因陀罗（Indra）相当于宙斯和朱庇特，是吠陀诸神中的主神，统治天空与天堂。阿耆尼（Agni）是火神，伐楼那（Varuna）是雷神，鲁达罗（Rudra）是电神，伐尤（Vayu）是风神，苏利耶（Surya）是太阳神。次级神中有毗湿奴，他在几个世纪后将会成为印度教三大神之一。

生命无常，自然无定，而安抚神灵，赢得神眷的方式就是仪式，梵语中叫做yajna——这个词有崇拜、祈祷、奉献、赞扬、捐赠、牺牲的意思。吠陀时代的印度人没有神庙；仪式要么在家里举行，家家都有神灶，要么围着火堆露天举行。火被认为是最纯粹的元素，至今在印度教仪式中扮演着重要角色；比如在婚礼中，新人要绕着火堆走七圈。众神借火神阿耆尼之口享用祭品；阿耆尼既是众神的祭司，也是祭司之神。他最喜欢的食品之一是酥油（即澄清黄油）。《梨俱吠陀》中有很多首圣歌赞扬这种神物：

### 酥 油 赞

她们笑着将奶放到火上
仿佛前往节日庆典的美女。
黄油缕缕，爱抚柴薪，
知一切者［意义不明］，喜悦殷勤。


我渴望着她们；她们就像
正要化妆出嫁的女孩
何处压出苏摩汁，何处便是祭台，
黄油缕缕，流淌澄清。（第4卷，第58曲）

37

仪轨由婆罗门祭司垄断，祭主（yajamana）提供祭品。祭品分为三种：家灶贡品、集体祭品、苏摩仪式。祭祀要宰杀牲畜，将肉献给神灵，然后先给祭主和宾客吃，再给主持祭祀的人吃。[3]（古希腊、古罗马和波斯也有类似的仪式。）肉可以在大锅里煮，也可以放进U形的泥炉（chula）里烤，这种炉子有一个添柴的开口，沿用至今。祭祀用的牲畜包括山羊、绵羊、公牛、阉牛、马和不生小牛的母牛。有些祭祀很血腥；吠陀时代最重要的祭祀是马祭，要杀600多只禽畜。

尽管牛是吠陀社会的经济支柱，也受到推崇，但文献证据表明牛也会被献祭。有人认为，这条证据源于误译，古印度人从来不吃牛肉。[4]这个问题在当代印度引发了政治争议。

38

研磨香料用的传统石臼

我们会看到，杀牲祭祀后来引起了反对，体现在"不伤生"（ahimsa）的教义中。有学者在吠陀自身中就看到了这种反对意见的种子，有经文里写道，死掉的牲畜其实不是被杀，而是"被平抚"，杀牲的人也会转过头——"以免亲眼见到"。偶尔会有面偶（pista）用来代替牲畜。这种矛盾性在后期文本中甚至还要更加明显，我们在第五章中会讨论到。

牺牲仪式需要多种专门器具，包括榨取和过滤苏摩汁（见下文）的工具、煮牛奶和熬酥油用的大陶罐、石臼和磨石、煮肉用的锅、烧烤用的泥炉、烤内脏用的木签、烤饼用的陶片，舀黄油、牛奶和水用的长短勺子、叶杯叶盘。[5]

## 苏　摩

许多仪式都要用到一种令人陶醉且可能有致幻效果的物质，名为"苏摩"，尤其是在敬拜因陀罗的仪式中。苏摩（阿道司·赫胥黎在小说《勇敢新世界》中就借用了这个词）是三样东西的名称：一种植物、用这种植物制成的饮品、一位神祇。苏摩的真身是饮食史上的一大未解之谜。《梨俱吠陀》中有几百处提到了"苏摩"，有一整卷114曲是专门献给苏摩的。仪式中，苏摩会献给神灵，由祭司和信徒饮用，在他们身上激发出信心、勇气、信仰乃至永生的感觉。苏摩似乎兼有兴奋和致幻效果：

> 饮品像狂风一样将我卷起，恍如轻车快马……我的一只翅膀在天上，一只翅膀拖在下面。我好大，好大啊！飞向云端。岂饮苏摩无？（第10卷，第119曲）

39

> 我们喝下了苏摩；我们获得了永生；我们进入了光明；
> 我们寻得了诸神……我饮下辉煌的液滴，我旷达于宏宇。
> （第8卷，第48曲）

苏摩被描述为一种长茎的黄色植物，生长在山区。妇女采摘苏摩，把茎秆放在两块石磨之间榨汁，或者放在石臼里捣汁。汁液用羊毛过滤，存放在陶罐或木匣中。苏摩汁呈棕褐色，饮用前要先与牛奶或酸奶混合。我们从多方材料得知，苏摩越来越难以获取——有一篇祷文甚至恳请众神原谅用他物替代苏摩——公元前800年之后，苏摩就在文献中消失了。有人认为，瑜伽、吐纳、斋戒、冥想等产生非正常心理状态的方法之所以会形成，原因可能就是需要找东西替代致幻剂苏摩。[6]

有作者认为，苏摩是一种名叫somalata的无叶灌木，意思是苏摩叶或苏摩枝（学名Sarcostemma acidum），有兴奋效果，阿育吠陀医学中用于扩张支气管。苏摩也可能是草麻黄（学名Ephedra sinica），伊朗的琐罗亚斯德教徒直到19世纪都在仪式中使用。草麻黄含有麻黄碱，具有类似安非他命的兴奋效果，但没有致幻效果。还有一种可能性比较低的看法认为，苏摩就是大麻（学名Cannabis sativa）。大麻原产于中亚，现在印度各地均有种植。大麻雌株的叶和花穗用于制作bhang，如今会在春季洒红节期间混合牛奶饮用。另一个候选者是毒蝇伞（学名Amanita muscaria），这种蘑菇有致幻效果，西伯利亚的萨满会在仪式中使用。[7]目前尚无定论。

当时流行一种名叫"苏罗"（sura）的酒精饮品，是大麦或稻米发酵制成。后期作品中多有提及苏罗。但与苏摩不同的是，编写吠陀的祭司反感饮用苏罗，将饮酒列为七宗罪之一，与发怒和赌博同列。

除了苏摩之外，《梨俱吠陀》中最频繁提及的事物是牛，共 40
有700余处，还有三首相关圣歌。文本证据表明，缅怀先人的肃
礼或招待贵宾时偶尔会杀牛。但与此同时，牛被奉为宇宙的象
征、宇宙之母、生命与滋养的源泉：

> 牛是天，牛是地，牛是生主毗湿奴
> 神灵与凡人的生命与存在都有赖于牛。
> 它变化为宇宙；太阳巡行之地，皆属于它。

（第10卷，第10曲）

这种准宗教的态度是日后神牛崇拜的起点，牛不再用作祭
品，而且牛肉也被禁食。牛的产物——牛奶、酥油、酸奶——成
了宗教仪式的一部分，因为它们是可以奉献给神的纯净食物。从
19世纪开始，保护牛成了印度教身份认同的一个象征，现在印
度有多个邦禁止宰牛。

## 吠陀时代的印度饮食

《梨俱吠陀》的第187曲中对食物做了迷人的描述，尽管有
一些模糊。诗人在开头和结尾赞扬食物是神和人的重要给养，并
将遍布全境的果汁比作赋予生命的雨。雨产生了作为食物的动
植物，又以祭品形式回归上天。第8段中提到了水和草木，在第
9段变成了牛奶和谷物，与苏摩混合，祈求"化为纯粹的油脂"。
显然，油脂被视为食物最精华的部分。

## 《梨俱吠陀》第187曲（食物颂）

41

我现在要赞颂食物，大神的给养与威能……
甜食啊，蜜食啊，我们选择了你：帮助我们吧。
靠近我们，食物——仁慈地帮助我们。
快乐本身无须鄙夷，它是善良的同伴
不会欺骗。
你的汁液啊，食物啊，散布全境
像风一样通往天堂。
这些［汁液］产生了你啊，食物，
也是你的一部分，最甜美的食物。
谁若获得了你的甜美汁液
便像脖颈强健［的公牛］一样前驱。
食物啊，大神的心在你的身上。
你一声令下，便有一件功业；在你的帮助下
他杀死了巨蛇。
当山那边的晨光到来时，
食物啊，
你也应该来到我们中间，加入蜂蜜的食物
适合我们食用。
我们咬下满满一口水和草木，
风的朋友啊——就会变成纯粹的油脂。
我们将你的苏摩啊，

混入牛奶，或者混入谷物，

风的朋友啊——就会变成纯粹的油脂。

成为粥羹，草木啊，脂肪，冒气的板油

风的朋友啊——就会变成纯粹的脂肪。

我们的言语令你变得甜美，食物啊，还有我们

献上的牛奶

你是神灵宴席的伴侣，你是

我们宴席的伴侣。[8]

尽管印度河谷文明种植食用小麦，但《梨俱吠陀》中没有提到小麦。主粮是大麦。麦粒或者放在臼里捣碎，或者放在两块磨石之间研磨，过筛后制成面粉，揉成面团。有多处文本提到了"阿普帕"（apupa），这是一种大麦糕，加入蜂蜜增甜，用酥油小火慢炸。阿查亚教授推测，这可能就是现代南印度发酵米糕阿榜糕（appam），以及孟加拉地区用糖浆浸泡的煎薄饼（malpoa或malpua）的前身。[9]尽管当时已经有甘蔗种植，似乎也有人嚼着吃，但用甘蔗汁制糖的技术尚未发明。

成熟的大麦粒炙烤后可以配苏摩汁食用，可以用酥油煎炸，也可以加酸奶、酥油、苏摩、水或牛奶捣成糊。大麦粒也可以做成一种名叫"萨克图"（saktu）的粉，这是现代印度东部贫民依然广泛食用的萨图（sattu或chhattu）的前身。尽管印度河谷人似乎了解水稻（梵语中叫做vrihi），但吠陀中没有提到水稻（也没有提到印度河谷的另一种作物棉花）。

牛奶和奶制品在吠陀时代的饮食中扮演着重要角色。事实上，自吠陀时代以来的印度饮食中都是如此。奶可以直接喝或者煮沸后饮用，也可以放入烤大麦粒熬成粥（odana）。牛奶在热带气候下会迅速发酵凝结，变成酸奶。加热牛奶和加入引子能够加快这个过程，引子可以是酸奶、某些树皮或水果。酸奶可以直接吃，可以加蜂蜜调味，可以配大麦吃（名为karambha，类似于现代的米布丁），也可以拌入鲜奶。

普遍饮奶是南亚区别于东南亚和中国的一个特点，后者很少食用牛奶和奶制品。这不仅反映了区域农业经济差异，也反映了乳糖不耐症的普遍性（成年人无法消化乳糖）。据估计，东亚人有90%至100%的人患有乳糖不耐症，南印度人有70%，但北印度人只有30%，北欧裔更是只有5%至15%。[10]不过，乳糖不耐人群可以消化活菌发酵的酸奶，大部分现代印度人都是喝酸奶，尤其是在印度南部和西部地区。

古代和现代印度人都会搅拌酸奶制作黄油（欧洲人则是用奶油制作黄油），余下的液体就是白脱牛奶——一种印度村民喜爱的饮料，有时会加入孜然或胡椒调味。将黄油煮沸，待水分蒸发后，固体物会沉到底部，上层融化的黄油就变成了酥油（澄清黄油），这是印度料理中最受重视的调料。过滤掉杂质后，酥油可以储存六个月或更长时间，这在热带地区是一个重要的优点。

43

## 萨图（Sattu）

在沸水中加入鹰嘴豆，搅拌均匀，煮2到3分钟。沥干水分，盖上盖子焖几个小时。用棉布过滤，保温加热。
加热圆底铁锅（kadhai），加入沙土，然后逐次少量加入鹰
嘴豆，消除水分。用漏勺将鹰嘴豆和沙土分离，再将豆子
磨成细粉。

　　关于古印度人会不会用酸味剂将牛奶固液分离，制成奶酪，
学者们有不同的意见。吠陀文献中有一处提到了某种叫做"达坦
瓦特"（dadhanvat）的东西，有人将它翻译成奶酪，也有人翻译
成"丰厚凝乳"。但是，印地语里表示凝乳的词是panir，源于波
斯语，引进的时间大概要晚得多。今天，许多印度教仪式中都会

萨图是一道简单的菜，用磨碎的鹰嘴豆配洋葱和辣椒，
在比哈尔邦穷人经常吃

用到牛奶、黄油和酥油，因为只有熟的食物才能献给神灵，而印度人认为奶已经在牛胃里熟过了。于是，奶制品也被认为具有内在的纯洁性和净化的力量。净化力量最强的物质是五牛元（panchagavya），融合了牛奶、酸奶、酥油、牛尿、牛粪五种产自牛的物质。

44

## 麻球（Til Pinni）

椰糖碎400克（印度特产商店有售）
棕色芝麻400克

用手将椰糖块搓碎。小火烘烤芝麻粒至爆开。将熟芝麻和椰糖分次加入料理机，用点动模式搅拌至混合物不再扬起，然后刮净杯壁，继续点动模式搅拌。将混合物倒进碗里，搓成小球（直径约5厘米）。存放于气密容器中。

吠陀时代使用的调味料包括芥末籽、姜黄、胡椒、荜茇、苦橙和芝麻。《阿闼婆吠陀》（Atharaveda）收录了治疗疾病的咒语和方法，书中提到用胡椒治疗外伤感染。多部文献中提到了芝麻，既是食物，也是每一件人生大事中要用到的仪式用品。祭祀先祖的印度教肃礼中会供奉芝麻球（pinda）。芝麻可以与稻米、牛奶煮粥，可以加到素菜里，也可以烤成脆饼。芝麻还会用畜力机械榨油，芝麻油现在依然是印度南部和西部的常见加热介质。

《梨俱吠陀》中提到的果蔬包括三种枣、木橘、椰枣、余甘子、芒果、黄瓜、莲茎、莲藕、葫芦、苦瓜、荸荠等水生植物。考古发掘出了羊、鹿、猪、鱼、淡水龟、狗和猎豹、蓝牛羚等野生动物的骨头碎片，有的是烧过的，有的切断过。我们对当时的烹饪技法了解较少。肉或者是串起来烤（热源可能是木炭），或者是在陶土灶上面煮。厨具材料包括陶土、木头、石头或金属。有学者推测，以油为加热介质的做法有可能借鉴自非雅利安人。 45

《梨俱吠陀》中有一段话提到，当时的人坐在地上吃饭。男人不和妻子一起用餐，女人用餐时也会避开男性亲属。好客被视为一种最重要的美德，招待客人的功德与举行牺牲仪式乃至崇拜神灵一样大。

## 种 姓 的 出 现

吠陀印度人起初分为两类。他们将自己称作"雅利安人"（意为"高贵"），将被征服者称为"达萨"（仆人或奴隶）。雅利安人内部分为氏族，酋长称为罗阇（raja）。罗阇权力的合法性来源是奉献祭品，这项传统延续了许多个世纪。

但到了公元前1000年前后，社会分化变得更加鲜明，于是逐渐出现了印度社会最独特，也最具争议性的特征之一：种姓制度。"种姓"在英语里叫做caste，源于表示"纯粹"的葡萄牙语单词casta，它的指称对象相当含混，包含了两种虽有关联，但各不相同的制度。一种是瓦尔那（varna，梵语中意为"颜色"），指的是社会的四个基本分层，或许可以翻译为"阶级"（class）。另一种是迦提（jati），意思是"出身"，这种群体的范围要狭小得多，由职业或共同祖先联系在一起。[11]

四种姓的最早出处是《梨俱吠陀》中的一首圣歌，为种姓的起源赋予了神话依据（第10卷，第90曲）：

原人化身，变作祭品，
诸天用以，举行祭祀。
……
原人之神，若被肢解，
试请考虑，共有几分？
何是彼口？何是彼臂？
何是彼腿？何是彼足？

原人之口，是婆罗门。
彼之双臂，是刹帝利。
彼之双腿，产生吠舍。
彼之双足，出首陀罗。[①]

婆罗门是祭司，罗阇那（rajanya，后称"刹帝利"，ksatriya）是战士和统治者，吠舍通过放牧、耕作和贸易供给财货。第四类首陀罗是手工业者和服务提供者。后来又加上了第五类，这些人从事鞣革、收拾垃圾、埋葬尸体之类其他人都不愿意做的工作。他们可能过去是达萨人。现在，这些群体的官方称呼为"表列部落"（Scheduled Tribes），但他们更喜欢以"达利特"（dalit）自

① 引自巫白慧译解：《〈梨俱吠陀〉神曲选》，北京：商务印书馆，2010年，第254、255页。

称。达利特一词出自梵语，意为受压迫、被打碎、被肢解。

　　种姓制度在诞生后的千百年间产生了许多分支，特别是针对人类的两种基本活动：性与食。种姓之间不得通婚，不得一起吃饭，也不能接受其他种姓的人提供的食物，否则就会被孤立、驱逐乃至处死。种姓与纯洁、污染的观念产生了紧密关联，婆罗门是纯中之纯，达萨则最不纯净。对婆罗门来说，与达萨或非雅利安人一起用餐被视为罪孽。在吠陀时代，祭司会分食祭品（直到后来才有许多婆罗门开始吃素，不过克什米尔和孟加拉的婆罗门都不吃素）。随着耆那教和佛教两场运动，作为道德伦理观念的素食主义广泛传播，后来成了一些印度教分支的核心教义——后续章节中会全面探讨这个话题。

# 第三章

# 弃世传统与素食主义
## （公元前1000年至前300年）

公元前1000年前后，吠陀印度人开始迁入恒河与亚穆纳河之间的河间地，位于今德里周边。他们又从这里出发，向东进入今天的比哈尔邦，向西进入古吉拉特邦。他们最早的政治组织形式是公民集会，叫做"加纳"（gana）或"僧伽"（sangha），氏族酋长在集会辅佐下施行统治。这些政治实体有时被称作"原始共和国"，其成员属于氏族或氏族联盟，以刹帝利为主。公民集会中诞生了耆那教、佛教两大改革派的创始人，两人都是氏族首领之子。

这些政治体中以"十六雄国"（maha-janapadas）最为强盛，其范围西北起于阿富汗，东至比哈尔，南抵文底耶山脉。从公元前800年前后开始，这里发现了铁矿，尤其是比哈尔，还出现了铁制兵器、铁犁、铁钉和其他铁器制造业，从而推动了十六雄国的崛起。铁斧方便清除森林，铁锄和犁铧提升了农业产量。挖掘灌溉用水井、水渠、水塘的工具发展了出来。新农业技术包括复种和轮作。

公元前3000年至前2000年之间，发源于中国的水稻栽培技术传到了北印度；公元前300年，经奥里萨和孟加拉传到了安得拉邦和泰米尔纳德邦。尽管水稻是一种劳动力密集型作物，但产量更高，一年可以两熟乃至三熟。

　　河间地西部（今旁遮普邦、哈里亚纳邦、拉贾斯坦邦和北方邦西部）以大麦为主食。有人种植小麦——也许是由印度河谷居民带来的，因为部分品种与印度河谷发现的品种相同——但在当地人饮食中的地位依然相对较小。考古发掘出土了鸭姆草和珍珠粟，还有鹰嘴豆和其他豆类。油料作物包括芥末籽、芝麻和亚麻籽。大型杵臼由公牛提供动力，碾压种子出油，印度乡村沿用至今。有证据表明当地人会服用大麻。

　　农业发展导致人口快速增长和迁居新地区。在历史学家所说的"第二波城市化"（第一波是印度河谷文明）过程中，人们修建了大大小小的城镇，其中有许多滨河或沿海。最重要的城市有西孟加拉邦的恰姆帕（Champa）；迦尸（Kashi，今瓦拉纳西）；北方邦的马图拉（Mathur）和憍赏弥（Kaushambi）；位于比哈尔境内的摩揭陀王国（Magadha）都城巴连弗邑（Pataliputra），又名巴特那（Patna）；旁遮普邦的塔克西拉（Taxila）；西海岸的布罗奇港（Bharuch）。城里的手工艺匠人制作纺织品、陶器、瓷器、玻璃制品、金属工艺品、金属工具用于国内使用或出口。商人用本地产品从阿富汗、波斯和中亚换取马匹和羊毛制品。在城市之外，大部分人生活在中小型村庄里。

　　到了公元前6世纪，摩揭陀成为最强大的王国。频婆娑罗王（Bimbisara，公元前558年至前491年）建立了印度的第一支常备军，开拓东方领土。他的灵感来源或许是波斯阿契美尼德帝国开国之君，征服阿富汗、巴基斯坦和北印度一部的居鲁士大帝（Cyrus the Great，公元前580年至前529年）。两个世纪后，亚历山大大帝（Alexander the Great，公元前356年至前323年）征服波斯之后，在财宝无数的传说引诱下，决定进军印度。他经过一场苦战击败了旁遮普的波鲁斯王（King Porus），但到了公元前326年，部下厌倦了数十年的征战，坚持要回家，于是亚历山大被迫班师。另一个可能的原因是，他听说有强大的联军集合起来要对付他。

亚历山大死后，他的部将们自立为王，其中就有阿富汗的印度—希腊王国（又称希腊化王国）犍陀罗（Gandhara）。部分犍陀罗王皈依了佛教，当地诞生了希腊与印度交融的灿烂文化。犍陀罗的硬币和雕像兼有希腊和印度艺术的元素；例如，佛陀被描绘成了古希腊神祇的形象。婆罗门将希腊人称作"耶槃那人"（yavanas，源自Ionians，即爱奥尼亚人），这个词后来意指"野蛮人"。

根据公元前1世纪希腊历史学家普鲁塔克（Plutarch）的记载，亚历山大在印度遇到了一位名叫"桑德罗科图斯"（Sandrocottus）的"小伙子"，此人大概率就是印度首个统一政权孔雀王朝的开国之君——旃陀罗笈多（Chandragupta，公元前340年至前298年）。公元前321年，20岁的旃陀罗笈多击败了难陀王朝（Nanda dynasty，公元前345年至前321年）的军队。短命的难陀王朝有时被称作印度的第一个帝国，疆域东起孟加拉，西至旁遮普，南抵文底耶山脉。憍底利耶（约公元前370年至前283年）是旃陀罗笈多的顾问，后来出任首相，又名查纳迦（Chanakya），有人称他为"印度的马基雅维利"。旃陀罗笈多利用亚历山大大帝部将统治疆域的权力真空，席卷旁遮普、犍陀罗和阿富汗大部，还将领土向西拓展到了古吉拉特和印度洋。他于公元前298年退位，到南方成了一名耆那教苦修僧。他的儿子宾头娑罗（Bindusara，公元前320年至前272年）继承王位，征服了南至卡纳塔卡邦的土地。

孔雀王朝历代君主与希腊邻邦和亲戚们联系密切。旃陀罗笈多有一位希腊妻子，他的宫廷中有希腊使节效力。然而，印度受到的希腊人影响似乎很少，而深受波斯帝国影响，因为波斯帝国是当时世界上有史以来最强大的国家。据信，旃陀罗笈多宫廷中完全采用波斯习俗；与波斯大王一样，他离群索居，只在宗教节日现身。

宾头娑罗之子阿育王（Ashoka，公元前304年至前232年）在经历了一场继承纠纷后登上王位。公元前260年，他击败了北印度唯一尚存的羯陵伽（Kalinga，今奥里萨邦）国军队。这场血腥的大战造成数十万人丧生。通过征服与结盟手段，阿育王将帝国拓展到了最大疆域。时至公元前250年，孔雀王朝占据了除最南端以外的整个次大陆，还吞并了今巴基斯坦、克什米尔、伊朗南部、阿富汗大部，可能还有尼泊尔——面积达1 300万平方千米。这是当时世界上最庞大的帝国，也是印度历史上最庞大的帝国，莫卧儿人和英国人都没能超越。由于完善的管理与持续数十年的和平安全，农业、贸易和其他经济活动繁荣昌盛。至今有很多人认为阿育王是印度最伟大的统治者，以执政效率与宽容政策受到崇敬。

# 印度社会的变化：心态巨变

50

从公元前8世纪到前6世纪，整个文明世界迎来了一个思想活跃的大时代。希腊有毕达哥拉斯、恩培多克勒、赫拉克利特等哲学家，希伯来有先知，中国有孔子和老子，波斯有琐罗亚斯德。[1]

印度也出现了新的信仰、心态与实践，它们后来成了印度文化的核心要素。旧式部落文化的崩溃、社会的迅速变迁、中心城市的发展引发了悲观主义，社会上弥漫着对世俗事物价值的焦虑感与怀疑感。一位学者写到，有一种"激烈的渴望，想要逃离，想要与某种超脱于生死繁衍轮回之物合一，追求超越时间的存在，替代转瞬即逝，因此不能令人满意的存在状态"。[2]一种解释认为，以农业、蓬勃商贸、中产阶级崛起为基础的盈余经济支持了不事生产阶级的出现，包括哲学家、托钵僧和隐士。

　　哲学文献集合《奥义书》[*Upanishads*，又称《吠檀多》（Vedanta），意为"吠陀之末"] 的编纂始于公元前500年前后，定义了新的思想。《奥义书》中提出了两个核心概念：阿特曼（atman，意为"自我"）和梵（brahman，意为"世界的灵魂"）。人生的目标之一，便是了解自我，意识到梵我合一。梵语中有一句话表达了这个思想，"那就是你"（Tat tvam asi）。

　　这个"我"的定义有很多，包括呼吸（prana），还有食物。食物、食者、梵是同一的：三者皆不可独存。一个食者成了第二个食者的食物，第二个食者又成了第三个食者的食物，直到世间万物都连成了一个庞大的食物链。食物是创造的核心要素，是不朽的源泉，是崇拜的对象。《奥义书》中有一篇狂呼道：

> 哈呜！哈呜！哈呜！
> 我是食物，我是食物，我是食物！
> 我吃食物，我吃食物，我吃食物！ [1]

---

① 引自黄宝生译：《奥义书》，北京：商务印书馆，2010年，第247页。

另一个观念认为，自我要面对无尽的生死轮回（samsara）。由此产生出了"业"法（karma），这个词的意思是"行为"或"功业"。我们做了什么，就决定我们未来会成为什么。脱离轮回，获得解脱（moksha）的最佳方式就是彻底消业。"业"法并非由神制定，因为神不在此世，而是蕴含于现实的本质之中。

---

## 食物颂（出自《奥义书》）

51

这些众生依赖大地，全都从食物中产生，
然后，他们依靠食物生活，最终又返回它；
食物在生物中最古老，被称为一切的药草。
凡是崇拜梵为食物，他们获得所有的食物，
食物在生物中最古老，被称为一切的药草。
生物从食物中产生后，又依靠食物生长，
食物被吃，也吃生物，故而被称为食物。[①][3]

---

解脱的一种方法就是弃世（sannyasa）——脱离世俗生活，到森林里的隐居处（ashram）生活。有些弃世者（sannyasi）会践行苦修（tapas），比如斋戒和控制呼吸，由此消业。[4]冥想和瑜伽最早于此时出现。《奥义书》中第一次使用了ahimsa，这个词的译法有"非暴力""不伤生"或"不伤害"。它成了印度哲学和文化中最重要的词语之一，到了现代又是圣雄甘地、马丁·路

---

① 引自黄宝生译：《奥义书》，北京：商务印书馆，2010年，第238—239页。

德·金等宣扬非暴力政治行动者的核心政治哲学理念。

非暴力与素食的关系是复杂的。尽管《奥义书》并未公然提倡吃素，但对一切生物的慈悲心却是弃世者要培养的首要品德之一。例如，文中写道，苦修者采集食物时，只能拾取植物已经掉落的部位；不应破坏种子，只应食用已经被猛兽杀死的动物的肉。[5]托钵僧不可生产和储存食物，甚至连自己烹饪都不行，而只能乞食。林中隐士只能吃野生的食物——这种做法延续到了今天的印度教斋戒中，名叫"野食斋"（phalahar）。事实上，许多当代做法的根源都非常久远。伴随着牺牲和其他仪式重要性的下降，婆罗门祭司种姓的地位也有所下滑。

苦修生活吸引了许多年轻人：历史学家罗米拉·塔帕尔甚至将这场运动与20世纪60年代的反文化运动相提并论。[6]一些苦修者引来了追随者，他们组成了小团体，小团体演变成门派，门派后来又形成教团，这就是僧伽。人们会聚集起来听教团领袖在广场和城郊森林中说法辩经，一些据点甚至有辩论用的会堂。名声最响、影响力最大的两个僧伽是耆那教和佛教。

# 耆 那 教

"大雄"筏驮摩那（Vardhamana Mahavira，约公元前540年至前468年）是比哈尔地区一个小国的王子，或被视作耆那教的创始人。耆那教徒叫做Jain，意思是"耆那（jina，意为征服者）的追随者"。"耆那"是大雄的一个称号，得名于他的自制力。大雄有妻子和孩子，但为了开悟而离家出走。［时人并不认为他创立了一门新宗教，而认为他是24位耆那中最新的一位，这些人号为蒂尔丹嘉拉（tirthankara）——无所不知，开示解脱之路的觉者教师。〕根据传说，大雄最初让11名婆罗门皈依，他们成了教团的领导者。

耆那教徒过去和现在都不承认吠陀或婆罗门的权威。他们认为，人生的目标是从执着和嗔怒中解脱出来，达到正见的状态，最终脱离肉身。他们相信，业的束缚妨碍了人的解脱。耆那教徒认为"业"不是精神或不可见的元素，而是物质实体——一种终极的物质，它附着在人的灵魂上，遵从机械因果律。当我们做错事或说错话，比如说谎、偷窃、杀生时，就会引来业粒子。这些恶行会让灵魂引来更多的业，从而产生恶性循环。

尽管大雄否定种姓，但他似乎承认人分四等，划分标准不是出身，而是自身行为。耆那教有庙宇，但传统上不设祭司。耆那教有男女修士，分别叫做sadhus和sadhvis。修士没有任何个人财产，四处乞讨为食。今天的印度道路上依然常能看见游方修士，他们戴口罩以防吸入昆虫，拿着扫帚清理身前的地面。

耆那教的一条核心教义是万物皆有生命。下至岩石草木，上至神祇，都有永恒的灵魂（jiva），尽管有一些灵魂比其他灵魂更强大，更复杂。非暴力便与此有关。大雄的"永恒不变净法"是"一切呼吸者，一切存在者，一切有生者，都不应被杀害或遭受暴力"——明确抨击了吠陀的杀生祭祀。耆那教反对杀生的教义极端到了不许信徒务农的地步，因为耕作意味着要杀死土里的虫子。

论食物方面的教规，耆那教是所有宗教中最严苛的一门。一位学者写道："若是将耆那教徒称为严格的素食主义者，那是连门都没有进，根本没有表达出部分耆那教徒所遵循规则之严厉苛刻，也体现不出这些做法在耆那教徒宗教生活中的核心地位。"[7]

53

有五样东西是绝对禁止食用的：肉和肉制品、鱼、蛋、酒、蜜。酒遭到抨击既是因为发酵过程会增生和杀生，也因为酒会蒙蔽人的思想，有可能引发暴力。耆那教修士甚至不许在存有酒精饮料的地方留宿。忌食蜂蜜是因为开巢取蜜的过程会杀死蜜蜂。

修士和其他虔诚耆那教徒还有许多其他的饮食忌讳，包括多籽的果蔬，比如无花果、茄子、番石榴和番茄（因为种子包含着生命的胚胎）；在地下生长的蔬菜，比如马铃薯、芜菁、萝卜、蘑菇、生姜和姜黄（因为拔出的动作不仅会导致植株死亡，还会消灭土壤中数以百万计的灵魂）；洋葱和大蒜（耆那教认为它们会挑动激情）；含有酵母的食物和发酵食品；花椰菜和卷心菜（菜叶中有虫）；花苞和嫩芽。

印度盛产水果、蔬菜和奶制品，这显然有利于素食——很难想象寒带气候下会出现素食主义。耆那教饮食整体具有地域性色彩，虽有禁忌，亦可味美。[8]与印度的许多地方一样，耆那教徒以谷物和豆类为主食。阿魏常被用于替代大蒜。香料在日常烹饪中有重要地位，尽管斋戒期可能会忌食香料。印度耆那教徒大多生活在古吉拉特邦和马哈拉施塔特邦，这里土地肥沃，全年都有多种果蔬供应。奶制品、糖、酥油不为禁忌，富裕的耆那教徒以烹饪中大量使用这些食材而闻名。大部分耆那教徒不是纯素食者。（总体来讲，印度少有纯素食者。）然而，有些生活在西方的耆那教徒不吃奶制品，因为机器挤奶涉及暴力，而且奶牛不再产奶后就会被杀死。

耆那教文献中规定了进食的方式和时间。耆那教徒日落后不进食，以免误食昆虫。水必须煮沸饮用，而且每隔6小时就要重新煮沸，所有液体饮用前都必须先过滤。牛奶必须在挤出后48

分钟内过滤煮沸；酸奶保存时间不得超过1天，除非加入了葡萄干或其他甜味剂；面粉在雨季只可保存3天，冬季7天；甜品必须在24小时内吃完。耆那教修士不可以吃路边摊卖的食品。尽管现代冷藏技术可能已经让这些规则失去了意义，但它们反映了卫生意识和感染风险。

消业的一个重要方式就是斋戒，耆那教徒将斋戒提升到了艺术的高度。终极的斋戒叫做三摩地马兰（smadhi maran）或萨莱克哈纳（sallekhna），意味着完全不饮不食，把自己活活饿死。身患不治，病重垂危，或者年纪很大，自觉此生使命已了的人会这样做。这种斋戒必须获得高级修士的许可。[9]

根据传说，孔雀王朝君主旃陀罗笈多是一位斋戒而死的耆那教徒。耆那教团体很早就分裂了，各位祖师从恒河流域前往其他区域，开宗立派。与佛教徒不同，耆那教徒不会积极传教。在南方，尚武的国王们仰慕强调努力、纪律和自制的耆那教，不仅慷慨解囊，甚至还会赞同教义，颇为吊诡。耆那教在城市的赞助者是商人、手工艺者、珠宝匠人，甚至还有高级妓女。如今，有一些最富裕的印度商人家庭就信奉耆那教。有的耆那教徒国王后来回归了吠陀传统，甚至会迫害耆那教群体。印度现在的耆那教徒只有400万名左右，主要在古吉拉特邦。海外印度人中估计还有30万名耆那教徒。但是，耆那教的一些信仰和习惯被吸收到了后来佛教的主流宗教实践中。

# 佛　教

55

乔达摩·悉达多（Siddhartha Gautama，公元前563年至前

483年）就是后人所说的"佛陀"（意为"觉者"）。他与大雄一样，也是印度东北部的小邦王子。他本在宫中安然度日，直到20多岁的时候，他第一次遇见了普通人的苦难。他由此踏上了一场精神旅途，其间与苦修者相处，践行禁欲，险些饿死。但在觉醒的那一刻，他否定了这条道路，倡导他所说的"中道"，极端纵欲与极端禁欲之间的节欲，目的是结束万物内在之苦。苦源于贪婪、欲望、无知与仇恨，追随八正道则可以拔苦：正见、正思维、正语、正业、正命、正精进、正念、正定。"非暴力"是佛教的核心教义，尽管佛教不像耆那教那样极端。佛陀也认可"业"的概念，认为前生所为会决定今生转世。终极目标是"涅槃"，即脱离生死轮回。

乔达摩宣扬种姓平等，教门由此具有了普遍的吸引力。他具有出色的组织才能，创立了男女修会（尽管他对女修会抱持怀疑），用法会替代仪式。耆那教，尤其是佛教有别于前的地方在于，苦修活动得到了组织化。佛陀遵行"非暴力"原则，坚决否定用牲畜献祭。根据传说，憍萨罗（Kosala）国王原要办一场大献祭，杀500头大公牛、500头公牛犊、500头母牛犊、500头绵羊，但听从佛陀的建议，放弃了计划。

佛教在饮食方面也是中道。早期佛教不限制一般信徒的饮食，但佛陀多次呼吁节制，以免过分执着于口腹之欲。在一次讲道中，他说有一个国王酷爱吃肉到吃人肉的地步。臣民与家人因此与他离心，他不得不放弃王位，饱尝艰辛。佛陀还禁止饮酒和服用其他麻醉品。

寺庙中设有复杂的大厨房，而且像王宫一样配备了食材处理设备，比如榨油机和榨糖机。佛寺中供应素菜。僧侣饮食以维

56

持生命之必要为限，只在日出和正午之间可以吃固体食物。他们
早晨吃米饭、喝牛奶，中午吃米饭配熟的蔬菜，下午服用少量酥
油、植物油、蜂蜜或糖。僧侣在寺外要乞食为生，不可拒绝他人
的任何布施，哪怕是鱼肉，只要食物"无过失"即可；也就是
说，不可专门为了僧侣而杀生，不可让僧侣看见或听见杀生，甚
至不可让僧侣生疑（这样一来，杀生就是施肉者的责任了）。僧
侣除非生病，否则不得索要肉、鱼、酥油、植物油、蜂蜜、糖、
奶或酸奶。只有几样东西是所有佛教徒都绝对禁止食用的，比如
酒，还有象肉、马肉、狗肉、蛇肉、狮肉、虎肉等某些肉类。鹿
肉和其他野味不忌讳。

佛教不同于耆那教，会主动传教。公元前250年，佛教的第
三次结集据说是由阿育王亲自召集，会上决定向次大陆内外的其
他地方派遣僧团。从那时起直到公元13世纪，佛教僧团和婆罗
门祭司持续前往南亚和东南亚各地，包括斯里兰卡、缅甸、柬埔
寨、泰国和中国西南部。公元7世纪，新一波传教浪潮来到了西
藏，带去了佛教饮食和寺院戒律，其中就包括素食。但是，佛教
后来分裂成不同派别，吃肉是否合宜成了一个教义的争论点。在
东南亚和今斯里兰卡，僧侣可以食用获施的肉；中国、韩国和越
南僧侣则是严格的素食主义者。蔬菜稀少，天气寒冷的西藏少有
人吃素，就连达赖喇嘛本人都吃肉。[10]

佛教在诞生地已经近乎绝迹，因为就像耆那教一样，佛教的
许多教义和实践都被印度教吸收了。（佛陀常被视为毗湿奴的第
十化身。）2001年印度人口普查数据显示，印度只有800万名佛
教徒（占总人口的0.8%），其中大多数是20世纪50年代之后群
体性皈依佛教，以逃脱种姓牢笼的达利特。

## 57 　　新宗教的成功

　　许多人发现，在耗费巨大的婆罗门秘传仪式之外，新宗教的伦理道德教诲颇具吸引力。有些献祭仪式要花费数百头牲畜。农民不得不献上牲畜，而统治者的军政开销越来越大，与愈发繁复的婆罗门仪式开销形成了竞争关系。对他们来说，献祭都是沉重的负担，除此之外，两门新宗教都欢迎女性和受压迫种姓加入。

　　与大雄一样，乔达摩成功吸引到了政治支持。佛教成了摩揭陀、憍萨罗、憍赏弥等一批邦国的国教。阿育王是佛教和耆那教的重量级热忱支持者。根据佛教文献，阿育王曾经过着放纵嗜杀的生活。公元前260年，他对羯陵伽国发动了一场血战。战争带来的苦难与毁灭令他极为悔恨，由此质疑军事行动的价值。在佛陀教诲的影响下，阿育王放弃了暴力。他修建并支持佛寺，向整个次大陆乃至更远的地方派遣僧团。他修建了几千座窣堵波（stupa，半圆形的土丘）安放佛舍利，修建道路和休息站，植树遮阴，设立人兽医院。

　　阿育王哲学思想与实践的核心主张是"达摩"（梵语作dharma，巴利语作dhamma），这个词有多种译法，如义务、社会秩序、正义或普遍法则。他颁布了14部阐述达摩的法令，张贴在印度、尼泊尔、巴基斯坦和阿富汗共30余处的石壁或砂岩柱上。对阿育王来说，达摩本质上是一个道德观念，涵盖了慈悲、宽容、真诚、纯洁、平和与善良。[11]

　　阿育王还表达了对动物福利的关切。他的第一份法令中有一条写道："王上甚少杀生。其他人见此也停止杀生。甚至捕鱼活动都被禁止。"[12]最著名的条文表明，阿育王言行一致：

> 从前在［御］厨房里，每天要杀几十万只动物食用，但
> 现在每天只杀三只——两只孔雀、一头鹿，而且鹿也不常　58
> 杀。将来就连这三只动物都不会再杀。

（孔雀和鹿肉之所以是例外，或许是因为两者非常流行，尤其是在宴席上，而且阿育吠陀医生也认为两者有益健康。）法令列举了其他禁杀的动物，包括鹦鹉、天鹅、鸽、蝙蝠、蚂蚁、龟、无骨鱼、豪猪、松鼠、牛、犀牛、怀胎的母羊和母畜、不足六个月大的幼畜。不可阉割小公鸡，也不可给动物喂肉吃。

可惜，孔雀王朝御膳的菜品没有留下记载。食物史研究者蕾切尔·劳丹（Rachel Laudan）推测，既然孔雀王朝君主在很多方面都效仿波斯阿契美尼德王朝（公元前550年至前330年），包括文字、道路、艺术和建筑，那么他们的饮食可能也沿袭了波斯模式，而波斯模式又是基于几千年来发展出的两河文明上流饮食。[13]奢华大宴有上百道菜，包括用各种等级的大小麦粉制成的面食；鹅肉与其他禽肉；鲜奶、发酵奶制品、甜奶；大蒜、洋葱；果汁；椰枣和葡萄酒。阿契美尼德王朝的御膳房里有一支厨师大军，每人只负责特定的菜肴：炖菜、烧烤、煮鱼、某一类面点，等等。

阿育王并未明令禁止杀公牛羊为食物或祭品（尽管有一根石柱的条文规定，"此处不得杀牲祭祀"）。他采取了折中立场，赢得了许多臣民的欢迎。他主张尊重所有信仰，邀请佛教徒和非佛教徒聚会。将近2 000年之后的莫卧儿皇帝阿克巴（Akbar）采取

了类似的立场，自己吃素，同时支持各种宗教。在印度，食物与政治密不可分。

阿育王去世后，孔雀帝国开始瓦解，割据建国。但是，阿育王帝国的记忆一直鲜活，疆域从西海到东海、从高山到半岛。阿育王的象征法轮位于现代印度国旗的中央，作为印度象征的四面狮像石柱则矗立在瓦拉纳西附近的鹿野苑（Sarnath）。

59

寺院宴会：出自《罗摩衍那》（1712年）

# 人民的饮食

从这个时代开始，我们对印度饮食习俗的了解要大大多于之前的时代，这多亏了希腊人的游记、佛教和耆那教典籍，还有憍底利耶的《利论》。

与后世旅行家一样，希腊人被他们在印度见到的景象迷住了，他们笔下的印度社会带有一定的理想化色彩。希腊使节麦加斯梯尼（Megasthenes，约公元前350年至前290年）在《印度史》（*Indica*）一书中记录了自己的见闻。尽管原作已经散佚，但部分段落还是保存在了希腊地理学家斯特拉波（Strabo，约公元前64年至约公元24年）和罗马希腊裔历史学家阿里安（Arrian，公元86年至约160年）的著作中。印度的繁荣给麦加斯梯尼留下了深刻印象：

> 印度有许多座长满各种果树的大山，许多片肥沃的广大平原……众多河流流淌其间。此外，大部分土地都有灌溉，因此可以一年两熟。同时，这里还活跃着各种动物。[14]

他继续说道，由于物产丰饶，当地居民"身材……超常，仪态高傲。他们的工艺水平也很高，呼吸着纯净的空气、喝着最甜美的水的人或许理应如此吧"。

## 印度的糖

60

最早用甘蔗制糖的地区是印度，时间大概在公元前1000年至公元1年之间。压榨甘蔗的机器叫做延陀罗（yantra），是一种印度乡村沿用至今的大型牛力舂具。甘蔗汁过滤后放到一个金属大锅里小火熬煮，燃料是甘蔗秆。类似于糖蜜的浓甘蔗汁（phanita）进一步浓缩脱水，便成为固体的红糖块，名为jaggery或gur（gur的词源可能是孟加拉的古称Gaura，孟加拉以蔗种品质优越闻名。）棕榈树汁也可以制作红糖块，有独特风味，适合制作某些甜品。进一步脱水后就是砂糖，梵语中叫做sarkara，意为沙子或卵石，英语里表示糖的sugar一词就来源于此。

公元前326年，希腊人笔下出现了"色如乳香，甜胜无花果或蜂蜜的石头"。这可能就是结晶形态的冰糖，叫做khand（英语表示糖果的单词candy的词源）。具体制作方法不详。

公元8世纪，波斯生产出了纯度更高的糖。1615年，一位莫卧儿总督向英国外交官托马斯·罗爵士（Sir Thomas Roe）展示了一块"雪白"的方糖。

欧洲人发现新大陆可以种植甘蔗后，种植园迅速增

61

水煮糖蜜制糖，19世纪后期

多，19世纪后期有数百万印度人移民加勒比海地区。面对竞争，印度制糖业陷入衰落，到19世纪初几乎被人遗忘。印度花费大量金钱从中国（白糖，孟加拉语和印地语中叫做chini）、埃及（冰糖，印地语叫做misri，得于埃及的国名）和爪哇进口糖。1912年，甘蔗研究院成立，用比印度品种更厚实、抗虫害能力更强、含糖量更高的新大陆品种开发杂交甘蔗。印度甘蔗产量剧增，如今是仅次于巴西的全球第二大产糖国。

小麦在冬季和夏季播种，水稻和粟在夏季播种。水果自发生长，蔬菜在河岸和滩涂长势良好。由于物产丰饶，印度从无饥荒，滋补品也从不匮乏。尤其令麦加斯梯尼震惊的是一种"本身就甜，亦可调制甜品的高大芦苇"——这就是当时欧洲人还不了解的甘蔗。

印度社会的七个阶级引起了麦加斯梯尼的兴趣。地位最高的阶级是"哲学家"（婆罗门祭司），他们为死者举行祭祀仪式，换取礼物和特权。农民排在第二位，他们被认为"神圣不可侵犯"，因为即使战争期间也不得损毁农田。其他阶级有生活在森林帐篷里，清除害鸟害兽的牧人；有工匠；有军人；有监工；有政府官员。他发现，任何人都不能与外种姓通婚，也不能换行业。[15]　62

其他文献还引用麦加斯梯尼的话说，印度人生活节俭，除了祭祀要求之外从不饮酒，主食是米饭配一种浓厚的炖菜，有可能是豆子或者咖喱。有一批名为"布拉赫曼"（Brachmanes，即婆罗门）的哲学家过着朴素的生活，节制性欲，倾听严肃的话语。他们吃肉，但不吃干活的牲畜，也不吃调味浓重的食物。[16]另一批苦修者名叫"萨尔曼"（Sarmane，即沙门），生活在森林里，以树皮为衣，以橡子野果为食。麦加斯梯尼还写到了医生，他们吃米饭和大麦饭，治病不靠施药，而靠调节饮食——这是最早提到阿育吠陀的外国文献之一。

另一个印度农业与饮食的资料来源是希腊哲学家泰奥弗拉斯托斯（Theophrastus，公元前371年至约前287年）的《植物志》（*Historia Plantarum*），该书基于亚历山大手下士兵的报告撰写。书中对印度米的描述如下：

> 他们种植最多的作物是所谓的奥利宗（Oryzon），煮熟食用。它类似于二粒小麦（emmer），磨皮后类似于去糠的麦粒，易于消化。生长期间形似毒麦（darnel，一种生长在欧亚大陆的细长草本植物），尽管大部分时间都在水里，但果实不是分叉，而是像泰一样聚团。[17]

亚历山大来印的一个成果便是让水稻进入了古老的希腊。在那里，稻米最初与香料一样是珍贵的药品。公元前6世纪初，最早在印度驯化的鸡经波斯帝国传入希腊。大约在同一时期，葡萄酒从希腊传入波斯，又从波斯传到了阿富汗和印度东部。[18]

奥姆·普拉卡什（Om Prakash）的《古印度经济与饮食》（*Economy and Food in Ancient India*）一书中总结了佛教和耆那教典籍，认为水稻是印度东北部和中部的主粮。[19]印度水稻有两大品种，一种是插秧种植，冬季收获（sali），另一种采用更普通

稻田场景

的撒种法，秋季收获。两者都是在雨季刚开始时播种。最贵重的品种（mahasali）粒大，芳香油亮，现已认定为巴斯马蒂香米（basmati）。黑色和红色的稻米品种也有种植，至今印度东北部和南部的一些地区还在食用。

Odana泛指用稻米和其他谷物制成的粥品。有加酸奶、蜂蜜、酥油熬成的米粥（payodana），有加糖和牛奶煮的米粥［kshiraudana，即现代的米布丁（kheer）］，有肉米粥（mamsaudana，一种早期的抓饭），还有用沙子加热的爆米花。现在，爆米花（muri）是孟加拉地区的一种常见早餐和零食。爆米花可以加入蜂蜜或糖。带壳稻米浸泡后加酥油煮的米饭是一种流行的敬神供品。米粉、豆面、面粉可以用来做脆饼，有时会裹糖衣。

水煮或奶煮大麦粒制成的稠粥可以饮用，也可以舔食。烤过的碎大麦（有时会掺小麦粉）可以制作饼子。印度西部流行一种用荜茇或胡椒调味，可甜可咸的稻米或大麦米粥（Yavagu），是阿育吠陀针对消化病症的一个经典疗法。[20]穷人吃一种用少量水熬煮，加粗糖或植物油调味的谷物或豆子稠粥（kulmasha），常常等粥干了以后捏成丸子，下地干活的时候吃——印度乡村至今还有人这样做。最普遍食用的豆类有绿豆、红扁豆和硬皮豆。豆子煮熟后的稀汤（supa）可以搭配米饭，或者其他固体食物和干食吃。还有一种豆子的做法是磨粉团成丸子，发酵后再用酥油煎炸。

64

## 咸米粥（Salty Yavagu）

200克（1杯）长粒米

1.5升（6杯）水

半茶匙现磨生姜

现磨胡椒、盐少许，根据个人口味调整

水沸下米煮软后加入其他食材，搅拌均匀。

## 甜米粥

200克（1杯）长粒米

1.5升（6杯）水

120毫升（0.5杯）牛奶

120克（0.5杯）糖

3或4粒绿豆蔻

制作方法如上。

挤牛奶的时间是早晨和傍晚。用牛奶煮米，加入香料和糖制成的米布丁叫做payasa（现代孟加拉语称payesh，泰米尔语称payasam）。酸奶加冰糖、胡椒和其他香料的混合物叫做sikharini（香料酸奶），类似于今天的shrikhand（印度乳酪甜品）。甜味的米粉或豆粉团子叫做modaka（甜饺），是当今印度节庆中最流行的甜食之一。

甜饺用到的调料有五种盐（海盐、黑盐、岩盐、厨盐、红盐）、胡椒、荜茇、孜然、阿魏、诃子、姜、姜黄和芥末籽。芝麻是最重要的油料作物。芝麻粒可以做糕点或调料，也可以榨取食用油。据说有一位佛教僧侣酷爱一种甜食（saskuli，米粉、糖、芝麻搓成耳朵形，放酥油里炸），以至于请求一家的主人给他做——由于这次破戒，他不得不在众僧面前道歉。

根据普拉卡什的说法，"当时对待肉食的总体心态似乎是，招待客人可以上肉，供奉神灵祖先可以上肉，但除此之外就不应该杀生"。[21]佛教文献中有许多处提到了肉：流行的肉是鹿肉、猪肉和鸡肉，但山羊肉、绵羊肉乃至水牛肉也有人吃。肉的烹饪方式有串烧，有煮汤，有加入香料、酥油和酸奶制成咖喱，也有油煎加盐和胡椒调味。到了公元前500年前后，肉分洁净和不洁净的观念已经完善了。当时不提倡吃狗、家养小公鸡、肉食动物、

65

家养猪、奶牛等牲畜，但如果事关生死的话，这些肉也可以吃。

## 甜饺（Modaka）

120 ～ 480毫升（半杯到一杯）水

1小勺植物油

120克（1杯）米粉

110克（1杯）椰蓉

2小勺酥油（或融化黄油）

0.5小勺捣碎的豆蔻干籽

90克（0.5杯）红糖

盐少许

沸水中加入盐和植物油，再加入米粉，搅拌至顺滑面糊。放置备用。用酥油炒椰蓉。加入豆蔻干籽和糖，拌匀翻炒至椰蓉馅变稠。椰蓉馅放凉后搓成小球。取一小块面糊，用手掌压成直径8厘米左右的圆饼，包入椰蓉馅，顶部挤成蒜头状纹路。如此反复，直到材料用完。放入蒸锅中，或者放在沸水上的滤锅中，加热7至10分钟。

66　　　隔夜、发酸、二次加热的食物被认为不宜入口，可能有感染风险。狗或牛接触过的任何东西都不可食用，就算把碰到的部分清除，其余部分用水清洗后也不可以。关于接受不同种姓的人布施的食物，当时有一些忌讳，但没有后来那样严苛。这些忌讳编集成为"法典"（*Dharmashastra*，见第四章）。

伟大的语言学家波你尼（Panini）被认为是现代描述语言学之父，他的梵文语法书《八章书》（*Asthadhyahi*）中描述了公元前4世纪前后印度西北部的饮食习惯，那里是他生活的地方。[22]他将食物分成三类：肉；supa，这个词指的是豆子，也可能是一种稀汤，类似于南印度的拉萨姆汤（rasam）；蔬菜。蔬菜要加盐、酸奶和楚马（churma，小麦粉加酥油和糖烹制而成），餐中可以蘸粗糖、芝麻油或酥油调味。

四个卖食物的女人。巴特那，约1850年

专业厨师有男有女。有的专攻某一类菜，有的以会做的菜品众多闻名，工钱据此而定。厨具材质有铜、铁、石、陶。饼放在 67 陶片上烤；肉串起来在木炭明火上烤，或者油煎。金属锅和厨具用草木灰清理，木厨具用手擦。主要烹饪技法有烤、煮和用芝麻油、酥油或芥子油煸炒。

家仆的部分工钱以食物形式发放。他们也有权吃剩菜，尽管什么人吃什么剩菜有详细的规定：餐盘里的剩菜归家庭理发师，锅里的剩菜归厨师，饭盘里的剩菜则喂给狗、乌鸦或其他食腐动物。

另一个有价值的信息来源是国政治理手册《利论》。[23]农业、度量衡、征税、酒、屠宰场、仓库乃至妓女和大象都有政府部门负责。有一位部门领导的工作是检查市场上售卖的食物，确保店主不会欺骗顾客。例如，谷物煮粥前泡发有规矩，大麦要泡发至两倍大，粟米要三倍大，普通稻米（vrihi）要四倍大，高档大米（sali）要五倍大。面粉生产有规章，违者处以罚金。城市必须储备充足的肉干、鱼干和其他货品，以备灾荒。

68　　稻米是主食，《利论》中规定了每一类人应该吃多少米，或

大锅饭制作场景：出自《罗摩衍那》（1712年）

许意味着存在某种配给制度。雅利安人（前三个种姓的成员）每餐米一钵（prastha，合48把，约合2千克）、豆四分之一钵（约合0.5千克）、澄清黄油或植物油十六分之一钵（约合0.125千克）。女人和孩子的份额分别是成年男子的四分之三和二分之一。下等种姓每餐豆六分之一钵，油十二分之一钵。甚至动物也有配额：狗一顿要喂米饭一钵，鹅和孔雀减半。米豆之外还有其他配菜，包括肉咖喱和鱼咖喱，但数量不详。

《利论》中提到的香料和香草包括荜茇、胡椒、姜、孜然、白芥末、芫荽、獐牙菜（kiratatikta，学名Agathotes chirayta，一种生长在喜马拉雅山区的苦味草药）、当归（choraka）、五月艾（damanaka，学名Artemisia indica）、刺琼梅（maruvaka，学名Vangueria spinosa，一种罗勒）和辣木（sigru，学名Hyperanthera moringa）。如今，最后列出的五种只用于阿育吠陀。

所有动物均受到国家保护，包括家畜、鸟、野兽和鱼。屠夫只可出售新鲜宰杀动物的去骨肉。如果肉中带骨或缺斤少两，屠夫必须按原重量的八倍补偿顾客。小牛、公牛和奶牛不可宰杀，违者罚金甚重。屠宰场外宰杀或自然死亡的动物不得售卖。

偷猎要缴纳高额罚金。六分之一的野兽应在国有森林保护区中安然生活，尽管实际目的可能是保护统治者的猎场。其他不受"一切侵害"的动物包括象、马、"人形"动物（可能是猿猴）、鹅、鸳鸯、山鹑、孔雀和鹦鹉。

制酒卖酒由国家专管，有专门的酒官。酒官的职责表明，当时有活跃的酒馆。每个村庄至少有一家国有商店兼酒店，设有床位、椅子和花朵装饰。为防止不良行为，酒只卖小份且必须当场 69 饮用，尽管公认性格好的人可以把酒带出店。酒店里有政府密探，以免顾客挥霍无度或藏匿偷窃。"举止似雅利安人"，但酩酊大醉、美姬在旁的外地顾客会受到特别关注。如果顾客醉酒期间有物品遗失，店主必须补偿并缴纳罚金。

在特殊场合下，家庭可以自酿自用某些种类的酒。家庭可以为了节庆、市集、朝圣而酿酒四日，一部分所得上缴国家。酿酒材料有稻米、大麦、葡萄、橄榄、芒果、木苹果、甘蔗、长叶紫荆木（学名Madhuca longifolia）的花、茉莉花或某些树的树皮。[24]发酵剂最初是蜂蜜，但后来也使用糖蜜、酵母和其他原料。发酵工艺包括将原料放进罐中再埋进土里、用粪便或谷物封顶、阳光下曝晒。一种流行的发酵调味剂是肉桂、胡椒、荜茇等香料混合而成的三跋罗（sambhara）。苏克塔（sukta）的做法是将糖蜜、

梅加拉亚邦的自酿米酒罐

蜂蜜、发酵米汤和乳清装进陶罐，在下面垫上一堆稻米，然后在夏季存放三天。[25]

憍底利耶在《利论》中列举了五种酒的原料：

Medaka：水、发酵稻米、捣碎的混合香料、蜂蜜、葡萄汁、山柰、姜黄、胡椒、荜茇。

Prasanna：面粉、各种香料、普特拉卡树的树皮和果实。

Asava：木苹果（学名Feronia limonia）、糖和蜂蜜。（亦可用芝麻和甘蔗汁。）用磨碎的肉桂、乌面马（学名Plumbago zelanica）、香附子、珠仔树、槟榔果、长叶紫荆木的花。

Aristha：水、糖蜜、药物置于陶罐中，罐外抹上蜂蜜、黄油、捣碎荜茇的混合物。罐子放入大量大麦和混合物中，发酵至少七晚。

Maireya：一种用包括葡萄在内的各种原料酿造的酒。

Maireya非常流行，以至于佛陀明令禁止信徒饮用。这种酒在酒店里有售，可以加蔗糖、粗糖或糖浆。阿富汗北部迦毕试国（Kapisi）是一个古老的酿酒业中心，用当地葡萄制成的酒是名声最大的酒之一。考古发掘出土了玻璃瓶、鱼形酒壶和酒杯。

当时的其他文本中有多处提到酒。尽管婆罗门、佛教和耆那教都反对饮酒，但酒似乎还是很流行。晚期梵语剧目中的角色会喝烈酒和椰子酒［有可能就是托迪酒（toddy）］喝到醉。人们认为女子饮酒后面色红润，举止暧昧，更添风韵。

自古以来，印度人对酒就是矛盾的态度。尽管体面人反对饮酒（甚至今天还有几个邦设置了禁酒日，又称"干"日），但现有文献中丰富的饮酒传统不绝如缕。

71

托迪酒贩和他的妻子。泰米尔纳德邦，
1830年至1835年

# 第四章

# 全球化印度与新正统
# （公元前300年至公元500年）

在本章讨论的时期，印度成了世界经济的一部分，与非洲、中东和中国交易物资。新食材进入了印度饮食，包括丁香和槟榔，而印度商人也将罗望子、大蒜、姜、姜黄和胡椒带去了东南亚。根据蕾切尔·劳丹的看法，在公元1世纪至5世纪，"印度是大亚洲世界的中枢，就像希腊罗马是地中海、北非和欧洲的中枢一样"。[1]尽管"印度教"这个字眼直到很久之后才有人使用，但一些后来与印度教相关的观念和实践在当时已经成形，尤其是饮食方面。

## 黄 金 时 代

孔雀王朝的最后一任君主于公元前184年遇刺，印度陷入政治分裂，直到公元324年笈多王朝（Gupta Empire）建立为止。孔雀王朝在东北方的继承者是巽伽王朝（Shunga dynasty），国祚仅有百年。在西北方向，希腊化的巴克特里亚王国（Bactrians，亚历山大大帝部将的后裔）夺取了阿富汗，至公元前2世纪末征服了旁遮普全境。

北印度遭到了多股中亚势力的入侵：斯基泰人〔Scythians，

又名赛迦人（Sakas）]、帕拉瓦人（Pahlavas）和贵霜人
（Kushans，公元前2世纪至3世纪）。随着时间推移，许多入侵者
取了印度名字，加入刹帝利种姓，支持婆罗门仪式以庇护王权。
在拉贾斯坦和印度中部，一部分入侵者成了拉杰普特人的祖先。

73　　笈多王朝（公元324年至550年）最初是比哈尔地区几个小
邦的统治者。通过联姻、结盟和战争，他们将疆域拓展到了北印
度大部。笈多王朝有时被称作印度文明的黄金时代，因为印度当
时相对和平、有序、繁荣。由于兴盛的农业和广泛的海外贸易，
印度是当时世界上最富裕的地区之一。与阿育王不同，笈多王朝
的君主们举行吠陀祭祀，但也会像佛教和婆罗门寺院布施。然
而，这两个群体在地理上是分离的，佛寺建在城外，城内的婆罗
门学院则靠近宫廷。

　　科学、艺术、数学、文学、逻辑学、哲学和宗教研究兴盛
了起来。进位制、地球绕着太阳转的观念、象棋，全是在这个时
期形成的。大概生活于公元4世纪的迦梨陀娑（Kalidasa）剧作
至今依然在上演。公元5世纪或6世纪，世界上第一所大学那烂
陀寺在比哈尔成立，有上万名学生和两千名教师，吸引着远达中
国、波斯和希腊的学者。

　　印度南部有多个独立的酋邦和王国。东南端是切拉王朝
（Chera）和潘地亚王朝（Pandya），西部是朱罗王朝（chola）和
百乘王朝（Satavahana）。百乘王朝又称安得拉王朝（Andhra），
控制印度西部、南部和中部大片疆域达450余年。

　　印度是一个庞大国际贸易网络的中心。公元1世纪中期有一
部希腊航海地理志，题为《周航记》（The Periplus）。书中列举
了红海周边的50余个港口和贸易路线，还有印度东西海岸的20

处商栈。这些商栈位于河口处，商品种类繁多，与罗马帝国、阿拉伯半岛、西亚和东南亚交通物资。每年会有一支120艘船的罗马船队从埃及（当时是罗马帝国的一部分）出发，前往印度西海岸，顺风的话只需40日即可抵达。之后，船只可以绕过印度最南端，来到东海岸的各处港口。三座大港分别是喀拉拉邦境内的穆奇里斯（Muziris）、本地治里（Pondicherry）附近的阿里卡梅杜（Arikamedu）、泰米尔纳德邦境内的普哈尔（Puhar）。[2]这些熙熙攘攘的城市街道两旁有商人的别墅和库房。贸易会延伸到更北方的港口，包括布罗奇，这有可能是印度河谷文明贸易路线的延续。

许多印度商人是佛教徒，部分原因是高级种姓的印度人害怕受到污染，忌讳出海。大多数为罗马进货的商人都是阿拉伯人、埃及犹太人和希腊人。他们来到印度购买芳香精油、象牙、玛瑙、棉布、跨洋而来的中国丝绸、宝石、猿猴、鹦鹉、孔雀、旁遮普的盐、喜马拉雅山区的藏红花和麝香、东南亚的丁香和肉豆蔻、喀拉拉的豆蔻干籽、荜茇和胡椒。罗马帝国对胡椒的需求量很大，既作为调料［公元4世纪末或5世纪初成书的罗马菜谱《阿皮基乌斯》（Apicius）中收录了468道菜，其中三分之二都用到了胡椒］，也是作为地位象征，因为胡椒价格非常昂贵。[3]新近考古证据表明，罗马人可能还从卡纳塔卡邦的一个地方进口草药。[4]

印度人用货品换取金银币，这些货币在两侧海岸都有大量出土。奢侈品包括葡萄酒（南意大利和希腊岛屿出产的葡萄酒价值颇高）、配给君王为妾的女子、来自中东和中亚的骏马。不久前，本地治里附近发现了地中海双耳陶罐，内有橄榄油、发酵鱼酱

（garum）和苹果残余。[5]

　　这种交流还带来了其他影响。《新约：使徒行传》有一个伪作版本写道，公元52年，使徒多马坐船到印度传播基督教，在金奈（Chennai）附近殉教。喀拉拉邦叙利亚基督教会的部分信徒自称祖上是由多马皈依。公元68年，犹太人为了逃避迫害来到印度西南部，几个世纪后又来了中东犹太人。这些人后来大部分移居以色列，但科钦（Cochin）至今还有少数犹太人。

　　罗马帝国在3世纪开始瓦解，贸易也随之衰退，但印度与东南亚、印度尼西亚的贸易却扩大了。印度用胡椒交换当时只在摩鹿加群岛（Malaccan Islands）生长的丁香、肉豆蔻和肉豆蔻皮。一个引人入胜的问题是，这些香料是何时进入了印度料理。表示丁香的梵语词lavanga源于马来语单词bungalavanga。公元前数个

科钦的这种渔网可能是在14世纪通过华人传入

世纪间编写的佛教和耆那教经文中提到了肉豆蔻。最早提到丁香（肉菜和包叶槟榔中的调味料）的文献是公元3世纪至6世纪之间的泰米尔语著作。5世纪后期，槟榔树（学名Areca catechu）和蒌叶（学名Piper betle）从东南亚传到了印度，这两者就是包叶槟榔的主料。印度商人可能还将罗望子、大蒜、姜、姜黄和胡椒传入了东南亚和印度尼西亚，还传播了香茅、高良姜等香料。

在祭司的陪同下，印度商人也将印度的宗教信仰和实践、舞蹈、雕塑、音乐和治国理念带到了东南亚。当地统治者延揽婆罗门来加持政治权威，迎娶印度女子，接纳印度教仪式。两大史诗《罗摩衍那》和《摩诃婆罗多》在东南亚文化中占据核心地位，尤其是在泰国和柬埔寨。柬埔寨吴哥窟神庙让史诗故事永垂不朽。直到18世纪为止，泰国、越南、柬埔寨和印度尼西亚都有繁盛的所谓"印度化"王国，巴厘岛至今依然有印度教徒。这种文化扩张是通过和平手段实现的，与政治霸权或印度统治者建立海洋帝国的企图无关。这在世界历史中几乎独一无二。

印度与中国有海上贸易，也有陆地丝绸之路，佛寺承担了南亚与东亚之间的纽带。中国商人在印度海岸建立商栈，带来了丝绸、瓷器和珍贵调味料麝香。他们沿途会停靠摩鹿加群岛收购肉豆蔻、肉豆蔻皮、丁香和芦荟，在斯里兰卡收购肉桂，这些物资都会转手卖到印度、波斯和阿拉伯。喀拉拉邦至今还有中式渔网和炒锅，是当年华人留下的遗绪。［也有人认为，这些物品是后来由探险家郑和（1371—1433），或者由葡萄牙人从澳门带来的。］

有几种印度食品的梵语名称中带有chini字样，表示源于中国，包括桃（chinani）、梨（chinarajaputra）、莴苣（chinisalit）、樟脑（chinkakarpura）和肉桂（dalchini，字面意思是"中国树皮"）。公元前286年，中国最早有文献提及制糖，引进者有可能是印度佛教徒旅行家。

## 新 正 统

公元前500年左右，婆罗门祭司编写了一系列"法经"，这些无韵文献可以视为吠陀仪轨的延伸。法经的核心目的是定义"法"（读作"达摩"），有人将这个词称为"整个印度文明最核心、最普遍的概念"。[6]起初，"法"指的是葬礼、净化仪式等场合的正确流程，但后来意义拓展到了公共领域的正确行为，比如婚姻和继承，甚至包括个人行为，比如沐浴、刷牙、性行为、礼仪和饮食。

法经告诉人们应该做什么，但很可能并不反映人们实际上做了什么，尤其是法典条文和观点之间存在矛盾。帕特里克·奥利维勒（Patrick Olivelle）写道，教导的多样性本身"推翻了一个常见的假设，在婆罗门的一元权威之下，古代印度文明单调而僵化"。如果就连专家的意见都有激烈的意见分歧，"现实情况肯定还要更加混乱和狂躁"。[7]法经的内容在后来编纂的"法典"中得到了阐发。最早也最著名的法典是《摩奴法典》。《摩奴法典》采用韵文体，编写于公元前200年至公元200年之间，作者是北印度的一名保守派婆罗门（"摩奴"），也可能是不同时代多位作者的共同成果。有人至今将其视为最权威的印度教规范文本。[8]

这些文献的创作初衷可能是追求稳定和建立社会规范（统治者尤甚），这种愿望产生的原因是孔雀王朝和巽伽王朝解体后的政治社会动荡。由于佛教和耆那教的传播，也由于王室支持这两门宗教，阿育王限制杀牲祭祀，所以婆罗门的权力和地位遭到了削弱。为了保持优势地位，延续王室支持，婆罗门只得效法非婆罗门的苦修者，将自己装扮成"苦修正道的终极典范"。[9]经书代表着婆罗门尝试恢复和巩固自身地位，将已经出现的各色社会群体合理化。接下来，本书会概述这些文献的主要思想，尤其关注饮食规定与禁忌。

《摩奴法典》重申了婆罗门居首的四种姓（瓦尔那）概念。婆罗门学习和传授吠陀，主持献祭仪式，收礼上供。刹帝利学习吠陀，提供祭品，向婆罗门赠礼，用武力保护臣民。吠舍也学习吠陀，提供祭品，从事农耕、工商、畜牧和放贷。这三个种姓被称作"再生者"，因为他们会举行代表第二次出生的成人礼。四等种姓首陀罗的职责是服侍前三个种姓。

再生者按理说应该生活在"雅利安之地"（Aryavarta），但由 78
于人口增长，当时这样做已经不太现实了。这片区域北起喜马拉雅山，南抵文底耶山，东西以大海为界，恰好也是黑羚的自然活动范围。如果一个首陀罗生计无着，他可以到任何地方生活。雅利安之地以外是蔑戾车人（mleccha）的地盘。这个词有时译作"异族人"或"野蛮人"，用于主流社会之外的个人与群体。

婆罗门和刹帝利不应务农，因为农耕会伤害土壤里的生灵——这种思想或许来自耆那教徒。如果压力太大的话，婆罗门可以经商，但不能卖生肉、熟食、盐、酒、奶等特定物品，否则就会失去种姓地位。社会理论上不允许人从事更高种姓的职业。

然而，宗族、行业与部落（迦提）成千上万，四分法根本无法涵盖。因此，法经作者们提出了一个巧妙的解决办法，即认为迦提源于种姓间的结合（这种解释没有多少历史依据）。贱民被说成是首陀罗男性与婆罗门女性的子女。这种对种姓通婚的恐惧成了其他规范的推动力，包括与饮食相关的内容。

## 饮食规范与禁忌

法经中大量讨论了男子在人生各个阶段可以食用什么，何时进食，如何用餐，菜品要如何烹饪，可以接受谁提供的食物，可以和谁一起吃饭。我这里是专门用了"男子"，因为读者假定就是男性。女子不可学习吠陀和法经，甚至读都不能读。然而，尽管制定社会规范的是男子，在家庭生活中教导和执行这些规范的人却是女子。甚至到了今天的传统印度教家庭，负责食品和厨房是否符合仪式的纯净要求，执行斋戒的人也是女子，往往是为了丈夫和子女好。

在理想情况下，再生者要经历四个阶段（asrama）：学生阶段、居士阶段、隐居或林居（vanaprastha）阶段、苦修或弃世阶段（sannyasi）。前一个时代的做法乃至名称（asrama、sannyasi等）融入了主流生活之中，形成了一个有趣的转折。每个阶段都有各自的饮食规则。学生住在老师家里，过苦修生活，性、蜂蜜、肉、香料、洋葱、大蒜、酸味药品和其他被认为会引发激情的食物都要杜绝（印度教隐居者至今依然遵行）。在特定的日子里，他们还必须乞讨食物。

居士要遵循各自种姓的饮食规则。生出白头发后，他们可以到森林中过隐士生活。隐士穿用树皮和兽皮制作的衣服，不能进入村庄，也不能踩犁过的田地，不能吃种植的谷物（anna）。印

79

度教的"野食斋"依然是这样，斋戒者不能吃小麦，只能吃用荸荠或莲子磨粉制成的面点，洋葱、姜黄、大蒜、姜、黑豆也在禁忌之列。

有一类隐士自己不做饭，只吃生的水果、蔬菜、树叶、根茎。一篇法经中写道："与野兽为伍，独自与野兽生活，像野兽一样为生——这就是天堂的明证。婆罗门踏上这条远离邪恶世人的光辉之路，过林中生活，便无病苦。"[10]

一个人到了为死亡做准备的人生最后阶段，便会抛弃与一切世俗之物的牵绊。他四方游荡，居无定所，瑜伽冥想，乞讨为生，不伤生灵。按照这种方式生活，死后便可解脱。如今，大部分印度教徒都了解这种轮回观，尽管付诸实践者少之又少。

经文中告诫居士要节制饮食："圣贤一顿吃八口饭，林居者十六口，居士二十二口，学生不限。"[11]清晨用餐、深夜用餐、加餐、过食都被认为是不当之举。餐前餐后都应洗手，至少穿两件衣服，摘帽脱鞋，面朝东坐，私处进食，不可说话。居士餐前应向神灵献上一部分食物，然后给孩子、老人、新婚少女、家里的病人和孕妇，还应该给狗、贱民、生病的外人、鸟儿、虫儿留一些吃的。按照礼仪，用餐期间不得掰关节、抠脚趾、敲饭碗、捧水喝、洒水或者向吃饭的其他人扔食物。如果这些禁令确有必要的话，印度人吃饭的时候肯定热闹极了！

法经中列举了再生者不得食用的食物。禁忌分为两类。一类是因为食物的内在本性而在任何时候都不能吃（abhaksya），另一类是正常情况下可以吃，但因为接触了不纯洁的人或物而变得不可食用（abhojya）。[12]

再生者任何时候都不能吃的食物包括：

80

大蒜、大葱和洋葱

蘑菇和其他所有从不纯净物质中生长出来的植物

树木切口流出的红色汁液

哺乳期母牛分泌的厚牛乳，或其他母兽产仔后十日内分泌的奶

与芝麻同煮的米饭、加入黄油的小麦、牛奶米饭、面粉糕点，供品除外

宰杀时没有一边洒水，一边念诵经文的肉

骆驼奶、不分蹄动物的奶、绵羊奶、发情母牛或没有小牛的母牛的奶、除水牛以外所有野生动物的奶

所有变酸的东西，酸奶和用酸奶烹制的食物除外

屠宰场里的肉（与打猎获得的肉相对）

肉干

家猪

大多数鱼类

酒，尤其是蒸馏高度酒

某些种类的鸟兽（见下文）

尽管洋葱原产于中亚和阿富汗，印度很早就有种植，但吠陀中并未提及，原因可能是洋葱与受歧视的原住民关联，或者因为洋葱的气味。洋葱和大蒜以催情剂闻名，因此学生和寡妇禁食。（后来禁忌变得更严了，原因可能是这两种菜与伊斯兰饮食有关。）甚至到了今天，耆那教徒、正统婆罗门、寡妇、苦修者和部分印度教徒也不吃大蒜和洋葱，宗教仪式中也从来不用。

81

# 荸荠脆饼

2个煮熟的中等大小马铃薯

150克（1杯）荸荠粉

1/4小勺胡椒

宽油

盐，根据个人口味调整

马铃薯剥皮捣成泥，加入荸荠粉、盐和胡椒。缓缓加入少量水（约60毫升，1/4杯）至面团光滑微硬。搓成12到15个小球，轻轻拍扁成直径约8厘米的饼坯。放入油锅炸至胀起。

忌食蘑菇的原因是，蘑菇生长于肮脏的土壤。忌食红色树汁是因为与血液有关。（根据传说，天神因陀罗曾杀死一名婆罗门，他的愧疚之心被树木承受，化为红汁。）忌食刚生小牛的母牛所产的奶可以认为是保护幼崽。

禁酒的理由是，醉酒的婆罗门可能会踩到不纯净的东西、念错吠陀经文，或者犯下其他罪孽。惩罚是可怕的：有意饮酒者，必须喝杯中的滚沸液体；意外饮酒者，要三天只喝热牛奶，三天只喝热酥油，三天只喝热水，三天只喘热气。哪怕闻到醉汉的口气，都要做瑜伽，控制呼吸，食用酥油。饮酒的婆罗门女性来世会变成水蛭或生活在水中的珍珠蚌。

法经中动物分类的复杂度堪比《利未记》。爪分五趾的动物、不分蹄的动物不可食用，但偶蹄动物可以吃；上下颚都有尖牙的动物不可食用，只有一排尖牙的动物可以吃。满足这两条标准的动物只有山羊、野牛、绵羊、鹿、羚羊和猪。狗甚至提都没有提，狗肉是遭到厌恶的食物，其原因可能是狗肉与旃陀罗人（chandala）有关联，这个部落的人有时被叫做"食狗族"。另一类禁忌是用爪子抓取食物、长蹼或食肉的鸟类。

所有这些分类之上还有地界：村子里的畜禽不可食用，野生动物或农畜则可以食用。因此，野猪肉可以吃，但家猪肉不行。家鸡不可以吃，但野禽可以。也许生活在村子里的动物吃剩菜，所以被认为不洁净。肉食动物和独居动物全部都是禁忌。规则中不涉及蛋类，这可能意味着当时的人很少吃蛋。

关于鱼，早期文献主张，只要不是奇形怪状，所有鱼都可以吃。但晚期的作者只允许吃少数几种鱼，反映了鱼是肉食动物的信念。《摩奴法典》有言："吃兽肉的人吃的是那一种兽的肉，而吃鱼肉的人吃的是所有动物的肉。"

人类学家玛丽·道格拉斯（Mary Douglas）对这种区分的源头做出了解释。按照她的界定，不纯净、不可以吃的动物与同类的其他动物之间存在某种"错位"和偏离。例如，犹太人禁食无羽鸟、无鳞鱼、不反刍的偶蹄动物是因为这些动物不正常，因此不洁净。打破种类之间的界线就是污染。圣洁要求符合所属类别的特征，类别不可混淆。"圣洁就是整全一体：圣洁就是个体与种类的统一、整全、完善。饮食规则只是沿着同样的思路发扬了圣洁的隐喻。"道格拉斯写道。[13]

至于一般意义上的肉食和素食话题，《摩奴法典》有整整一节讨论优劣。讲吃肉不好的段落（25段）远远多于讲吃肉好的段落（3段），而且创作的时间有可能不一样，或许是企图调和弃世理想与传统的献祭价值观。关于吃肉的正方观点，《摩奴法典》引用了生主的话：

> 无行动能力者是有行动能力者的食物，无獠牙者是有獠牙者的食物，无手者是有手者的食物，怯懦者是勇敢者的食物。吃适合吃的生物不会带来玷污，哪怕每天都吃。

为了整个世界的繁荣，神亲自创造了用于献祭的家畜。因此，为了祭祀而杀牲不是杀生。为祭祀而杀死的草木、牛、鸟和其他动物会转生为更高级的存在。

另一方面，《摩奴法典》规定，尽管为了祭祀食肉是众神定下的法则，但其他场合非要吃肉就是恶行。如果再生者违背这条律法吃肉，死后就会被他吃的动物吃。婆罗门不应出于欲望吃肉，而只能出于合法的原因。一个人如果想吃肉的话，应该用澄清黄油或面粉制成动物形状的食物，然后吃掉，否则来生就会暴死。《摩奴法典》甚至强加了一个词源学解释："智者宣布，肉写作mamsa，它真正的意思是'我他'（mam sa），就是说，我（mam）此世吃了他（sa），他来世就要吃我。"

《摩奴法典》进一步讲，一个人不吃肉，一个人每年杀马献祭，连杀一百年，这两个人的功德一样大："哪怕是一个靠纯净的果实，靠圣贤的食物为生的人，他获得的奖赏也比不上一个完全不吃肉的人。"《摩奴法典》最后坚定站在了骑墙派的立场："吃肉、饮酒、性交本身没有错，因为这就是生者之道，但节欲会有大福报。"

文献中还有一类食物是不宜食（abhojya）的。这种食物通常情况下可以食用，但因为接触了被认为不洁净的人或者物，所以变得不纯净了。有一些禁忌大概是基于卫生考虑，表明人们了解感染的原理，比如下列食物不可食用：被狗碰过或者被牛闻过的食物，有老鼠屎或者生虫子的食物，看上去令人恶心的食物，放久了的食物（蔬菜或油炸食物除外），被别人的脚或外衣下沿碰过的食物，被喷上鼻涕的食物，生病或者家里有死者的人端上来的食物。

还有一些不宜食的禁忌源于种姓有别、个人偏见乃至单纯的势利眼，包括医生、醉汉、铁匠、金匠、因生产或月经而有血污的女人、猎人、首陀罗、执法官、窃贼、阉人、守财奴、酒贩、木匠、没有丈夫的女人、男洗衣工、已婚女子的情人、养狗的男人、娶首陀罗为妻的男人，乃至被老婆欺负的男人提供的食物都不可以吃。这里面有些人会接触病人或死者（比如医生和猎人），热带环境中有可能会造成感染。但另一些人——比如金匠、阉人或者怕老婆的男人——并非如此，必须从别处寻找解释，尤其是"纯洁度"感知与地位的关系。

正如人类学家路易·杜蒙（Louis Dumont）在经典著作《阶序人》（*Homo Hierarchicus*）中所说："食物分类本质上涉及人群分类和人群之间的关系，而非源于普世意义上的净污之分的基础依据。"[14]玛丽·道格拉斯主张，限制吃外人的食物是一种保护所属群体免受下等人威胁的方式，一大原因是越高级的种姓人数越少。此外还有"享乐之路"理论：现在跟外人吃饭，下一步可能就是跟外人睡觉。印地语里有一个说法凝练了这种观念："roti-beti"（饼子＝儿媳）。

体液是食物污染的主要来源之一，包括唾液。现代印度的许多做法都来自这种担忧，哪怕只是在无意识层面。[15]有人喝水不碰杯子，而是要倒进嘴里，因为就连自己的唾液也可能带来污染。直到今天，许多印度女人做饭的时候也不会尝味。正统印度教徒进厨房之前要沐浴，衣服也要刚刚洗过。[16]进食只用右手，左手专用于如厕。不可品尝另一个人盘中的菜，除非是近亲。

剩菜的规矩很复杂。人只能吃上位者的剩菜，这意味着婆罗门只能吃神的剩菜（也就是祭品或供品），刹帝利只能吃婆罗门的剩菜，吠舍只能吃婆罗门和刹帝利的剩菜，首陀罗可以吃以上三个种姓的剩菜。学生可以吃老师的剩菜。再生者男性不能吃女人的剩菜。[17]

但是，这些界线或许没有听上去那样严格。按照法典的规定，如果一个首陀罗是一个婆罗门的佃户、家人的朋友、牛倌或者奴隶，后者就可以吃前者的食物（或许是因为前者熟悉后者的卫生情况和生活习惯）。提供食物者的态度同样重要：众神甚至曾将小气婆罗门与大气放贷人的食物相提并论，表示两者是同等的。然而，旃陀罗人不在宽大之列，他们必须住在村外，甚至不能自己做饭，只能领受他人装在破盘子里的食物。 85

改变饮食习惯可能是向上流动的一种方式。通过模仿高种姓的仪式习俗（有时通过赤裸裸的贿赂手段），个体或群体能够提升自己在种姓序列中的位置。人类学家M. N. 谢利尼瓦斯（M. N. Srinivas）将这个过程称为"梵化"：

> 种姓制度并不是一套所有种姓的地位永远固定的死板制度。升降永远是可能的，尤其是**中间等级**。通过吃素禁酒，

将自身的仪式和神灵梵化，一个种姓能够在一两代人的时间里提升到更高的位置。简言之，低种姓似乎会尽可能接纳婆罗门的习俗、仪式和信仰，采用婆罗门的生活方式，这种情况尽管理论上是禁止的，但似乎频繁发生。[18]

尽管有一些禁忌约束直到20世纪以后依然有效，但如今正在瓦解，尤其是在邻居或者同事之间都相互不了解种姓，或者不在乎种姓的城市里。20多年前，谢利尼瓦斯写道：

> 印度大城市中有少数富人受过教育，生活方式高度西方化。我们或许可以说，他们很少生活在种姓世界里，而主要生活在阶级世界中。他们从事的职业与出身种姓的传统职业没有关系。他们无视净污戒律，他们吃禁忌食物，他们的朋友和同事来自全印度，甚至可能包含外国人。他们的子女不仅会和外种姓结婚，偶尔还会与外地区、外语言、外宗教的人结婚。[19]

# 86    人民的饮食

来到印度拜访寺庙，求取和翻译佛经的中国佛教学者令这些禁忌戒律惊奇。法显（公元337年至约422年）写道：

> 举国人民悉不杀生。唯除旃荼罗。旃荼罗名为恶人。与人别居。若入城市则击木以自异。人则识而避之不相唐突。国中不养猪鸡不卖生口。市无屠店及沽酒者……唯旃荼罗猎

师卖肉耳。[20]

这种评论大概是从佛教徒视角看待世界的结果，因为其他资料指出，当时的印度人吃肉甚至饮酒。玄奘（公元602年至664年）笔下的印度也是一个分层的社会。玄奘是一名学者和翻译家，游历中亚和印度大部长达17年，将自己的见闻记录在《大唐西域记》中。按照玄奘的说法，"屠、钓、倡、优、魁脍、除粪，旌厥宅居，斥之邑外，行里往来，僻于路左"。[21]他写道，人分为四个种姓，礼仪层面的纯洁程度各有不同，只能在种姓内部通婚。让他敬佩的一点是，俭朴生活的人声誉好，"娱游惰业、偷食糜衣"之人则会蒙受耻辱。[22]印度人讲卫生，每次用餐前都要洗手，从来不吃剩菜或复热的菜，给玄奘留下了深刻印象。

玄奘观察到了某种饮食民主，首陀罗和跨种姓出身者的食物与他人无异，唯一的区别是餐具的材料。但饮品有差别：刹帝利喝用葡萄和甘蔗酿的酒，吠舍喝发酵烈酒，婆罗门喝一种用葡萄或甘蔗制成的含酒精糖浆。

玄奘明言印度生长的水果不可尽数，当地最常见的水果有芒果、罗望子、紫荆木花、瓜、枣、木苹果、诃子、无花果、椰子、菠萝蜜、石榴、南瓜和甜橙。印度不知椰枣、枇杷和柿。桃、梨、杏和葡萄只有克什米尔种植。蔬菜有姜、芥和荤陁菜（olibanum，一种有香味的树胶，常与乳香混淆）。洋葱和大蒜少有人食，吃的人会被赶出城。[23]最普遍的食物有奶、黄油、酪、软糖、砂糖、芥子油和各种饼。人们有时会吃块状或片状的鱼肉、羊肉和鹿肉，但牛肉、驴肉、象肉、马肉、猪肉、狗肉、狐肉、狼肉、狮肉、猴肉、猿肉是禁忌。

玄奘惊讶地看到，尽管印度人的烹饪用具多种多样，但他们不会蒸食。菜品用陶器制作，每个人都有分别的餐盘，所有菜混在一起，用手抓着吃，不用筷子或勺子（只有生病时会用铜勺进食）。

唐代僧人义净（公元635年至713年）游历东南亚和印度25年，其间还在那烂陀寺留学。他留下的25卷行述中给出了对当时印度饮食习惯的最翔实介绍[24]。他写道：佛寺的基本饮食有干有湿，比如米饭、麦豆饭、麨（可能指的是干粮）、肉、饼。如果僧人还是肚子饿，可以啖食或嚼食固体食物：一根，二茎，三叶，四华，五果。每餐皆有奶、酪和其他乳制品。

义净写道：北方以小麦为主食，西方以稻米或大麦为主食，摩揭陀（今比哈尔）和南方以稻米为主食。各地均食奶制品和植物油，饼果品种甚多，难以胜数。他写道：正因物产如此丰盈，即使俗人也很少需要食肉。

令义净惊讶的是，印度缺少一些中国流行的食物，包括粳米、黍粟、葵菜（学名Malva verticillata，食嫩芽和叶）。印度芥子的品种与中国不同。印度人不吃洋葱或生的蔬菜；忌食洋葱是因为会造成疼痛，影响视力，损害体魄。

饮酒似乎颇为普遍。5世纪剧作家迦梨陀娑的作品中展现了社会各个阶层的风貌，无数次暗示饮酒和醉酒，甚至女子也会如此，据说醉酒能为女人带来特殊的魅力。在迦梨陀娑的史诗《罗怙世系》（Raghuvamsa）中，阿迦王后直接喝丈夫嘴里的酒，罗怙全军都喝椰子酒。上层阶级会用芒果花或者橘皮给酒调味，除酒气，香口气。

此外，哈希和塔潘·雷肖杜里（Hashi and Tapan Raychaudhuri）写道："与……另一种刻板印象相反，印度教信仰以及对世俗欲求

德里月光集市的一名干果、坚果、香料摊主

的所谓规范性否定从来不曾将美食排除在外。"[25]檀丁（Dandin）创作的7世纪梵语诗《十王子传》（*Dasakumaracharita*）中生动描绘了男人和女人的实际生活，而非他们应该怎样生活，其中有两页详细描述了一名女子烹饪的过程及其带来宾客的快乐：

> 她将两盘粥放在一片浅绿色的芭蕉叶上，摆到他的面前，又搅了搅。他喝了以后心中欢喜，放松的感觉传遍了四肢。接下来，她给他舀了两大勺米饭，配有少量酥油和调料。其余的米饭则搭配凝乳、三种香料、芳香清新的白脱牛奶和稀粥。每一口都让他喜悦……［水］是香的，有刚摘的

89

比哈尔邦巴特那的一
名菜贩，1826年

牵牛花香，还有盛开的莲花香。他将碗捧到唇边，眉毛上有
冰冷如雪的晶莹露珠……他鼻孔大张，呼吸着芬芳；舌尖尽
享美味。[26]

# 南 印 度

桑格姆文学的代表是公元前600年至公元300年之间泰米尔
语诗歌的选集，其中描绘了日常生活场景。这些诗歌的背景有六
种不同的区域：稀树丘陵、草场、森林、海岸、荒地、河谷沃
土。这些区域的居民最初实行轮耕和畜牧，但后来农业定居化，
90　产量也提高了，尤其是铁犁和灌溉出现之后。主粮是豆类和粟；

后来河谷中开始种植水稻，那里土地肥沃，据说一只大象躺下来覆盖的稻田就能养活七个人。人们会培育种植竹、菠萝蜜、蜂蜜、胡椒、姜黄这些林中物产。喀拉拉以胡椒田闻名。[27]

　　米可以煮饭，加罗望子、芝麻、糖调味，或者与豆、肉或酥油同煮。另一种做法是将米泡水后放在热砂中捣扁，或者加热直到膨发，加奶食用——类似于现在的爆米花（印地语叫poha，泰米尔语叫aval）。米饭或米粥隔夜发酵后即为米酒，甚至婆罗门也会饮用（尽管这违背了不吃隔夜饭和不饮酒的戒律，意味着这些规矩可能在当时的南方还不普遍）。[28]文学作品中还提到了米粉（idi-appam）、用牛奶泡过的大米压碎或压扁制成的食品（aval），还有用竹子的种子制成的竹米饭，喀拉拉邦和卡纳塔卡邦部分地区至今依然有人食用。提到椰子和丁香的地方很多。丁香可以用来给肉调味、腌菜、与大麻混食或者嚼食。

稻谷去壳后捣碎，制成轻盈的干米片，加坚果和香料油煎就是一道小吃

91 　　一首3世纪的桑格姆诗歌中描述了一位吟游诗人的饭食。猎人给他放在柚木叶上的红米饭和蜥蜴肉；牧人给他用牛奶煮熟的高粱、粟米和豆子饭；农场工人给他白米饭和烤禽肉；海边渔民给他米饭和鱼肉，装在用棕榈叶做成的碗里；婆罗门给他用腌芒果和石榴调味，与黄油和咖喱叶同煮的高档米饭；农场主则给他蜜饯、菠萝蜜、香蕉和椰子水。[29]

92

沃林达文的一家糖果铺

# 第五章

# 新的宗教潮流与运动：宴会与斋戒
# （公元500年至1000年）

从公元500年前后开始，新的信仰和礼拜形式开始出现。尽管吠陀牺牲仪式依然对王权的神圣化至关重要，但大众已经很少有人再遵循了。许多人开始在家或者到神庙"供奉"（puja）。印度，尤其是南印度修建了神庙；有的神庙只有一位神祇的神像，也有的神庙供奉多位神祇。神庙的赞助人是统治者和富商。这些神庙成了举办王室仪式和成人礼的场所，国王开始被视为特定神祇的代理人。

新的运动叫做"往世书运动"，对立面是沙门（禁欲）的耆那教和佛教。运动得名于一系列叫做《往世书》的文本，其中有神话传说，有神、英雄和贤者的世系，也有宇宙论、哲学和地理学。这些梵文文献的创作时间跨度很长，可能是在公元前4世纪至公元1000年之间。读过的婆罗门将其翻译成各地口语，在本地神庙中讲述书中的故事。《往世书》成了平民百姓事实上的圣经。

主神毗湿奴和湿婆本为吠陀传统中的次级神明，此外还有代表原始能量（shakti）的母神。如今印度和尼泊尔的大部分印度教徒分为三派：毗湿奴派、湿婆派，还有信仰杜尔迦、迦梨或其他母神化身的性力派。随着时间推移，神灵逐渐人性化，有了妻

子、子女、乐器、武器和"伐诃纳"（vahana）——充当同伴和
坐骑的动物。例如，湿婆的妻子是帕尔瓦蒂，子女有象头神伽内
**94** 什和战神室建陀。湿婆的坐骑是公牛南迪，每座湿婆神庙外都会
有南迪像。众神各有脾性和饮食偏好。例如，湿婆暴躁易怒（变
性），据说喜欢辛辣刺激的食物，尤其是绿辣椒。毗湿奴性情平
和，偏爱柔和的酥油和奶制品，忌食辣椒。印度西部的毗湿奴派
以素食者为主，当地的毗湿奴派富商为推广素食的公益机构慷慨
解囊。毗湿奴派的供品中多有食物。

# 何谓印度教

"印度"（Hindu）一词最早出现在公元9世纪，是外
人对次大陆居民的称呼。这个词出自波斯语的"信德"
（Sindh），意思是信度河（Sindhu，即印度河）两岸的土
地。它原本是一个世俗词语，适用于所有生活在次大陆上
的人，但后来穆斯林和英国人先后用它来指代信仰本土宗
教（相对于伊斯兰教和基督教）的印度人。19世纪，一些
印度人在建立民族认同的背景下使用这个词。

在历史上的大部分时间里，"印度"都不是本地人的
自称。即使到了今天，印度人的自我认同一般也是教派
（毗湿奴派、湿婆派）或分支教派的名称。也有人用"恒
法"（sanatana dharma）的称呼，意思是所有印度教徒都必
须遵守的永恒或绝对义务。

　　与伊斯兰教或基督教不同，印度教没有单一的创立者，没有单一的经典（尽管许多宗派都将吠陀奉为天启），没有单一的教义，也没有中央权力机构。[1] 所谓的印度教包含众多流派，信仰、实践、世界观各异，有时在种姓、弃世以及对某一位或多位神的崇拜等方面有着矛盾的理念和理想。事实上，印度教的一个典型特征是，通往神的道路有许多条：正如一份古代文献所说，"主上啊，数论派、瑜伽派、兽主派［即湿婆派］、毗湿奴派，所有这些道路都会通向你，就像百川蜿蜒，终入大海"。[2]

95

调皮的小奎师那偷邻居家的黄油，常见于印度画作。创作于约1750年

　　毗湿奴被崇拜为人类的神圣救主，每当世界蒙受灾难时，毗湿奴的九个化身（加上佛陀就是十个）便会降临救世。人气最高的两个化身分别是史诗《罗摩衍那》的主人公罗摩，以及本为地方牧神的黑天奎师那。[3]《薄伽梵往世书》（Bhagavata Purana）中讲述了奎师那的故事。奎师那小时候是北印度沃林达文村（Vrindavan，德里以南约160千米）的一名放牛娃，这个村子如今是一个重要的朝圣地。奎师那有多个化身：牛得（Govinda，牧神）、偷黄油的调皮孩童、拉妲（Radha）和其他戈皮（gopi，

96

18世纪后期拉贾斯坦地区纳特杜瓦拉神庙中的一幅画，描绘了五谷节向奎师那供奉食物的场景

挤奶女工）的玩伴兼情人、哲学导师。有一些与奎师那各种形象相关的传说批判法典中严厉的道德律条，因为拉妲和其他戈皮被奎师那的魅力吸引，离开自己的丈夫，与其嬉戏。他们的爱情可以解读为信徒对神的爱。

奎师那崇拜常常以饮食为喻，比如，"我渴望虔诚的甘露"。每年雨季结束时，沃林达文附近哥瓦尔丹山（Mount Govardhan）的一所神庙中都会举办五谷节（Annakuta，字面意思是"食物山"），这是全世界最壮观的食物活动之一。[4]节日纪念的是奎师那小时候做的一件事。他劝说当地的牧人将当年收获的谷豆献给哥瓦尔丹山，而不献给天神因陀罗。因陀罗发怒了，于是降下一场大暴雨惩罚众人。为了纪念这件经常出现在印度画作中的事，信徒们将有时重达上千公斤的稻米堆在神庙的庭院中，正对供奉神像的圣所。米山周围摆着上百道甜品、点心、蔬菜和谷物，全都是素食，不含洋葱或大蒜。朝圣者来到哥瓦尔丹一睹盛况，品尝事后分发给信徒的供品。

15世纪创立于古吉拉特的婆尔罗巴派（Vallabhites），又名普什蒂马尔戈派（Pushti Marga）每年也会举办一次食品节。他们崇拜婴儿形态的奎师那，形象是抬起一只手，手里拿着一团黄油。这一派别极其重视饮食，以至于有学者称他们为"无可置疑的印度教美食家"。[5]

贾蒂普拉（Jatipura）的婆尔罗巴派神庙中有一幅奎师那婴儿像，每天要供食八次。供品集合了古吉拉特、拉贾斯坦、南印度和本地风味，都是甜味或无味的，因为盐和香料对敏感的小孩脾胃有害。普什蒂马尔戈派会举办盛大的食品节，展品永远是56道（chappan bhoga）。56种素食，每种有五种或六种做法，

97

装在56个篮子里。临时展区设在山坡上。印度和海外的其他普什蒂马尔戈派神庙中也会举办类似的节日，尽管规模往往要小一些。

有学者宣称，印度河谷文明就存在早期湿婆崇拜，因为发现了一个印章，人物采用瑜伽姿势，身边是各种动物。（然而，包括斯堪的纳维亚和西亚在内的其他地区也发现了类似姿势的图像。）也有人将湿婆的起源追溯到吠陀神鲁达罗。湿婆有多种形象：兽主、舞蹈之神、创造之神。尽管许多湿婆派信徒吃素，但也有信徒吃肉。牲畜（最常见的是山羊）必须"击杀"（jhatka），意思就是一刀毙命。

伊利诺伊州惠灵市（Wheeling, Illinois）斯瓦米纳拉扬神庙五谷节场景，供品达2000道

Ganéſa.

手持甜饺的象头神像。巴特那，19世纪初

神的妻子原本可能是地方的丰产神。信仰湿婆妻子帕尔瓦蒂的地区主要在印度东部，她有两个化身——杜尔迦和迦梨。迦梨占据首位，祭品是山羊，尤其是在加尔各答的迦梨神庙（可能是前雅利安时代活动的延续）。辩才天女（Saraswati）要更仁慈一些，有人认为她是梵天的妻子，印度东部则认为她是杜尔迦的女儿。吉祥天女（Lakshmi）是毗湿奴的妻子，信徒主要在印度西部和北部。

全印度最受喜爱的神之一是伽内什。他是湿婆和帕尔瓦蒂的儿子，长着一颗象脑袋，肚子圆滚滚，以清除障碍的本领闻名。（有一则故事说，帕尔瓦蒂有一次洗澡，让伽内什守门。他不让湿婆进门，不知对方身份的湿婆就砍掉了他的头。当湿婆得知实情后，就承诺给他换上第一个经过的动物的头，而那恰好是一头大象。）伽内什是出了名的爱吃甜食，而且总是手持甜饺的形象（甜饺可蒸可炸，馅料里有椰子、坚果、粗糖和香料）。据说，他因为月亮嘲笑他吃甜食太多而发出诅咒，所以月亮才有圆缺，每隔一段时间就会失去光彩，有时还会隐没不现。

99

## 圣代（Sundal）①

2杯（580克）浸泡过夜后煮熟的鹰嘴豆，
或2杯沥水洗净的鹰嘴豆罐头
半个切碎的紫皮洋葱
1大勺姜末
1小勺绿辣椒碎或几片咖喱叶，根据个人口味调整
盐
3大勺椰蓉（新鲜冷冻均可）
2大勺植物油

热油煸炒洋葱、辣椒、姜和咖喱叶至食材变软。加入熟鹰嘴豆。加盐尝口。撒上椰蓉，挤入柠檬汁。

颠锅翻面，趁热上桌。

菜谱由纳里尼·萨利格拉姆（Nalini Saligram）提供。

---

① 印度南方通常用鹰嘴豆或扁豆制作的小吃。

　　在这个时期，平民大众的主要拜神方式是供奉：信徒一边念诵梵文咒语，一边向神像献上香、花、叶、甜品和水果。供奉仪式可简可繁，简可以自己在家里的祭坛进行，繁可以在神庙由祭司主持。仪式可能包括用牛奶或酥油浇灌神像，给神像披上衣服，还有制作供品（naivedya），后一种做法大概起始于11世纪前后。供品永远是严格意义上的素食，不含洋葱和大蒜，有些神庙还不许用番茄、马铃薯、红扁豆、胡萝卜和花椰菜——可能是因为颜色像血液，也可能是因为来自外国。供品中总会有甜食：一些神庙的资料里列举了200多道甜品的做法。不过，奶中加酸味剂凝结而成的奶豆腐（chhana，这是许多孟加拉甜品的基础食材）不常用，因为这种做法被认为破坏了奶的纯洁。[6]供奉用的食品常用酥油制作，酥油在仪式中被认为是纯洁和吉祥的。　100

　　祭司将食物放到神像的嘴边，然后代表神吃下去。神尝完之后，剩下的食物（prasad，可译作"恩典"）会分给信众，信众可以当场吃掉，也可以带回家与亲友分享。这种食物很受重视，因为经过了神的口。一位作者是这样描述的：

　　　　许多信徒觉得单纯供奉食物和领受"恩典"，精神就得到了升华。它可以认为是神的恩典……激发、促进、引发对神的虔诚之心。……食用"恩典"是与神最亲密而崇高的接触，是强烈的个人体验，通过分享食物，神的唾液和信众的唾液混合在了一起。在精神层面上，食物、神和信众达成了一致——这种经验的本质可以这样来形容，"你吃什么东西，就是什么人；你是什么人，就吃什么东西"。[7]

印度教祭司向伽内什供奉椰子、花和甜食

## 巴拉尼五味甘露

101

100根芭蕉

10千克粗糖

1千克去核椰枣

500克冰糖

500克葡萄干

25克完整豆蔻果荚

250克酥油

用手将芭蕉捣烂，加入粗糖混匀。先加椰枣、冰糖和葡萄干，再加豆蔻果荚和酥油。搅拌至黏稠，只能用右手。静置几个小时，轻微发酵后方可食用。[8]

供奉食物在毗湿奴派仪式中占据重要地位，但湿婆派信徒一般不会去碰神吃剩下的食品，而是由祭司食用。[9]

一些神庙配有巨大的厨房，由婆罗门厨师为信众和朝圣者制作饭食。[10]例如，安得拉邦蒂鲁伯蒂（Tirupati）的文卡特斯瓦拉神庙（Sri Venkateswara，印度访客最多的神庙，也是全世界访客第二多的圣地，仅次于梵蒂冈）每天迎来6万名朝圣者，节庆期间更是高达20万。这座神庙的特色是扁豆、糖、坚果和香料制成的糖球（laddu），其中有一种大号糖球名叫"福团"（kalyana laddu）。

奥里萨邦布里（Puri）的贾格纳特神庙（Jagannatha）供奉奎师那，供品有百余道，全部用酥油制作。礼拜仪式每日五次，朝圣客可以在大食堂里用餐，也可以在院墙内的集市里购买"恩典"。泰米尔纳德邦巴拉尼的穆鲁干神庙（Murukan）以巴拉尼五味甘露闻名，这是一种黏稠的深红色果冻状食物，庙内商店有售。五味甘露夜间会与牛奶一起供神，次日作为"恩典"分发。

印度最著名的神庙食品产自卡纳塔克邦的乌杜皮镇（Udupi）。当地有一座著名的奎师那神庙、多座小神庙和八间修道院。神庙里的厨师都是婆罗门。到了20世纪，有一部分厨师自己开店，售卖与庙里类似的素食——最开始在本地，后来走向全国，最后迈向海外。这些南印度餐厅有时名字里就带"乌

102

杜皮"字样（写作Udupi或Udipi），经典菜有桑巴汤（sambar）、拉萨姆汤、蒸米糕、煎脆饼、炸豆饼和椰子酱。迈索尔森林（Mysore Woodlands）和达萨普拉卡什（Dasaprakash）这两家连锁餐饮品牌就是这么起家的。后者的本店位于马德拉斯，大厅和柱廊安放了印度神像，店内甚至还有一个小礼拜室。[南印度饭馆无处不在，以至于据说埃德蒙·希拉里爵士（Sir Edmund Hilary）和丹增·诺尔盖（Tenzing Norgay）登顶珠峰发现有人捷足先登了——一家南印度餐厅老板！]

起初，许多乌杜皮的宾馆设有婆罗门专用餐厅，或者禁止穆斯林和达利特入内（有时还会同时采取两种措施），但这种情况在20世纪50年代结束了。厨师只用婆罗门的做法也结束了，部分原因是愿意干这行的婆罗门变少了。[11]

# 密　教

密教出现于6至8世纪的印度东部和东北部，是一种对婆罗门教规的更极端反叛。密教承诺的不是**脱离**肉身，达到涅槃，而是**通过**肉身实现解脱。有意入密者需要在秘密仪式中由一位上师接引，仪式有时会在火葬场举行，参与者需执五摩：酒（madya）、肉（mamsa）、鱼（matsya）、炒米（mudra）、性交（maithuna）。[12]有的仪式需要摄入五种体液，号为"五宝"。有的密教徒崇拜母神，也有信徒[左派（Kaula）和嘎巴拉派（Kapilika）]崇拜湿婆。

密教重要经典《大般涅槃经》（*Mahanirvana Tantra*）较为详细地讲解了五摩。[13]酒的原理有糖、米、蜂蜜或棕榈树汁，任何种姓的人均可制作。无骨鱼最佳，不过烤熟透的多骨鱼也可以献给神。炒米最好用萨利米（shali，一种优质的冬季稻米品质）和大麦米，黄油炒制，尤为美味。

　　但即使密教也有一定的忌讳。《大般涅槃经》中写道，除非是为了仪式，否则不应杀生，只有密教仪式中的供肉可以食用。其他时间吃肉的人要忏悔。

103

火葬场密仪。密教仪式常在这种场合举行。图书插画，约1790年

104    《大般涅槃经》中将"酒"称作：

> 液体形态的妲拉［母神］本身，万物的救主，愉悦与解
> 脱之母……心智不失的凡人饮酒，便为地上仙人，与湿婆类
> 同（第11卷，第105节）。

但经文中也告诫不可饮酒过量，因为可能会伤及自身或他人。

密教对所有种姓开放，女性也可以参加。不忌讳与外种姓一起用餐，或者接受外种姓提供的食物。一篇密教经文写道，"精通［密教］教义的旃陀罗胜过婆罗门，不通教义的婆罗门不如旃陀罗"。这些概念中有一部分融入了哈达瑜伽，包括"昆达里尼"（kundalini），这是一种人体潜藏的能量，据说像蛇一样卷曲在脊柱根部。

# 节 庆 与 宴 会

人们会过节庆祝神祇生命中的大事件，方式有斋戒，有宴会，也有斋戒加宴会。有些节日是地方或区域性的；也有一些节是印度全国和海外印度人群体都过，著名的有洒红节和排灯节。有些节日在家里过，另一些节日要参拜神庙和朝圣地，有时是上百万信徒一起过节。

甜品是许多节庆活动的一大要素，原因可能是甜食对穷苦人家来说是奢侈品，也可能因为甜食是油炸制品，又是素食，所以所有人——无论宗教和种姓——都可以享用。甜食传统上是家庭制作，但现在大部分都是从专门的甜品店购买。

因为大部分节都是按照阴历日期，所以每年的公历日期都不一样。一年从丰收节开始，北印度是桑格拉提节（Makar Sankranti），旁遮普是洛希节（Lohri），泰米尔纳德邦是庞格尔节（Pongal），安得拉邦是桑格拉提节（Sankranthi）。庞格尔既是节日的名称，也是菜名。已婚妇女会用牛奶煮新收获的稻米，加入粗糖、腰果、酥油和椰子。水开的时候，大家就会喊："庞格尔！""开锅了！"煮出来的饭一部分作为"恩典"献给伽内什。安得拉邦印度教徒过桑格拉缇节会用稻米、牛奶和粗糖熬制布丁（payasam）。

3月中旬是全印度都过的湿婆节（Mahashivratri），庆祝湿婆与帕尔瓦蒂结婚。信徒日间斋戒，夜间冥想，次日礼拜象征湿婆的阳具形石法器"林伽"（lingam）。信徒用恒河水、牛奶、酸奶和蜂蜜浇灌林伽，献上牛奶、酸奶、糖、蜂蜜、酥油、木橘和木橘叶、槟榔叶和槟榔花等供品。有时大庙里的牛奶和水果太多了，像小河一样溢流到庙外面。大多数节日都是礼拜后开席，湿婆节则不同，信徒一整天都要斋戒。午餐全是专门的"野食斋"（不含谷物）。饭后继续斋戒，这一段斋戒持续36个小时，第三天早晨才结束。

酒红节是场面最混乱、色彩最斑斓的印度教节日，日期是初春的第一个满月。大小孩童会向朋友、邻居和过路人喷彩水，泼彩粉，所以人人都穿旧衣服。酒红节当天会供应一种名叫"丹达"（thandai）的特别饮料，水中含有大麻、杏仁粉和糖，略带麻醉效果。西印度流行的酒红节小吃有甜豆饼（puran poli）和粗糖饼（gurpoli），就是扁豆馅和粗糖馅的甜煎饼，粗糖要用当年的新糖。

8月或9月的建摩斯达密节（Janmashtami）庆祝的是奎师那生辰。信徒白天斋戒，午夜时分吃甜食庆祝奎师那降生。

8月初的象神节（Ganesh Chaturthi）庆祝的是伽内什生辰。马哈拉施塔特和孟买的庆祝活动最为盛大，人们的家里和专门的建筑里会供奉象神陶像十日，之后将神像打碎丢入河海。象神节的主要甜品是伽内什最爱的甜饺。

献给女神杜尔迦的九夜节（Navaratri）一年有两次，一次在春天，一次在初秋。南印度人家会用九种谷物和豆类自制菜肴，每天献给女神，然后分送亲友。每道菜只用一种食材，常见的食材有大麦、粟米、稻米、木豆、绿豆、黑鹰嘴豆、扁豆、黑芝麻、黑豆和硬皮豆。西孟加拉的九夜节就叫杜尔迦节（Durgapuja），用大场面和大戏庆祝。街道会聘请艺术家修建精美的神龛和女神陶像。互赠和品尝甜品是必备环节，餐厅和甜品店生意兴隆。最后一天会有集体斋宴，菜品包括特制的扁豆焖饭（khichri）、白面炸松饼（luchi）、各色蔬菜和多种甜品。

北印度在秋天有十夜节（Dussehra），纪念罗摩王与罗刹王罗波那（Ravana）的大战，街头艺人重演史诗《罗摩衍那》中的情节。节日的起点是种下几粒粟米，之后每天浇水，十日后将嫩芽做成沙拉食用。在节日宗教氛围更浓厚的南印度，人们会连续九天制作一种特殊的素餐，依次献给杜尔迦、辩才天女和吉祥天女。

晚秋的排灯节（Diwali，南印度称为Deepawali）是全印度都过的家庭节日，纪念罗摩王流亡十四年后回归故乡阿瑜陀国（Ayodhya），通过点亮小灯的方式象征善良战胜邪恶、光明战胜黑暗。纯白砂糖制成的动物像和玩偶会分给孩子们。在乡村地区，农民会给牛喂甜食，以示尊崇。

另一项宗教活动是朝圣（tirtha），圣地通常位于河岸或山间。人们朝圣是为了还愿、祈福、净化心灵，或者单纯是瞻仰名胜，因为观看圣地本身就有益心灵。苦修者常常住在圣地或圣地周围，人们相信这样可以加持圣地的能量。朝圣也可以是某种修行，朝圣者离开家庭，应对路途中的种种磨难。[14]

## 史诗中的宴会

奎师那和罗摩分别是印度两大史诗《摩诃婆罗多》和《罗摩衍那》的核心角色。这两部作品的体裁属于"伊蒂哈萨"

107

罗摩、罗摩之弟罗什曼那、罗摩之妻悉多在林中做饭，1815年至1825年，《罗摩衍那》插图

（itihasa），在历史故事中间穿插哲思与评论。二者都以口述形式传承了上百年。《罗摩衍那》的成书时间大概是在公元3世纪，《摩诃婆罗多》落于文字的时间更早，发展时间也长得多。诗中事件发生的时间难以确定，因为很多段落都是后加的。

　　《摩诃婆罗多》是全世界最长的史诗，共20余万行，讲述了一个家族的两个支系（俱卢族和般度族）之间的斗争。故事发生于恒河与亚穆纳河的河间地，距离今天的德里不远，情节可能发生于公元前9世纪至8世纪之间。插叙者奎师那是一名具有神力的当地酋长或国王，是般度族的亲族和顾问。叙事中散见哲学与宗教经文，包括印度教最重要的文献之一《薄伽梵往世书》。

　　《罗摩衍那》的篇幅要短得多，故事发生在东方，讲述的或许是公元前1000年至公元1年之间新兴君主国与森林部落之间的
108　局部冲突。《罗摩衍那》的作者被认为是生活于公元前5世纪或前4世纪的蚁垤（Valmiki），但该书有梵文和各地语言写成的众多版本。该作讲述了被流放的阿瑜陀国王罗摩及其妻子悉多的故事。悉多曾被罗刹王罗波那绑架，罗摩在猴王哈奴曼帮助下将她救了出来。有印度教徒将罗摩和悉多视为理想的男人和女人，将罗摩的王国视为理想国。

　　两大史诗的主角都是刹帝利。对他们来说，打猎是一种生活方式，诗中也多处提到打猎和食肉。例如，《罗摩衍那》中罗摩之弟罗什曼那（Laksmana）杀死了八只羚羊；悉多将羚羊肉放在太阳下晒干后，一部分献给神灵，接着就是享用肉菜。《摩诃婆罗多》中流亡的般度五子"把林中野生的植物和用他们的纯洁的箭猎获的野兽首先献给众婆罗门，然后才自己享

用"。<sup>①</sup>这种饮食显然有益健康，因为"在那里，看不见任何人脸色不好，或疾病缠身，或瘦弱无力，或担惊受怕"<sup>15</sup>。《摩诃婆罗多》（译注：应为《罗摩衍那》）中描述了罗摩之父十车王（Dasaratha）开的一次宴会：

> 甘蔗、蜜和烘烤的粮食，
> 还有喝的烧酒和甜酒，
> 又有非常精美的饮料，
> 还有各样食品香甜可口。
>
> 滚热精美的大米饭，
> 堆得像那山岳一般，
> 洁纯的食品和汤，
> 稠稠的酸奶像河川。
>
> 有各种各样的甜食，
> 还有水果做成的糖果，
> 装满了糖制的盘子，
> 成百盘成千盘地摆着。
> ……

---

① 本文中的《摩诃婆罗多》引文皆出自［印］毗耶娑著，金克木、赵国华、席必庄译：《摩诃婆罗多》，北京：中国社会科学出版社。《罗摩衍那》引文皆出自［印］蚁垤著，季羡林译：《罗摩衍那》，北京：外语教学与研究出版社。

盛满山羊肉、野猪肉汤，
使用的都是上好的酱油；
上面堆着各色的果子，
香气芬芳，味道可口。

成千上万只铜碗，
里面都点缀着鲜花，
把洁净的食物盛满，
人们看了都大为惊诧。

在林子的边上，
有牛奶饭的池塘，
有滴着蜜的大树，
……

有池塘储满了酒，
上面盖着美味的肉，
还有烤食物的铁锅，
来把孔雀和家禽烤熟。

成千只饭碗、碟子，
都是用真金做成。
还有一些瓶子、罐子，
用它把奶酪来盛。
……

> 另外一些池塘流满了
> 洁白美味的酸奶；
> 还有池塘填满奶饭，
> 另一些堆满了红色糖块。[16]

般度五子的父亲坚战王的宴会同样奢华：

> 在勤奋的管家监督下，洁净的厨师端来了大块肉串；
> 加入罗望子和石榴的炖肉和肉汤；淋酥油烤的水牛犊肉串；
> 酥油煎牛犊肉，用酸味水果、岩盐和香叶调味；加入各色香
> 料和芒果煮熟的大块鹿肉，表面撒上各种佐料；淋酥油，撒
> 海盐和胡椒粉，用萝卜、石榴、柠檬、香草、阿魏和姜点缀
> 的肩肉和臀肉。①[17]

109

不过，其他段落中对肉食表现出了保留态度。《摩诃婆罗多》中有一名婆罗门问一名虔诚的屠夫，想知道他怎么竟能从事如此残酷的职业。他答道，他杀死的动物和卖出的肉都会获得"业"，因为它们的肉会喂饱神灵、宾客和仆人，为仙人带来福报。如果古时的圣火不是如此喜爱动物的话，那就不会让人吃肉。他还说，"按照礼仪，虔诚地供奉天神和祖先后再吃，不算过错"。

屠夫还说，他是在从事自己的职业，他的"正法"，这本身就是德行。哪怕是农夫犁地，土中有无数生物，也是大大的杀生，而开悟有智慧的人走路或睡觉时也会杀生："这个空间和大

---

① 这一段为中文译者从英文原文翻译。

地到处充满生命，人们在无意中杀生。"他得出的结论是，不得伤害任何生物的戒律是不知实情的古人定下来的。[18]

110

## 《食经》中的菜谱

### 茄子

将茄子切成小块，在热水中烫10分钟，然后捞出，放在一个干净的碗里。将孜然、芫荽籽、胡椒捣碎，加入熟透的罗望子、芒果泥和凝乳，混合均匀，浇在茄子块上。煎锅中预热少许酥油，煎入味的茄子。端离火源，加入花朵和樟脑增香。用槟榔叶包住茄子块，放热酥油煸炒，拆掉叶子后食用。

### 苦瓜

切掉新鲜苦瓜的两端，切成均匀的块，放进平底锅，加入岩盐和粗皮柠檬汁，加盖焖（否则会发苦）。端离火源，用新鲜酥油煸炒。用平底锅烘烤阿魏粉。胡椒、肉桂、香叶、豆蔻干籽和铁力木树的干花苞（nagkesar）捣碎成粉，加入葫芦巴粉、孜然粉、芫荽籽粉、毛杨梅粉。加入樟脑和麝香增香。混合香料中倒入冷水，放入苦瓜块，小火加热。煮熟后再用酥油炸，即可食用。[19]

另一段话中含有的谴责意味还要强得多：

谁为了有人需要吃肉便去杀生，这种人陷于邪恶，罪责严重。一般说来，吃肉的人，没有杀生的人罪大。有的人虽然是按照天启经典有关祭仪程序的指示而杀生的，但目的却在嘴馋而想吃肉，那么这种愚蠢的人死后同样要入地狱。有的人原先吃肉，但是后来改而摒弃这种恶习，那么他就是积了大大功德。他的罪愆也随之化为乌有。帮助取肉的人、同意吃肉的人、直接杀戮的人、买肉或者卖肉的人、烹调肉食的人以及自己吃肉的人，应该统统看作是杀生的人。[20]

这些矛盾之处可能是因为各段的写作时间或作者不同，既有婆罗门的做法，也有大众的看法。

《摩诃婆罗多》中有大量离题段落，其中有一些与食物有关。般度五子中的怖军（Bhima）以胃口大和厨艺高闻名。他有一次被迫在毗罗咤王（Virata）的宫里假扮厨师，做出的菜品令人垂涎，给国王留下了深刻印象。

据说，神话中的尼沙达国王那拉（Nala）撰写了印度第一本菜谱《食经》（Pakasastra）。经过一系列变故，他沦为阿瑜陀王的车夫。他为国王做的菜大获成功，成为御膳房总管，最后重新拿回了自己的王位。他的菜谱记录在梵文书《食经》（又名《那拉菜谱》），全文11章，760韵。这部作品有多个不同的刊印版，有梵文的，也有方言的，不过它们的忠实性尚有争议。甚至在今天，北印度的厨师还有"大那拉"（maharajah）的称呼，或许就是纪念他，而素质优秀的菜肴也被誉为"那拉美食"（nalapaka）。多家餐厅和一档人气烹饪节目也以"那拉"为名。

## 《薄伽梵往世书》

《薄伽梵往世书》是印度文学中最著名的文本之一。下面这段文字是《摩诃婆罗多》中的一段对话，对话者是阿周那和当时担任阿周那车夫兼顾问的奎师那，当时阿周那即将与表兄弟（俱卢族）大战。阿周那踌躇不定：一方面，身为战士，战斗是他的义务；另一方面，战斗意味着要杀死朋友和亲戚。奎师那的观点是，从苦难与轮回中解脱在于行事有规矩（业力瑜伽），符合自己的正法，而无须顾虑结果。因此，阿周那有义务出战。

在对"法"的讨论中，奎师那定义了三种基本性质（guna），三性至今依然在印度饮食思想中占据核心地位：善性（sattiva），常译作澄澈、纯净、不动心；忧性（rajasic），译作激情、不安、激动；暗性（tamasic），即惰怠、呆滞、慵懒、无知。三性定义了一个人的本性，从而决定食性；反过来，一个人的口味表达了他的本性。善性的婆罗门、瑜伽士、冥想者和学生应当吃善性的食物；需要激愤勇武的刹帝利应该吃忧性的食物；暗性食物则与贱民联系在一起。奎师那说道：

112

味美，滋润，结实，可口，增强生命、精气和力量，促进健康、幸福和快乐，善性之人喜爱的食物。

苦、酸、咸、烫和辣，剌嘴的和烧嘴的，引起痛苦、悲哀和疾病，忧性之人喜爱的食物。

发馊的和走味的，变质的和腐败的，残剩的和污秽的，暗性之人喜爱的食物。[21]

另一些文本，尤其是涉及哈他瑜伽的文本对食物有另外更详细的分类方法。[22]善性食物包括稻米、大麦、小麦、新鲜水果和蔬菜（尤其是绿叶菜）、绿豆、牛奶、新鲜酸奶、杏仁、种实、冰糖、干姜、黄瓜和酥油。忧性食物包括长时间发酵的食品、奶酪、部分根茎类蔬菜、鱼、蛋、咸味食品、酸味食品、烫的食品、白砂糖、香料，（现代文献中还有）咖啡和茶。暗性食物包括放了超过一天的剩菜、腌制食品、油炸食品、肉、酒和其他麻醉品，（现代文献中还有）快餐和罐头。

# 斋　戒

　　印度教饮食的一个重要特征，斋戒是在这段时期普及的。《未来往世书》（*Bhavishya Purana*，最早编写于公元前500年，之后数百年间又有增补）规定每年有将近140次斋戒。每个阴历月份上半月的第8天和第11天被称作斋戒日，各位神明又各有自己的圣日。斋戒在梵语里叫做vrata，意思是"发誓"。当代印度教徒斋戒的原因有很多，有宗教节日的要求，有礼拜方式，有感恩，有祈福，有锻炼自制力的手段，有清洁身体的方法。女性斋戒一般多于男性，而且会有为丈夫和家人祈福的特殊斋戒日，包括北印度的年斋（karva chauth）。儿童无须斋戒。

　　斋戒往往并不是完全不吃东西，而是饮食有限制。菜品一    113
定是素食。在最不严格的意义上，素食可能指的是用纯净的酥油代替植物油，或者用海盐代替岩盐做菜。有些时候只许吃"未经烹饪"（kaccha）的食物，但包括煮菜。一天可能只吃一顿早饭。而最严格的斋戒是断食，只许小口喝水。有印度教徒每周都有一个特定的斋戒日，一般是周二；也有阴历上半月的第11天和下半月的第11天斋戒（Ekadashi）。集体斋戒与罗摩诞辰、湿婆节、建摩斯达密节等宗教假日有关。印度教占星师建议每天斋戒，规避天体带来的麻烦，有特殊的饮食禁忌来隔绝负面印象。

如今，哪怕再世俗化的印度教徒在父母或其他近亲去世时也会遵守传统丧礼。遗体会尽快火化，在此之前，全家人要停止一切烹饪和进食活动。丧主，也就是死者的长子要象征性地点第一把火。家里的正常饮食要暂停10到13天，具体天数取决于所属群体。这段时间里食用和制作的菜品差别很大。正统印度教家庭里一天只吃一顿饭，不许油炸，不加香料，尤其是姜黄（姜黄象征着喜事）。丧主可能必须给自己做饭，包括白米饭、豆和饼。平常吃肉的家庭在丧期可能会吃素。根据一项古老的习俗，死者去世后的第13天，家人要先给母牛，再给乌鸦喂饭团，据说乌鸦会将死者的灵魂带到天堂。然后斋戒就结束了，亲友会办一场大宴席。每年的冥辰会办仪式，可能会吃专门的素菜。守寡的印度教徒传统上要吃斋，在过去还要过极其朴素的生活。

一种常见的斋戒形式是吃"野食斋"。食品分成两类：种食（anna），指的是需要特殊工具播种的食物，比如稻米、小麦、大麦和豆子；还有野食（phala），即无须专门栽培就能获得的食物，比如野生谷物、野菜、野果、某些根茎类植物、树叶、花朵。野食斋只许吃后一种食物。这一区分可以追溯到苦修。苦修者用荸荠粉或莲子粉代替小麦和其他谷物制作糕点零食。其他禁忌食物包括洋葱、姜黄、蒜、姜、海盐、黑豆（可能是因为颜色发黑，长得像肉）和香料。牛奶、酥油和水可以饮用，茶、咖啡和软饮料也可以。

耆那教徒与印度教徒有许多共同的节日，但往往不是斋戒，而是节食。耆那教的主要节日是赎罪节（Paryusanan），时间是8月或9月，持续8到10天，其间所有耆那教徒都要尽可能效仿修士的朴素生活。有人在节日期间完全不进食，只喝热水；也有人只在最后一天斋戒。到了最后一天，他们会请求自己冒犯过的人原谅。耆那教徒一年要守两次悉达查克拉（Siddha Chakra），每天只喝水，吃一顿水煮饭。耆那教徒在4月的一天里要向常年斋戒的人提供甘蔗汁（Akshyatriya）。

# 人 生 转 折 点

食物在人生转折点中具有重要意义，包括结婚、怀孕、生子。所有群体都会为安排和庆祝子女结婚投入大量时间、精力和金钱。结婚过程的每个阶段都会请客庆祝。庆典可能会持续数日，宾客数千，让不太富裕的家庭终生欠债。婚礼的焦点是宴席，而不是仪式。娘家和婆家会争夺地位高低，婚宴菜品的数量和质量会象征着名望和敬意。人们会大肆讨论宴席菜品，与参加过的别家婚宴比较。[23]

婚前的事务包括商定婚姻条款、宣布订婚、订婚仪式等。这些场合要提供零食、甜品或正餐，给对方家里送食物，交换吉庆食品，尤其是甜食。南印度结婚的事情谈完后，两家人要交换槟榔。在一些地方，象征好运、幸福和兴旺的鱼扮演着重要角色。以西孟加拉邦和孟加拉国为例，娘家人要给婆家人送礼，包括一条戴花环的大鲤鱼，有时甚至会给鲤鱼涂口红，鱼头处像已婚妇女一样点上红点（bindi），模仿新娘的样子。[24]

婚宴的钱由娘家出，自备厨具和材料的专业团队负责制作。按照传统，婚宴要在家里或者附近的一个大帐篷里举办。客人一排排席地而坐，食物放在芭蕉叶上送到面前。侍者拿着大罐子往

115

来穿梭，用大勺子将食物从罐子里盛到叶子上。菜品上会浇大量酥油，表示富足吉祥。婆罗门和正统印度教徒的婚宴一定是素食。饮品是水或白脱牛奶，很少上酒。现在的婚宴更常用桌椅了，但还是拿芭蕉叶当盘子用；富人乃至中产阶级会在俱乐部或豪华酒店里办宴会，可能是自助餐形式，包含几道泰国菜、墨西哥菜和欧陆菜，还有鸡尾酒。

19世纪初南印度喂食仪式（儿童第一次吃固体食物）图

　　生产和怀孕也有特殊食品。按照阿育吠陀和民间说法，怀孕性"热"。因此，孕妇不能吃当地认为是"热性"的食物，因为人们相信这些食物会造成流产。例如，孟加拉人认为菠萝和某些鱼类性热。奶制品等寒性食物则能够增强体魄，顺利生产。在北印度的部分地区，孕妇怀到五个月的时候，娘家父母要送来干椰枣、椰子、面饼和酥油炸糖球；安得拉邦的习俗则是给孕妇吃酸辣开胃的菜。孩子出生后的五天里，母亲要吃半流食，包括牛

116

奶煮麦饭、清淡鸡汤和水果。到了第六天，孕妇会吃一顿营养丰
富，品种多样的大餐，传统上是一类菜上六种。这样做的目的是
间接让孩子接触各种食物，加强营养。[25]孩子六个月大的时候会
举行喂食仪式（annaprasana），第一次给孩子喂固体食物，也就
是甜味米布丁。

# 第六章

# 食品与印度医生
## （公元前600年至公元600年）

　　医书是古印度饮食最有价值的资料之一。印度人一贯认为药食几乎可以通用。所有食物都具有能够影响身心的性质——包括禁忌的食物。印度医生不仅**不**提倡患者吃素，反而会在很多情况下建议吃肉、大蒜、蘑菇乃至饮酒。医生也不会因此道歉。一位11世纪的医生写道，"医药建议不是为了帮助病人实现美德（即正法）。那是为了什么呢？是为了实现健康"。[1]

　　存在多种相互竞争，有时自相矛盾的饮食理念的情况并非印度所独有。食物史研究者肯·艾尔巴拉（Ken Albala）在《早期近代欧洲饮食》（*Food in Early Modern Europe*）一书中指出，优美的肉派可能在精英人群中盛行，但天主教会在大斋期不许食用，而医生也可能不许病人吃，因为派里有很多食材无法消化。[2]医生群体自己对食物的看法也不统一——2000年前是这样，今天依然如此。

　　在吠陀时代，人们认为疾病与超自然力量有关。吠陀众神的医生是昙梵陀利（Dhanvantari），印度部分地区崇拜其为神。公元前1000年前后写成的《阿阇婆吠陀》（*Atharvaveda*）中记载了对抗疾病、魔鬼、巫师和恶兽的咒语，但也有少数医疗建议。比如，书中给箭伤开的药方是胡椒。

　　希腊人评论说，印度人身强体健。阿育吠陀医师给亚历山大大帝留下了深刻印象，以至于他将几名印度医生送去希腊，他们 118 有可能影响了希腊医学（体液学说也可能是他们引入的，尽管此事尚有争论）。梵文医学著作被翻译成了阿拉伯文和波斯文。在阿拉伯文明的黄金时代（公元749年至1258年），希腊医生和印度医生在巴格达哈里发的宫廷中竞相争先。

　　在印度部分地区，尤其是孟加拉和喀拉拉，号为"瓦伊达"（vaidya）的阿育吠陀医生形成了一个专门的种姓，职业世袭。[3]有一支专攻外科。数个世纪之前，印度外科医生就有了鼻整形手术、白内障切除、截肢和剖宫产的专用器材了。18世纪有欧洲人来印度学习这些手术。但印度不得接触尸体的禁忌非常强大，所以印度医生对人体内部结构的了解有限。

　　阿育吠陀医生主要关注预防和治疗疾病。他们可以上门问诊，也可以在自家接诊，医生家里有储藏室放药材和医疗器械。医生会自己用药草和其他植物制药，有的药材是采来的，有的是自己在园子里种的。药品数量非常多：妙闻（Susruta，见下文）就提到了700多种药草，后来随着药物从西亚和中亚传入，药品数量就更多了。喜马拉雅山的药草尤其出名。

　　志向更大的医生会追求为国王效力。大国宫廷会有多位医生，他们都向国王的私人医生汇报工作。私人医生的职责不仅是在国王生病时治病，还包括保健、延寿、提升活力。医生要监督御膳房，确保国王的饮食有益健康，也负责察觉和防止毒害国王的企图。从医学典籍的关注程度来看，这种威胁一直存在。

　　阿育吠陀文献的主要作者是所谓的"三大家"：妙闻，他可能在公元前700年至前600年间任教于贝拿勒斯（Benares）的学院；遮罗迦（Caraka），一名生活在公元2世纪的医生，也可能是多名医师的组合；伐八他（Vagbhata），一名信德医生，有可能生活在公元6世纪至7世纪。主要文献有《遮罗迦本集》（*Caraka Samhita*），这部巨著的篇幅比任何现存古希腊医书都要大三倍；还有《妙闻本集》（*Susruta Samhita*）。两部书都有专门讲膳食的章节。[4] 这两部文献的年代难以确定。或许确实有原著，然后在公元初的几个世纪里由多位医生校订。伐八他的《八支心要方本集》（*Astangahrdaya*）被认为是印度医学思想的集大成之作，有藏文、阿拉伯文、中文等语言的译本。另一个重要的资料来源是所谓的"包尔文书"（Bower Manuscript，得名于1890年发现这批文献的英国军官），这批医书可以追溯到公元4世纪或5世纪，其中有一篇著名的大蒜论。

印度编写医书的传统一直延续到18世纪。公元1300年前后，沙朗加达拉（Sarngadhara）医生写了一部流行的文集，其中收录了许多菜谱。另一本韵体梵文文献是《医者生涯》（*Vaidyajivanam*），作者是16世纪后期生活在浦那（Pune）附近的医生罗利穆巴拉贾（Lolimbaraja）。16世纪中期问世的科赛马萨尔玛（Ksemasarma）《饮食与保健》（*Ksemakutuhalam*）是一本有趣的著作：除了探讨各种食物的药性之外，作者还对菜品的烹饪和口味感兴趣，甚至给出了定量和测量结果。

## 阿育吠陀原理

阿育吠陀的一个核心理念认为，凡存在于世间（大宇宙）的一切，也存在于人体（小宇宙）之中。一切物质都由土、水、火、气、以太五种元素构成，进一步又分成十组两两对立的属性：轻与重、冷与热、油/潮与干、舒缓与紧张、稳定与好动、软与硬、清爽与黏稠、光滑与粗糙、微小与宏大、固体与液体。

骨骼、软骨等身体部位以土元素为主。脂肪和淋巴液、血液、精液、黏液等重要体液以水元素为主。消化液、内分泌液、体温和产生心理觉知的物质属火。一切运动的物体都属气，包括神经系统在内。所有管道——血管、淋巴管、毛孔、神经——都是以太。在人体中，元素体现为三种在体内流动的能量（梵文作dosha），分别是由气和以太产生的"风能"（vata）；由水和火产生的"火能"（pitta），即胆汁质；以及水和土产生的"水能"（kapha），即黏液质。

风能（主要位于大肠）管理所有身体运动和心理活动，符合 120 近年来发现的肠道菌群对预防糖尿病、炎症等病症中的作用；火能（位于肚脐）负责转化，比如消化过程；水能（位于胸部）能让其他过程安定下来。[5] 三者的属性可以分别总结为运动、代谢和稳定。

只要三种能量能够流动，并在适当的部位积累，便可以保持身体健康。能量过多、过少或者在不适当的部位淤积，便会造成刺激或发炎，从而导致疾病。许多事物都可以影响能量的平衡：季节、年纪、运动量、心理压力、气温高低、饮食。人在换季的时候特别容易得病，时常净化身体和斋戒有助于防病。有些做法已经以制度化的方式融入了假期仪式和节日中。

控制和调整能量的方式有很多，包括按摩、锻炼、适当的睡眠习惯、服用草药，尤其是饮食。遮罗迦写道："饮食不正，药无用；饮食正，则无须药。"[6] 于是，医生会积极管理和监督患者的饮食和用餐习惯。医生常常会让健康人和病人吃同样的菜，区别在于病人吃的菜里会添加草药。

阿育吠陀极其重视消化，因为如果食物不能消化，那就不会产生相应的药效。梵语里表示消化的词是pacaka，这个词也有烹饪的意思，而消化能力本身就叫做"火"（agni）。食物被这股火烹饪之后，就会在胃里转化成浆，接着又通过热量转化成血液、肌肉、脂肪、骨髓，最后是精液。印度人将精液视为最崇高的人体精华。食物的产精能力被认为至关重要。（女性没有对应物。）没有消化的食物堆积起来（积食，ama）必然会滋生疾病。阿育吠陀的积食疗法通常从斋戒开始，斋戒被认为是最重要的药之一。人体精力和力量源于一种叫做oja的精华，它既是正常消化的因，也是正常消化的果。食物有轻（易于消化）有重（难于消化）。

基本的口味（rasa）有六种：甜、酸、咸、苦、涩和辛。饮
121 食应当六味俱全，维持平衡，促进健康。今天的大部分印度菜都至少包含其中的几种味道。不过，除了阿萨姆的"卤水菜"（khar）以外，涩味已经完全消失了。口味也会刺激食欲，促进消化，对能量产生各种影响。例如，苦味会减少火能和水能，增加风能；甜味会增加水能，但会减少火能和风能。

阿育吠陀文献中有几十个形容食物药性的词语，六味、十性等。例如，食物有甜有酸。甜食（包括大多数肉和奶）易于消化，平抚风能，刺激黏液分泌；酸食则具有相反的性质。但是，这些描述不能按照字面意义来理解。正如人类学家弗朗西斯·齐默尔曼（Francis Zimmermann）所写："形容肉的'冷'和'甜'明显不具有描述意义，而应解读为习惯用语，在医学术语里表示

特定的药理和药效。"[7]

　　另一种人和动植物的分类方法是依据自然栖息地。第一类是旱地（jangala），指的是降水和树木稀少、多风、日照充足的地区，比如印度河—恒河流域；草原；旁遮普、拉贾斯坦和古吉拉特的荒漠化半荒漠化区域；还有从北方邦延伸到泰米尔纳德邦的热带干旱森林。[8]与之相反的是气候湿润、林木茂密的湿地（anupa），比如沼泽、雨林、红树林和山区，包括印度东西海岸季风区以及孟加拉、阿萨姆、喀拉拉的雨林。

　　旱地据说疾病更少，那里生活的人体魄强健干燥。湿地充盈着能量，居民一般柔弱敏感。两种地貌都有各自的流行病，人若想防病，食性就要与地性相反。旱地动物包括许多种曾经活跃于次大陆的鹿和羚羊，还有鹌鹑和山鹑等可以捕猎的鸟。[9]它们吃轻食，于是肉也易于消化。湿地动物或者在泥水里生活的动物（比如猪、水牛和犀牛）的肉是重食，难于消化。

# 食　方

122

　　阿育吠陀文献中介绍了大量菜品食材及其对身体健康的影响。有些东西难以确认到底是什么，因为所用词语已经从现代印度语言中消失了，或者同一种动物是十几个、几十个名称。《妙闻本集》有言，有智慧的医生在确定病人应该吃什么的时候会考虑下面几件事：疾病的起因和性质，季节，食材的属性，调味与食材组合产生的性质，病人在能量错乱时对特定食物的天然嗜求。一种食品的性质，重在处理和烹调方法，轻在食材种类，重在用量，轻在烹调。例如，煮米难以消化，但炒米就是轻食。重食只应吃到半饱，轻食可以吃到全饱。

肉在阿育吠陀疗法中非常重要。遮罗迦列举了阿育吠陀医院中应当**常备**的四种旱地动物：鹌鹑、山鹑、野兔、羚羊。酥油、酸奶、酸米糊、酸味水果（石榴、余甘子）、辛辣香料（胡椒、阿魏等）烹制的肉菜被认为对身体非常好。另一种做法是将肉切块，下澄清黄油煎，再加水煮至水分收干，最后撒上孜然和其他香料。肉馅做成的肉饼可以炭烤，也可以抹上酥油后串起来烤〔类似于现代的炙烤肉（chapli kebab）和烤肉串（seekh kebab）〕。肉还可以用芥子油和香料腌制，然后炭烤至表面呈现蜂蜜色。尽管文献中说这些肉菜难以消化，但它们也能开胃启智，促进新组织形成，增加精子产量。

清淡肉汤的主治有：气短、咳嗽、痨病患者；记忆力减退；由发热、心内膜炎和其他影响人体元气的疾病引起的食欲缺乏，身体消瘦。加糖蜜、澄清黄油、胡椒、荜茇、姜煮制的绞肉可以增强体力。用石榴汁和香料熬的肉汤被认为特别有益，因为它能抑制全部三种紊乱体液的活动。但是，因火候过大等而失去精华的肉没有用处，肉干尤其难以消化。

123    稻米的药效特别广泛。加澄清黄油、肉、酸味水果或豆类制作的米类菜肴有助于新组织生成，改善体力和气色。炒米能缓解呕吐腹泻；碎炒米可缓解呕吐、干渴、皮肤灼热；未成熟米或新米有助于组织生成；陈米能促进骨折愈合。陈米比新米更容易消化，糙米最不容易消化。

阿育吠陀最常用的稻米制作方法就是熬成粥糊。〔威廉斯（Monier Monier-Williams）的《梵英词典》收录了80余个与粥相关的词语。〕医生会让失能人士，或正在进行清体催吐疗法的患者服用米粥。酸粥（kanjika）是静置至轻微发酵的隔夜米饭，冷热饮均可。（现代印地语里kanji或ganji指的是米汤，常喂给失能人士。）

Manda（今天指的是一种甜味的蒸米饺）是一种米粥，将炒米、荜茇、姜末一同水煮而成。Yavagu是一种加肉、水果和蔬菜的稀粥，主料可以是稻米，也可以是其他谷物。它的质地极其粗糙，难以消化，但可以强健体魄。Payasa（现作payesh或payasam）是一种用煮熟的米饭、牛奶和糖制作的米布丁。

根据阿育吠陀古书的说法，绿豆有许多功效。绿豆与葡萄和石榴汁同煮能安抚能量紊乱，配蛇瓜或苦楝可治疗皮肤病，与辣根同煮能缓解咳嗽、黏膜炎、发热和喉咙疾病。硬皮豆能治哮喘、黏膜炎、膀胱和腹部腺体疾病。绿豆与石榴汁、余甘子汁合用可平复体液紊乱，治疗癫痫和肥胖。其他可以与熟豆配伍的食材包括：乳制品、酸粥、孜然、胡椒和某些水果。任何带壳豆子煮的汤都是有益健康的轻食。

治疗期间有时应当忌蔬菜，因为蔬菜被认为是涩性，可能会让人体通道关闭。妙闻关于蔬菜讲得很少，只是说煮至熟透，充分沥水后过油的绿叶菜（shaka）有益健康，而其他方法烹制的蔬菜都无益健康。

# 调味酸奶

124

3升牛奶

1大勺酸奶（起子）

一大勺糖，或根据个人口味调整

几根藏红花，轻微烘烤或用少许温奶浸泡

5颗绿豆蔻，碾碎

切碎的杏仁和开心果

牛奶煮沸后放凉至温热，加入酸奶，混合均匀。封口，于温暖处放置过夜。

次日早晨，将酸奶倒到一块白色细纱布上，四角打结挂起来，下面放一个碗，直到酸奶滤净。（这个过程可能会有几个小时。）

把纱布上剩余的酸奶刮下来，加糖，用同样的方式二次过滤。

加入藏红花和绿豆蔻碎，混合均匀，点缀坚果，冰镇后食用。

阿育吠陀中几乎将酥油当作万灵药。一位18世纪的医生写道，"酥油恢复元气，味佳，平抚火能与风能，去除毒素，延长寿命，促进发育，消除罪业与贫困"。[10]许多阿育吠陀食谱中都以酥油为传热介质和调味料，还可以加入各种香料药草。

酥油煎、陶罐煨、炭烤的甜品属于轻食，有益健康，改善气色和视力，而油炸甜品味辛性重，对皮肤有刺激作用。《妙闻本章》列出了许多种甜咸菜品——放到现在应该属于零食——尽管具体做法的资料很少。Gaudika是糖蜜馅的面粉团子，可能类似于拉贾斯坦的楚马（choorma）。Sattaka是在酸奶中加入粗糖和三

辛粉（trikatu，姜、胡椒和荜茇混合而成，阿育吠陀药店有售），
用纱布过滤，再加入樟脑和石榴籽调味。Pheneka是一种油炸酥　125
点，外皮是面粉、酥油和粗糖，有五香绿豆馅或肉馅（听起来很
像现代的街头小吃绿豆饼和煎肉饼）。

《妙闻本章》认为，最好的补品是加入糖蜜、粗糖和酸味水
果的樟脑水。石榴汁饮料有放松健体之效。餐后饮品有很好的助
消化效果，尤其是对吃了一顿大餐，或者能量紊乱的人来说——
相当于阿育吠陀版的法国餐后酒（digestif）。常见的餐后饮品有
凉水或温水、绿豆饮、酸味果汁、酸米粥、浓缩肉汤、低度酒
（asava）和烈酒（madya）。

《妙闻本章》将酒品与菜品做了细致的对应，不亚于任何法
国美食家。低度主要分两种，sura和asava，但这两个词的确切
意义不明，译者常常统称为"低度酒"（wine）。他为每一种禽兽
肉都推荐了一种酒，酒品列了一长串，可见印度酿酒师的想象力
与才智。下表是妙闻提出的搭配建议的节录。

阿育吠陀医师还推荐饮用奶牛、水牛、山羊、绵羊和其他
动物的尿，味辛咸，性轻热，有刺激心脏、纯净血液、引发食欲
之效。[11]

《遮罗迦本章》有可能是数个世纪之间多位作者的合著作品。
全书共120章，分为8篇，涵盖了饮食、病因、解剖、胚胎、诊
断、治疗、药物等主题。他这样概括各种食物的性质：

> 饮食各有本性，水则湿，盐则融，酸则消化，蜜则续
> 断，澄清黄油则敷，奶可提神，肉促生长，肉汤滋补，烈酒
> 强肌，甘蔗酒（sidhu）清创，葡萄酒激发消化火能，浓缩

甘蔗汁积蓄三能，酸奶服之水肿，芝麻油粕令人倦怠抑郁，黑豆汤服之多便。[12]

《妙闻本章》饮食搭配表

| 食　　物 | 饮　　品 |
|---|---|
| 油性大的食物 | 热水 |
| 蜂蜜、酸奶、米布丁 | 凉水 |
| 米饭或绿豆 | 奶、肉膏 |
| 肉食餐 | 酒 |
| 谷物菜 | 用枣子做的酸汤（？） |
| 鹿肉 | 荜茇酒 |
| 吃种子的鸟 | 枣酒或无花果酒 |
| 食腐动物的肉 | 无花果酒 |
| 穴居动物的肉 | 椰子酒，椰枣酒 |
| 猛禽 | 睡茄酒 |
| 不分蹄的动物 | 三诃酒（用三种诃子制成的混合物） |
| 沼泽湿地动物、软体动物、蜥蜴 | 荸荠酿的烈酒 |
| 酸味水果 | 莲藕酒 |
| 涩味水果 | 石榴酒或藤黄果酒（？） |
| 甜味水果 | 姜黄（？）三辛酒 |
| 棕榈果 | 发酵酸米粥 |
| 辛味果子 | 藤黄果、各种粟米 |

（续 表）

| 食　物 | 饮　品 |
| --- | --- |
| 荜芨 | "羊头草"酿制的酒 |
| 南瓜 | 小檗酒或刺山柑酒 |
| 爬山虎、绿叶菜、黄瓜 | 三诃酒 |
| 椰枣树芯 | 用酸味水果酿的酒 |

信 息 来 源 : *The Sushruta Samhita: An English Translation Based on Original Sanskrit Texts*, trans. Kaviraj Kunja Lal Bhishagratna (New Delhi, 2006), vol. i, pp. 457-66. 尽管文中提到了各种酒，但并未描述制作方法。有学者根据语言学和考古学证据认为，印度制作蒸馏酒的历史也许可以追溯到公元4世纪乃至印度河文明时期。见F. R. Allchin, 'India: The Ancient Home of Distillation?', *Man*, n.s., xiv/1 (March 1979), pp. 55-63。

遮罗迦列举了60种油料作物，包括芝麻、芥子、红花籽、亚麻籽、蓖麻、奇隆子、木橘籽、可乐果，再加上多种动物脂肪，并说明了各自的功效。他列举了60多种水果和坚果，包括 127 苹果、杏仁、香蕉、开心果、核桃、四种枣、两种葡萄、两种石榴、甜橙（nagaranga）和原产印度东部及东南亚的杨桃。文中提到了12个甘蔗品种，并介绍了各自的药效。遮罗迦认为，糖的颜色越白，纯度越高，"寒性"就越重。大麦是一种非常常见的食材，可以磨粉制作糕点（kulmasa和yavapupa）、做粥、油炸（dhana），还有油炸麦芽（viruda-dhana）。其他菜品包括细米糊（pepa）和粗米糊（velepika）、荜芨和姜调味的米汤（laja manda）、炒米糊（laja-saktu）、螺旋形炸米饼（saskuli）。有些食品按现代标准看都很美味：蜂蜜馅或绿豆馅炸团子，外皮可以用米粉或面粉，用酥油煎（pupalika）；肉桂叶、豆蔻、肉桂粉、孜然粉和姜末调味的搅拌酸奶（rasala）；荜芨、胡椒、姜调味的肉馅（vesavara，这道菜出现在较晚的菜谱中）。

对于肉食，医生必须考虑动物的产地和本性、肉的部位、烹制方法和用量，这些都取决于病人消化火能的强弱。遮罗迦告诫人不要吃太多炒米、肉干、菜干、莲藕或肉豆蔻，因为这些食材性重。但是，冬季稻、盐、诃子、大麦、雨水、牛奶、酥油、森林动物的肉、蜂蜜、绿豆可以常食。

遮罗迦建议痨病患者食用鸡汤，汤中加入酸味和辛味食材，用酥油调味。痔疮、发烧、风能紊乱者亦可食用。用鸡汤煮的小麦粉甜饺，还有麻雀、鹌鹑、鸡、孔雀熬制的四禽汤也能带来健康。[13]

《遮罗迦本章》中有一段话颇为有趣，表示作者意识到了印度其他地区与外国人的饮食习惯：

> 巴赫利卡、帕赫拉瓦、秦那、苏利卡、雅瓦那各部［北方部落，有一些源出中亚］习惯食肉、小麦、蜜酒，好争斗放火。东方人喜鱼，信德人喜乳。阿斯摩迦人和阿凡提卡人［生活在印度中部］传统上喜油好酸。马来亚的居民以喜欢吃根茎和水果闻名，南方人喜欢奶，东北人喜欢搅打的饮品。中部人爱吃大麦、小麦和牛奶。开具处方应符合这些人群的喜好，因为人吃爱吃的东西会迅速恢复体力，吃多了也无妨。[14]

---

### 如何改掉不良饮食习惯和减肥

比方说，有一个人想要戒掉不健康的大麦，改吃健康

---

的红米。第一天，他吃三份大麦，一份红米。第二天，米麦各半。第三天，同前日。第四天，麦一米三。第五天和第六天，同前日。从第七天开始，只吃红米。

11世纪阿育吠陀学者兼医师卡克拉帕尼达塔（Cakrapanidatta），引自多米尼克·乌贾斯迪克（Dominik Wujastyk），《阿育吠陀之根：梵语医学文选》（*The Roots of Ayurveda: Selections from Sanskrit Medical Writings*）（伦敦，2001），第43页

在阿育吠陀中，大蒜是最重要的灵药之一。《包尔文书》（1890年汉密尔顿·包尔中尉在"东突厥斯坦"发现的一批梵文医书）中记载，罗刹王饮下长生不老药后，毗湿奴砍下他的头颅作为惩罚，流到地上的药滴就成了大蒜，但因为是从身体里流出来的，所以婆罗门不可食用这种鳞茎。

《包尔文书》年代不详、姓名不详的作者这样描述大蒜的性质和疗效：

造物主规定它可以清除全部三种体液，降伏一切疾病。蒜味酸，性热，油质，故能催动风能；味甜苦，故能平息胆汁；性燥、苦、辛，故能舒缓黏液。蒜能增强消化火能，强健体魄，改善气色。蒜能治疗面色苍白、食欲缺乏、腹部肿块、咳嗽、消瘦、麻风病、消化力弱。蒜可解决风疾、月经不调、胃肠绞痛、肺结核、腹痛、脾脏肿大和痔疮。蒜能治疗偏瘫、腰痛、虫病、腹绞痛和排尿问题。蒜能根治倦怠、

129

姜黄是一种古老的印度香料，具有多种药效

黏膜炎、手臂或背部风湿、癫痫。[15]

若要实现上述效果，人必须先净神、拜神，然后喝下经过纱布过滤的新鲜蒜汁，或者在蒜汁中加入三分之一的酒（种类不详），用来漱口。接着用餐，餐品可以是牛奶、豆子汤或者旱地动物肉汤。餐后应饮酒，可以是蜜酒、烈酒兑蜜酒、梅酒、甘蔗汁朗姆酒、稠米酒、混合酒或者手头的任何酒——每次只能喝一杯，而且要与水同饮，以免喝醉。不喝酒的人可以饮用温水、酸米汤、大麦水、豆皮水或新鲜乳清。

另一种做法是将大蒜剥皮，酒中浸泡过夜，取出后压碎过

滤，接着将蒜和酒、牛奶或肉汤同服。取嫩蒜，压碎后与等量酥　130
油混合，黎明时分与孟加拉楹梓（即诃子）同服，至少连服十
日，效果更佳。

大蒜可以和肉一起串烤；可以与香料腌制的凉性肉同食；
可以加入麦饭、酸米汤和醋，用酥油和植物油烹制；可以加入面
粉勾芡的肉汤；或者与绿豆粉、绿叶菜、香料和盐同食。

一个强效药方是将32份蒜汁、8份酵母、1份植物油、6份
蒜末混合静置，直至不见固体。此时加入16份匙羹藤汁和2份蒜
末。等到25天后色香味都出来了，即可使用，用法与植物油相
同。《包尔文书》的作者解释道："一个人若是认真将此物当作油
或酒使用，疾病大军就会鸣金收兵，就好比一个人带着弹丸上战
场，敌人自会退走。"[16]

婆罗门不许吃蒜，但如果连续三天不给母牛喂草料，然后喂
两份草料配一份蒜薹，那么婆罗门可以喝这头牛的奶，或者用它
的奶制作的酸奶、酥油或白脱牛奶，而不会受到惩罚。


## 一般饮食规则

遮罗迦给出了若干一般性的健康饮食建议。不宜一次食用大
量同味食物，不宜沉溺于味道繁复的食物。每天只吃一顿正餐。
忌食难以消化的饼子；如果非吃不可，应饮用平常两倍多的水。
重食分量减半，轻食分量不限。忌同食性质不相容的食物，比如
奶制品和鱼。（这种观念可能起源于印度，后来在非洲、中东、
欧洲和北美广泛流传，而这里就是最早的出处之一。[17]）还有一
些上千年前揭出的规则依然适用于今日：

食材要混合充分，等到上一餐消化完毕后再吃下一餐，以便通畅。

吃饭要选择安静宜人之处，可以独自进食，亦可与投缘之人同食，以免心情抑郁。

进食不可过急过缓，要了解食物的性质。

131　　进食不可说笑，而应专心，思考自己的体质，看吃什么对自己好，吃什么对自己不好。

不饿的时候不要吃饭，饿了一定要吃饭。

生气、抑郁、烦躁或刚刚运动完时不可吃饭。

两顿饭的间隔应尽可能长。

尽量面朝东坐着吃饭。

祈祷，感谢造物主赐予你用火能消化的食物。

不要只为自己下厨；食物是最好的礼物。

食馔五感：眼观其貌；鼻嗅其香；耳听其声，尤其是在烹饪过程中；手抚其质地；口嚼尽可能多的次数，充分提取食物的美味。

饭后百步走，促进消化。

日落后不可吃重食或生水的食物，如酸奶和芝麻；睡前两小时内不要进食。

不可浪费食物。[18]

食物应当"鲜活"，方可为食者提供活力。生食比熟食鲜活。火候过大、火候不足、烧焦、口味不好、尚未成熟、过分成熟、陈腐变质之物不应食用。剩菜应尽快复热，理想情况下完全不应该吃。

印度人的一个传统观念认为，厨具和餐具的材质会影响食物的性质。金银被认为是最好的材料，因为它们不与其他物质发生反应且"纯净"。16世纪，阿克巴的御医向厨师长提出建议称，铜锅煮的米饭可以消气，治疗脾病，而金锅煮的米饭可以减轻毒素，提振精力与活力。甚至到了今天，印度人仍然认为铜是纯净的材料，用铜来制作成套餐具，并镀锡来中和酸质。[19]在《妙闻本章》的御膳中，澄清黄油用金属碗，液态食物用银碗，水果和蜜饯放在叶子上。肉菜用金盘，汤和肉膏用银碗，调料和白脱牛奶用石碟，冷牛奶或果汁用铜碟。其他饮品、酒和加糖果汁装在陶罐里。

《妙闻本章》认为，上菜应该有一定的顺序。最先上甜食，抑制风能，然后是酸味和咸味的菜，刺激消化，最后是辛辣的菜，抑制黏液。用餐期间应频繁洗手或漱口，因为干净的上颚可提升风味。最后，用餐者应用水清洁口腔，用牙签剔除牙齿间的食物残渣，可能还会嚼一份用蒌叶包裹的槟榔果、樟脑、肉豆蔻和丁香——这是包叶槟榔的最早出处之一。餐后休息片刻后应走一百步，然后上床侧卧，身体朝向左侧，同时享受"柔声、美景、芬芳、柔软顺滑的触感"。

## 其他医学理论

### 寒热

印度人普遍认为，食物依据其对身体的影响，分为寒性和热性。这一观念大致于公元前6世纪从印度传入中东，之后传到希腊和欧洲，在中世纪大行其道。中国也有类似的观念。

食物寒热与实际性质关系不大。尽管大多数印度人都能告诉你一种食物是寒性还是热性，但分类方法因地而异。例如，小麦在南印度被认为性热，但到了北印度就是性温。西印度人认为大多数豆类都是寒性，但北印度认为豆性热。南印度人认为木瓜热性极强，但北印度就不这样认为。各地都认为大多数香料性热，尽管有少数几种被认为性寒，比如孜然和茴香籽。某些食物组合也被认为有害健康，包括鱼配奶制品，另一些则被认为有益健康，比如先喝牛奶，再吃芒果和木瓜。

夏季宜吃寒性食物，冬季和季风季则适合吃热性食物。怀孕、感冒等状况会有某些饮食禁忌，但还是因地而异。在次大陆
**133** 的部分区域，孕妇忌"寒性"食物，理由是会导致死胎（死亡是冰冷的），而另一些地区则忌热性食物，因为会导致流产。

### 三性

"古纳"（guna）是印度哲学中的一个核心概念，意思是"性质"或"倾向"。第五章讲过，古纳有三种：善性，即澄澈、纯净、不动心；忧性，即激情、不安、激动；暗性，即惰怠、呆滞、无知。三性各自对应特定的食物，人会偏爱与自己同性的食物，吃这些食物又会激发人自身的性。[20]

尽管有人尝试将三性等同于三能，但这两种概念发源于不同的传统，没有绝对意义上的关联。不过，阿育吠陀医师应当了解病人是什么性，如何发挥作用，并在治疗中纳入考量。

### 家食与外食

一些印度教徒还会按照制作方法区分食物。[21]家食（kaccha）

是家里煮制或烤制的食品，比如米饭、豆子、扁豆焖饭、烤饼（恰巴提、馕）和蔬菜——穷人家和富人家的日常基本主食，可以配其他菜吃。

家食还具有排外性。传统上讲，高种姓印度教徒在家里吃家食，家食只在亲属之间赠送。外食（pukka）则可以与外人分享，或者在集市购买。许多油炸街边食物都属于这一类。随着种姓界线的弱化，这一区分基本上正在消失，尤其是在市民和年轻人中间。不过，神庙和一些集体节庆宴席只会供应外食。

这一区分可能源于安全因素，因为油温高于水温，因此能消灭更多细菌。[22]历史学家亚瑟·卢埃林·巴沙姆（Arthur Llewellyn Basham）写道：

文献中有助于降低感染和食物中毒风险的戒律多得惊

134

恰巴提，又名罗提（roti），流行于北印度的全麦面饼，明火烘烤至膨胀

人。在努力维护仪式纯洁性的过程中，印度社会似乎无意间找到了一套尽可能在亚热带气候保持健康的方法。[23]

## 其他医学体系

### 悉达医学

悉达医学形成于公元7或8世纪的南印度，现存于泰米尔语地区。悉达医学的原理与阿育吠陀类似：人体、食物和药物被认为与宇宙相仿。主要区别在于，悉达医学广泛使用金属和矿物，尤其是硫黄和水银。

### 尤那尼医学

穆斯林采用尤那尼医学体系（Unani Tibbia），其理论框架来自两个人的著作。一位是希腊医生希波克拉底（Hippocrates，公元前460年至前377年），他被认为是对抗疗法（allopathic，传统西方疗法）和尤那尼医学之父。另一位是盖伦（约公元130年至约210年）。阿拉伯语单词"尤那"（Unan）指的是希腊。[24]尤那尼医师叫做哈基姆（hakim）。

14世纪，蒙古人入侵波斯和中亚，许多医师学者逃往印度，德里苏丹和后来的莫卧儿皇帝聘请他们为御医。德里成了尤那尼医学的一个中心，13世纪至17世纪为鼎盛期。尤那尼医学在英国统治时期地位受损，但1947年印度独立之后，官方又对它产生了兴趣。如今，印度的尤那尼医学领先全球，有自己的持证医师、医院、医学院和研究机构。

尤那尼医学的基础是古希腊的四体液理论，认为人有血液、黏液、黄胆汁和黑胆汁四种体液。体液由土、水、气、火四种基本元素构成。季有季候，人有气质，共分四种：血液质、黄胆质、黏液质（寒质）、黑胆质。

每个人的体液比例是与生俱来的。当外部或内部变化导致体液失衡时，人就会生病。治疗的目标是恢复体液的性质与平衡。饮食是一种疗法，此外还有手术、服药、调理（比如按摩或桑拿浴）。一种观点认为，消化正常可以预防多种疾病；反之，消化不良会引发疾病。容易腐败的食物（奶和鲜鱼）、消化时间长的食物（比如牛肉）、放久了的食物、香料和辣椒、酒、浓茶、咖啡和油性大的食物会导致消化不良。然而，只要注意节制，任何食物都可以吃。藏茴香籽（ajwain）、薄荷、茴香籽、芫荽籽熬制的汤剂和茶、石榴汁等药草香料有促进消化的作用。

食疗通过调节患者进食的数量和质量来治病。与阿育吠陀一样，尤那尼疗法往往从断食开始，让患者的身体有休养的机会。医生还会建议患者吃与病症性质相反的食物。例如，血液过剩会让人发热，患者应吃大麦汤、鱼等寒性食物和寒性药草（不过，这里的寒热性也在一定程度上由各地观念习俗决定。）有一些疗法是民间土方。比如，一种流感疗法是先服用捣碎的荜茇配蜂蜜和姜汁，再服牛奶和姜黄粉。如果患者的某一个器官生了病，可以通过吃动物的相同脏器来治疗。在阿育吠陀和尤那尼医学中，糖尿病都是用苦味和涩味食物来治疗。

今天，阿育吠陀、悉达、尤那尼和对抗疗法都是印度政府官方承认的医学学派，也在国立高等院校中教授。阿育吠陀近年来在印度有复兴之势，尤其是在糖尿病等疾病增多的形势下。由于其整体疾病观，阿育吠陀在西方也颇受欢迎。多所大学和医学中

136

苦瓜，常见于孟加拉餐的第一道菜，也是阿育吠陀里的一种糖尿病药。18世纪末或19世纪初

心正在开展临床试验，检验阿育吠陀疗法是否有效，比如用苦瓜治疗糖尿病，用姜黄治疗阿兹海默病、癌症和其他疾病。[25]

# 第七章

# 中世纪：《心之乐》《利民论》与地方菜（公元600年至1300年）

从7世纪初期至13世纪，统治次大陆的是各个地方王朝。有历史学家类比西方，将这段时期称为"封建时代"或"中世纪"。饮食习惯变得更复杂了，而且第一次有了比较详细的文献记载，包括许多盛行至今的地方菜品。这段时期出现了不带有医学或宗教色彩的饮食文本，代表作是《心之乐》和《利民论》。这两部书没有详细说明烹制方法，所以不算现代意义上的菜谱，但提供了关于当时菜品的有价值信息。

波罗王朝（Pala）信奉佛教，定都巴连弗邑，鼎盛时期控制了印度北部和中部的大部分土地。信奉印度教的犀那王朝（Sena）夺取了波罗王朝的部分领土。从11世纪至15世纪，东恒伽王朝（Eastern Ganga）控制了奥里萨邦以及一部分西孟加拉邦和安得拉邦。从6世纪至11世纪，定都马尔瓦（Malwa）的瞿折罗—波罗提诃罗王朝（Gurjara Pratihara）掌控着印度北部和西部的大片土地，后来分裂成了各个邦国，包括拉杰普特列国（Rajput kingdoms）。

南印度呈现多国争霸的局面：卡纳塔卡邦的遮娄其王朝（Chalukya）、定都甘吉布勒姆（Kanchipuram）的帕拉瓦王朝（Pallava），还有鼎盛时期控制了印度次大陆大片土地和斯里兰卡的朱罗王朝。后来南印度出现了潘地亚王朝和切拉王朝。1343年，切拉王朝灭亡，取而代之的是强盛的毗奢耶那伽罗帝国（Vijayanagar Empire）。

在众多势力争夺中，地方统治者会获得土地作为效忠服役的回报。农业部门的组织程度提高了，栽培、设施、灌溉、种子处理、害虫防控、堆肥、天气预报等方面有了重大进步。海外来访者依然赞叹印度的繁荣。

8世纪初，阿拉伯人征服了印度西北部的信德，但他们主要对贸易，而非军事占领感兴趣。印度商人与征服者联合获利，有些商人变得极其富有。他们捐建了宏大的神庙，包括奥里萨邦的贾格纳特神庙和拉贾斯坦邦阿布山的耆那教庙宇。财富像磁铁一样引来了北方的劫掠者。10世纪末，阿富汗加兹尼（又名伽色尼）王朝君主马哈茂德（Mahmud of Ghazni，971年至1030年）开始劫掠印度北部。他的继任者建立了印度的第一个伊斯兰王朝，这些王朝将在之后的几个世纪中统治次大陆的广大土地。数量减少的耆那教徒逐渐集中于印度西部和西南部，而曾经在东方具有一席之地的佛教几乎从次大陆上销声匿迹。

## 印度饮食文献

写印度食物史的一大挑战就是菜谱匮乏。阿尔琼·阿帕多拉伊认为：

在印度教文献中，"食"扮演着关键角色，但"厨"就不行了。这就是说，尽管讲**吃饭**和请客的文字数量很大，但印度教法律、医学或哲学文献中很少讲**做饭**……在传统印度教思想中，食物首先是一个伦理或医学问题。[1]

饮食文献中会提到食材原料，有时会结合它们对人体能量的作用或季候性，但鲜有描述它们转化为菜品的过程，只有笼统的说法。一个可能的原因是印度人强调食物的伦理和医学层面，于是美食没有成为一个独立的快乐源泉。婆罗门是各大文献传统的生产者和守护者，他们并不十分在意烹调；富商也是如此，他们中有很多都是遵循严格素食主义的耆那教徒或毗湿奴派信徒。由于共餐的限制以及对污染的顾虑，印度没有像大致同时期的中国那样出现餐厅文化与厨艺创新。

这种状况带来的一个结果是，印度在现代之前都没有出现全国性的印度教菜系。尽管其他一些社会与文化规范做到了高度标准化，但印度并没有通行全境的烹饪传统。尽管印度发展出了一些相当高雅精致的地方菜和宫廷菜，但印度教徒的饮食传统"一直是口头传承，家庭化、区域化为主……传统印度教饮食是彻头彻尾的巴尔干化"。[2]

最早的非医学饮食文献之一是娑密室伐罗三世（Somesvara Ⅲ，1126年至1138年在位）撰写的梵文诗歌《心之乐》。娑密室伐罗是西遮娄其王朝的第八代君主。从10世纪后期至13世纪，该王朝控制着印度西南部的大片土地，包括今卡纳塔卡邦、果阿邦全境及马哈拉施塔特邦、喀拉拉邦、安得拉邦局部，国土肥沃富饶，出产稻米、豆类、胡椒、豆蔻、槟榔果、槟榔叶、椰子和糖，与东南亚、中亚和中国贸易联系密切。

当时的统治者流行撰写各种题材的作品，借此展示才学。

《心之乐》涵盖了医药、法术、兽医、宝石、交通工具、建国与
治国之道、大象、绘画、音乐、舞蹈、文学、女人、鱼、植物和
饮食。饮食内容在"享受美食"（Annabhoga）这一节（1341—
1600行；阿伦达蒂英译本第113至128页）。[3]文中描述了近百
种菜品，其中有许多延续至今，尤其是在印度南部和西部地区。
也有一些菜品今已罕见：血肠、酸米汤煮山羊头、烤网油、烧
水鼠。

　　与大多数印度统治者一样，娑密室伐罗是刹帝利，意味着
他不需要遵守婆罗门的素食规矩。[4]肉类，尤其是野味被认为是
正当的王室饮食，所以文中有许多野鸟、野鹿、野猪做的菜。不
过，他没有提到鸡肉和牛肉。

　　《心之乐》中最常见的香料是阿魏，通常会溶解在水中——
马哈拉施塔特和古吉拉特现在还是这样做。其他调味料包括鲜姜
或干姜、姜黄、胡椒、岩盐、芥末籽、芫荽、孜然，偶见樟脑和
豆蔻。只有一道菜提到了丁香，肉桂一次都没有。放洋葱和大蒜
的菜寥寥可数，或许表明就算不考虑禁忌，印度西部也不常用这
两味料。小料有的是烹饪过程中放，有的是出锅后放。柑橘、余
甘子、罗望子、石榴、酸奶是酸味的来源。椰子不用作食材，但
文中将椰子水列为健康饮品。

　　菜品和餐食结合了六种基本味型（甜、酸、咸、苦、辛、
涩）。娑密室伐罗写道：肉配酸，奶配甜，盐配酸，涩配酸咸。
按照阿育吠陀的规范，食物应与季候对应。春天吃辛辣食品，夏
天吃冷食和甜食，秋天吃甜味菜品，冬天吃甜，雨季吃咸，晚秋
吃油大的热菜，冷季吃酸味的热菜。

　　烹饪方法有煎、炸、煮，有时会结合多种方法。煎炸以芝麻

140

油或酥油为传热介质。炭烤是常见做法，尤其是使用金属钎子的烤串。

一顿典型的御膳会先上热米饭和酥油拌绿豆，接着是配豆子吃的嫩肉块，再接着是某种咖喱（香料炖菜）。下一道是肉菜，配酸菜和应季果蔬，味道多种多样。每种菜品都可以配米饭。餐中会上米布丁和酸甜水果。国王的佐餐饮品有水、果汁（panakam）和香料白脱牛奶。最后喝酸奶促进消化。

主食是稻米，今天当地依然如此。婆密室伐罗列举了红米（印度局部地区仍有种植，尤其是在南部和东北部）、大粒米、香米、羯陵伽米、粗厚米、细米、六十日米（炎热季节种植，60天即可收获）。稻米用铜锅或陶锅文火烹煮，煮到尚有嚼劲时离

141

抛饼是一种用平底锅煎的死面饼，可以直接吃，也可以夹蔬菜

火，沥干水分，加牛奶或酥油。米汤可以加香料调味后饮用。

香料煮豆可以配任何品种的稻米，也可以配"劣等"谷物（即穷人口粮），比如粟米或野稻。文中列举了七种豆类：绿豆、扁豆、鹰嘴豆、木豆、黑豆、红扁豆、黑眼豆。煮豆的调料有阿魏、盐和姜黄粉，表面撒上鲜姜丝。豆子可以配茄子块、山羊肉或骨髓，表面撒胡椒或姜末增加风味。

甜咸点心颇受欢迎，有些今天还有类似品种。"薄如白布"的白面圆胚油炸后即为mandaka，类似于今天的飞饼；polika（与现代词语puranpoli，即甜豆饼有关）是一种甜味飞饼，馅料是豆子和糖。炭烤白面团子，微焦尤佳，即成类似于拉贾斯坦帕蒂（baati）的食品。帕蒂是一种牛粪烤的硬实面团，配豆子和面粉甜布丁（楚马）食用。同样的面团加入糖、奶、酥油、胡椒、豆蔻粉后搓成小球，用酥油煎，然后塞入口袋面饼里，就做成了一道名叫udumbara的菜品（可能表示无花果的梵语词，以喻其形。）

扁豆粉或鹰嘴豆粉加入阿魏、盐、糖、胡椒碎、豆蔻和水，142 捣成糊状，摊成小圆饼，下锅油炸，便是现代炸豆饼（papdi，起酥脆饼，配上各种料就是人气街头小吃什锦起酥脆饼）的前身之一purika。黑豆粉加入胡椒，发酵后搓成球油炸，出锅后泡在牛奶或酸奶里就是vadika。它的现代版本是印度流行街头小吃酸奶泡饼（dahi vada）——五香豆泥搓成球，油炸，浸入新鲜酸奶，撒上孜然碎、其他香料和一种甜酸蘸酱。

豆子煎饼（Dhosika）是一种用黑豆、黑眼豆或绿豆粉调成糊，加入阿魏、孜然、盐和姜调味，在热平底锅加入少量油制作出来的煎饼。它是现代煎脆饼（dosa）的前身，现在用的是豆粉和米粉混合面糊。K. T. 阿查亚表示,掺入米粉大概是13世纪的事。[5]油炸点心有五豆饼(vidalapka,使用五种豆子组成的豆糊,用姜黄、岩盐和阿魏调味)、炸豆圈(katakarna,用绿豆和豇豆制作)和黑豆球(iddarika,黑豆糊搓成球油炸,表面撒上胡椒、孜然和阿魏。)

《心之乐》中有许多肉菜做法繁复,香味扑鼻,违背了穆斯林到来后印度才出现精致肉菜的观念。一种做法是肉切块,用番荔枝和姜腌制,上钎子,置于热炭上烘烤,撒黑胡椒和一种酸味料汁调味。另一种做法是将肉块捶打至薄如棕榈叶,加姜末、糖、酸奶和豆蔻调味,然后煎制。

人气街头小吃什锦起酥脆饼,就是在起酥脆饼基础上加入马铃薯、鹰嘴豆和酱料

## 《心之乐》菜谱两则

### 烤田鼠

印度的农田与河岸生活着一种健壮的黑田鼠（maiga）。拎着尾巴入热油锅，炸至脱毛，然后用热水洗净，开膛取出内脏，加余甘子和盐烹制。其余部分串到铁钎上炭烤，直到表皮焦黄。鼠肉熟透后撒盐、孜然和干姜。

### 烤肉串

羔羊或山羊肉切成小块，加入阿魏、姜黄和姜，串到铁钎上炭烤，经常翻动，肉熟后马上撒盐和胡椒调味。这道菜名为bhaditrakam，是一道有益健康，激发食欲的美味轻食。另一种做法是用酸汁（可能是柠檬汁）和阿魏腌肉，然后加入姜汁、芫荽、葫芦巴籽碎和孜然碎，下酥油煎至水分收干，最后加胡椒调味。

脊背被认为是最好的部位，可以串烤，也可以做成类似咖喱的菜肴。绵羊血和绵羊肉可以先加酸汁煮至水分收干，再加阿魏、孜然碎、樟脑和胡椒调味，然后下酥油煎。血液加水、柠檬汁、姜、孜然、阿魏、胡椒、芫荽、盐和肥油，填入肠子，像绳索一样把口扎紧，小火慢煮至变硬——12世纪的血肠。"五色肠"（panchvarni）是将肠子切块，加入芥末籽、诃子、姜、酸汁、盐和阿魏调味，小火煮至浓稠。肠子也可以上钎子烤至酥脆。

炭烤羊肉串

动物体内有一个部位叫做网油(vapa),折叠切块可以油煎或炭烤,也可以擀平用柠檬和盐调味,再切块油煎。羊脑可以用发酵米糊小火煮。

婆密室伐罗在《心之乐》中列举了35种鱼,并说明其栖息地(淡水鱼或海鱼)、尺寸、形态和食性。鱼在大水塘中养殖,有的喂芝麻球、鹰嘴豆粉、米饭这些纯素食,也有的鱼吃纯肉或掺谷物的肉。大鱼切块,小鱼整条烹制。鱼去鳞后抹盐和油去腥,然后用姜黄水冲洗,沥干后煮熟调味。鱼籽煮至变硬后切块油炸,盐、胡椒、阿魏水调味。龟(据说有芭蕉味)去腿去壳,在刷油的热锅上烤。蟹肉要用铜平底锅烤。

水果、叶菜、茎菜、花朵可生食,可熟食,可荤可素。叶菜（娑密室伐罗列举了25种）可以与酸奶或柠檬汁拌匀食用。水果（娑密室伐罗列举了40种，大多没有对应的英文单词）、根茎、竹笋、叶菜可以加盐吃，或者拌入捣碎的黑芥末籽、芝麻油和盐。有一道沙拉的主料是生芒果、芭蕉、苦瓜、菠萝蜜，浇芝麻和黑芥末籽汁，听上去有点像现代高档印度餐厅里的菜。

145

---

### 《利民论》里的豆子汤

肉桂、孜然、芥末籽、胡椒、豆蔻、芜荽籽加水研磨。将任意一种豆子熬成质地均匀的豆糊，加入磨好的香料，搅拌加热，撒上用少许酥油或植物油煎过的芥末籽、孜然、阿魏和咖喱叶，美味豆汤即成。

---

有些甜品会用到牛奶小火慢熬浓缩而成的"霍亚"（khoya）。香料酸奶（sikharini，加各种香料过滤后的酸奶）再次登场。牛奶中加入酸味剂，分层后用纱布过滤就是凝乳。凝乳搅拌至顺滑，加糖，搓成小球油炸。

当时有各种果汁（叫做panaka），有时会加白脱牛奶。人们也喝新鲜椰子水、撒胡椒的稀糖蜜和辛香白脱牛奶（majjika，白脱牛奶搅打起沫，加入胡椒和芥末籽调味）。酒精饮料包括用糖或糖蜜制作，类似于朗姆酒的高迪酒（gaudi）和用长叶紫荆木的花酿造的马达维酒（madhvi）。

同一地区有一部年代较早的作品，书中的料理要更接地气一些。《利民论》采用当地土语卡纳达语（Kannada，而不像《心之乐》那样用梵语），成书于1025年前后，作者查孟达拉亚二世（Chavundaraya II）是一名耆那教宫廷诗人和学者，为西遮娄其王朝君主阇耶僧诃二世（Jaismha II，1015年至1042年在位）服务。除了饮食以外，书中还有章节探讨天文、建筑、预兆、香水、寻水术、兽医和医学。

"厨经"（Supa Shastra）一章中给出了57道基础菜谱，全部都是不含洋葱和大蒜的素菜。甜品和零食有不少，可能是因为这些食品的制作最复杂。第一道菜谱讲米饭的正确做法，米下锅前要淘洗三遍，水要放足，最后沥水（印度人现在还是喜欢这样做米饭）。

只有两道菜用到了大麦（其主食地位当时已经几乎完全被稻米取代）。一道是用牛奶泡大麦米，捞出擦干烘烤后磨成粉，加入捣碎的藏红花、肉桂、肉桂叶和豆蔻调味，与糖和酥油下锅熬成粥。卡纳塔卡邦现在还有一种类似的节庆食品（rave unde），不过是用精麦粉或粗麦粉制作。另一种做法是将牛奶大麦糊搓成球，用酥油炸，类似于今天的炸米圈（kajjaya），用米粉制作，适用于特殊场合。

最常用的豆类是绿豆、黑豆和红扁豆。豆子在水中煮至浓稠，然后加入豆蔻、孜然、芫荽、胡椒和芥末籽糊，用罗望子汁或柠檬汁调味，点缀上用少许油煎过的芥末籽、孜然、阿魏和咖喱叶（这种混合香料叫做oggarane）。[6]

有几道甜品是在奶豆腐（热牛奶加入凝乳剂）里加入糖、酥油、肉桂粉和豆蔻粉，搓成小球。甜球是印度最流行的小吃之一（见第五章），做法是在细米线（savige，成分为米粉、酸奶、酥油）里加入酥油和糖浆，搓成球后用酥油炸，可加入罗望子汁或枣汁增添风味。还有一道甜品是将细椰蓉、椰枣和糖馅塞入面饼，用酥油煎制——就是现代卡纳塔卡邦的椰香煎饼（sajjappa）。

做法最复杂的一道菜是香料酸奶。做法是酸奶中加入肉桂、干姜、胡椒、岩盐、粗糖、肉豆蔻、白姜黄（zedoary）、铁力木花、诃子、蜂蜜和甘蔗汁，最后加入可食用樟脑。

米团的做法是米糊加入肉桂提取物、大麦碎、芝麻、黑豆、阿魏和姜黄粉调味，搓成球，日晒干燥后储存起来。米团油炸后会膨胀成大球（sandige），至今依然是卡纳塔卡邦的一道人气小吃，雨季尤其流行。泡水黑豆捣碎与酸奶混合，过滤后加入阿魏、孜然、芫荽和胡椒调味，可用来制作蒸糕。不过，做法里没有稻米，也不发酵。根据阿查亚的看法，加入稻米大概要等到15世纪。[7]据说，8到12世纪有信奉印度教的印度尼西亚国王来南印度求亲，发酵做法就是这些国王的厨师们带来的。不过，可能性更大的解释是印度独立发现了这个自然现象，因为几乎所有文化都会利用某种形式的发酵。

与中国人不同，印度人很少尝试制作形似鱼肉的素菜。不过，《利民论》中有一个例外：烘烤过的鹰嘴豆磨成粉，做成面团，用模具制成鱼的形状，然后用芥子油煎。

《利民论》有一大段介绍用酸奶、盐和粗糖保存各种食物的方法，以及如何去除野生果蔬芽叶的毒性和苦味——体现了节俭在平民饮食中的重要性。例如，没有成熟的芒果切块后抹上胡椒和粗糖，日晒脱水；成熟的芒果泡在糖浆或蜂蜜中，可保存数日。

# 地方菜出现

## 北印度

德里最后一位独立掌权的印度教国王是普里色毗罗阁·乔汉（Prithviraj Chauhan，1149—1192），他手下有一位宫廷诗人记录了御膳的情形。御膳有各种口味的肉菜、五种绿叶菜（sag）、水果、六味俱全的素菜、腌菜和酱料、白脱牛奶，还有酸奶。[8] 甜品包括：用豆蔻等香料和坚果调味的米布丁（kheer）；用加糖牛奶熬煮的米粥（payesh，即现代的payasam）；煮稠加糖的牛

148

甜球的食材包括鹰嘴豆粉、粗小麦粉等，可能是印度最受欢迎的甜品

奶（rabari）；面粉、糖、酥油制作的丸子（kesara）。咸点心包括：蒸米粉圆（khirora）；袖珍油炸豆丸子（bara）；鹰嘴豆面卷（khandvi）；奶煮碎麦粒（lapsi），配汤和香料食用。富人会享用扁豆焖饭，辅料有酥油、香料和蔬菜。

平民百姓的食物寡淡且单调。阿拉伯地理学家伊德里西（al-Idrisi，1099—1161）写道："平民饮食包括稻米、鹰嘴豆、菜豆、扁豆、扁豆、豌豆、自然死亡的鱼和兽肉。"[9]其他主食有古老的萨图，还有不加酥油的扁豆焖饭。奶、奶制品和糖是上层阶级的专享。另一位阿拉伯旅行家评论道，印度教徒反对自己和他人饮酒的理由不是宗教原因，而是因为酒醉。[10]

### 东印度

东印度（西孟加拉邦和今孟加拉国）是次大陆最肥沃的区域之一。大麦和稻米是这里自古以来的主食，因为鲜有小麦。其他常见食物有水果（包括柑橘）、根茎、绿叶菜、植物的秆和花（现代孟加拉菜的一大特色）、奶和奶制品、粗糖、碾碎的炒大麦和鹰嘴豆。文献中至少提到了12个甘蔗品种。流行的蔬菜包括丝瓜（patola）、茄子、萝卜和苦瓜。典型的调味料包括姜黄粉和姜黄糊、芥末籽、干姜、孜然、荜茇、丁香、芫荽籽和阿魏。蒌叶和槟榔树均有种植，人们常嚼槟榔。椰子树到处都是，椰子水和椰肉均有利用。

除了部分正统婆罗门、寡妇和耆那教徒以外，大多数孟加拉人都不吃素。中世纪立法者发现有必要允许人们吃鱼（前提是要有鳞）和肉，每个月只有特定的日子禁食鱼肉。[11]鱼干被认为不适合人食用，尽管沿海贫民以鱼干为食。尽管当地禁酒，但有许多12世纪的歌谣表明，孟加拉地区有大量酒馆性质的店，不仅卖能让人喝醉的饮料，还卖大麻。一位8世纪的密宗佛僧写了一首诗：

> 酿酒女走进两个房间
> 用上好的树皮酿酒。
> 霎哈嘉，抱紧我，然后去酿酒吧
> 那样，你的双肩就会强健
> 身体会解脱衰老与死亡。[12]

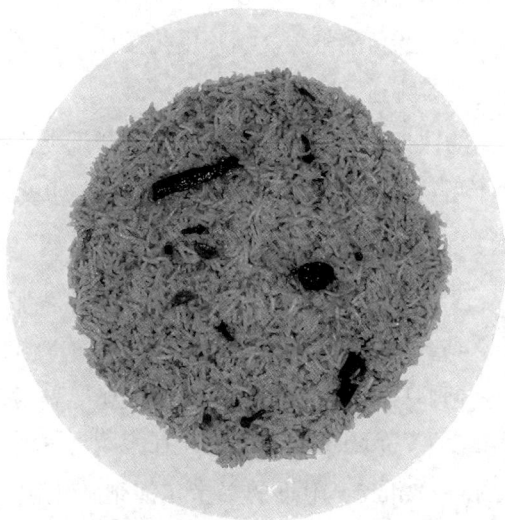

扁豆焖饭，最古老的印度菜肴之一，品种繁多

创作于13世纪至18世纪的《摩纳娑故事诗》（*Mansamangal*）描绘了富人的日常生活。[13]富人吃油炸茄子，吃孜然、椒、鲜姜调味的绿叶菜，吃各种豆子和鱼，尤其是鲤鱼（rohu）和云　150

鲥（ilish，学名 Tenualosa ilisha），吃山羊肉和鸭肉，吃各色米饼（pitha，米粉和粗糖制作的煎饼）和多种米饭。

有一首诗描述了富商家里的一顿饭，菜品和上菜顺序几乎和现代孟加拉地区印度教中上阶层家庭的午餐如出一辙：一道苦味菜品（sukhta）；一道汤菜（jhol）；蔬菜拼盘（ghanta）；绿叶菜（saka）；煮豆子（dal）；鱼菜，可以是整条、切块或者鱼丸形式；肉菜；一道酸汤（ambala）；米粉制作的甜品（pitha）；以稠奶为基底的甜品（ksira）；酸奶。[14]

一段对婚宴的描写中显示了厨师的技艺。酥油米饭色泽洁白，芬芳可口，粒粒分明。加了黑芥末籽的酸奶辣得宾客直挠头。鹿肉汤和鱼肉汤口味鲜美。厨师手艺极佳，以至于客人们分不清哪道是素菜，哪道是荤菜。[15]

寻常人家的饮食包括米饭、酸奶、蔬菜和瓜类，餐具是芭蕉叶。米饭晒干后可以用来做爆米花（muri），在印度东部和孟加拉国颇为流行。

## 南印度

1292年，商人旅行家马可·波罗从中国返回意大利的途中登上科罗曼德海岸（Coromandel Coast），在南印度生活了一年。他将今坦焦武尔（Tanjore）附近的泰米尔潘地亚王国称作"世界上最富庶、最辉煌的区域"，提到当地盛产胡椒、姜、荜芨、坚果和姜黄。他写道，尽管大多数人不喝酒，但很多人沉迷于嚼一种名叫"坦布尔"（tambur，即槟榔）的东西，有时会混合"樟脑和其他香料，还有酸橙……他们边走边嚼，嚼完的渣子吐掉"。他们还会朝别人脸上吐槟榔渣，以示轻蔑，此举时常引发暴力冲突。人们"崇拜牛"，不吃牛肉（社会地位低的人除外），房屋外面抹牛粪。马可·波罗记载当地有一批圣人，名为瑜伽士，饮食节俭，寿命比大多数人都要长，有的可达200岁（作者夸张倾向的一个典型例证）。有一个教团的成员——大概是耆那教——赤身裸体，"生活艰苦朴素"。他们相信万物有灵，努力避免伤害哪怕最微小的生物。[16]

151

### 西印度

古吉拉特自古盛行吃素。耆那教在当地势力很大，至今依然如此。12世纪，鸠摩罗波罗国王（King Kumarapala，1143年至1172年在位）支持耆那教，禁止国内杀生。自6世纪以来，许多商人皈依毗湿奴派，开始吃素。

7世纪至15世纪的耆那教文献提到了许多延续至今的古吉拉特素菜，包括鹰嘴豆蒸糕（dukkia，又名dhokla）、甜豆饼（vedhami，又名puranpoli）、酥炸豆馅饼（kacchari，又名kachori）、芥末籽豆子沙拉（kosamri）、糖奶团子［sarkara，又名dudhpeda，一种用霍亚（煮稠的牛奶）加糖制成的圆形甜品］，还有一种用糖浆浸泡的甜品（ghrtapura，又名thevara）。[17]

# 第八章

# 德里苏丹国：《美馔之书》《厨经》和《饮食与保健》（1300年至1550年）

## 伊斯兰教的到来

千百年来，阿拉伯商人乘船来到印度西海岸，购买香料和奢侈品。664年，一位阿拉伯将军在信德地区的海得拉巴击败了当地印度教国王，将信德并入定都大马士革的倭马亚帝国（Umayyad Empire）。738年，多位印度教国王联合起来击败了阿拉伯人。8世纪和9世纪，信仰伊斯兰教的阿拉伯商人在印度西海岸长期定居，迎娶当地女子。

622年，先知穆罕默德在沙特阿拉伯创立伊斯兰教。伊斯兰教是一神教，核心教义是认主独一，所有穆斯林都必须顺从真主的意志（"伊斯兰"的意思就是顺从）。这条教义由大天使吉卜利勒向真主先知穆罕默德揭示，记录于《可兰经》。所有穆斯林都被认为是平等的，联合在一个名为"乌里玛"（ulama）的团体中。伊斯兰教有五条基本教义（五功，字面意思是"支柱"）：念（信仰的证词：除了真主安拉以外，再无其他的主，而穆罕默德是安拉的使者）、课（施天课，即帮助穷人的生活）、拜（每天五次面朝麦加礼拜）、斋（回历九月为斋月）、朝（一生到麦加朝圣一次）。

伊斯兰教会主动传教，在麦地那哈里发和倭马亚帝国时期迅速传播。在一个世纪之内，伊斯兰教拓展到了北非、西班牙、中东、中亚、波斯、克什米尔和阿富汗。阿拉伯人在7世纪中期征服了波斯，造成的一个后果就是琐罗亚斯德教徒逃往印度西部，成了帕西人（Parsi）。他们将在印度商贸领域扮演重要的角色，并创造出别具一格的饮食文化。

## 伊斯兰教饮食规范与禁忌   153

伊斯兰教的饮食禁忌相对较少，但必须严格遵守。这些禁忌来自《古兰经》和圣训（穆罕默德的言论）。信徒不可食用"哈拉姆"（haram）食物，包括猪肉、腐肉、血液、酒和其他麻醉品。牲畜必须由指定人员按照伊斯兰教规宰杀。宰杀必须仁慈且迅速，用利刃割破喉咙，切断血管和颈静脉，同时念诵三次"安哈胡阿克巴"（意为"真主至大"）。血被认为是不洁净的，因此必须放净。这种肉就叫做"哈两里"（halal）。

斋戒是伊斯兰教五功之一，纪念穆罕默德蒙神启《古兰经》，也是净化身体和心灵的一种方式。回历九月是规定的斋月（Ramadan，乌尔都语作Ramazan），期间穆斯林白天不得饮食、吸烟、性交。（旅客、病人和孕妇除外，耽误的斋月要日后补足。）每天日落后可以吃开斋小吃（iftar），包括椰枣（因为先知开斋吃的就是椰枣）、甜咸点心和水果。小吃过后是正餐。斋月结束叫做开斋节［Id-ul-Fitr，有时直接就叫"节"（Id，也拼作Eid）］，庆祝方式是聚众宴席，为客人提供甜品，尤其是用粉丝、牛奶和糖制作的沙瓦元（sawaiyan）。[1]

穆斯林的第二大节日是宰牲节（Edi-ul-Zuha，又叫Bakrid），纪念易卜拉欣将儿子献祭给真主，真主在最后一刻用羔羊替换了男孩。如果负担得起的话，穆斯林要在这一天宰杀一只公羊，肉的三分之一分给朋友，三分之一给家人，三分之一给穷人。之后每顿饭都要吃肉，直到宰的羊吃完。这些节日都彰显了虔诚、好客与慈善。印度什叶派穆斯林会在圣月份（Muharram）中斋戒一日或多日，缅怀侯赛因之死。侯赛因是先知的孙子，死于穆罕默德敌人之手。哀悼者要赤足游行，捶打胸膛，呼喊侯赛因的名字，甚至会鞭打自己。

穆斯林婚宴排场很大，只要新娘家出得起，肉菜多多益善。按照传统，至少要有一锅拌饭（biryani，鸡肉最贵，所以是名声最好的肉）；甜饭（zarda，米饭里加了蜜饯水果，用藏红花染成金黄色）；奶油浸羊肉（mutton korma）；油饼（酥油饱满的饼子）；沙蜜烤肉（shami kebab）；鱼肉咖喱或炸鱼（孟加拉风俗）；以及多道甜品，包括陶罐米布丁、玫瑰奶球（gulab jaman），还有奶油果子羹（sheer korma），食材有粉丝、牛奶、糖、椰枣，有时还会加坚果、藏红花、葡萄干和玫瑰水。[2]印度教徒宾客会有专门的素菜供应。

# 北 方 入 侵 者

中亚和阿富汗部落将印度称作"印度斯坦"（Hindustan）。受到印度繁盛富饶的故事的吸引，这些部落在8至12世纪之间经常入侵印度西北部，既是寻宝，也要传教。962年，波斯帝国将军阿尔普特勤（Alptigin）夺取阿富汗的加兹尼要塞。他的孙子马哈茂德以此为基地，入侵印度，劫掠城市。有些印度教徒皈依伊斯兰教，成千上万名佛教徒逃往尼泊尔和中国西藏。

975年至1186年之间，加兹尼王朝统治着波斯、中亚和北印度的大片土地。尽管他们出身突厥人，但在语言、文化、文学和习惯上已经完全波斯化了。古尔王朝（Ghorid）是加兹尼王朝的后继者，统治阿富汗、伊朗和巴基斯坦局部至13世纪初。

1225年，整个北印度都被穆斯林统治。各路突厥、阿富汗和中亚王朝统称德里苏丹国（尽管首都并不总是设在德里），掌权达300余年，包括马穆鲁克王朝（1206年至1290年）、卡尔吉王朝（Khilji，1290年至1320年）、图格拉克王朝（Tughlaq，1321年至1398年）、赛义德王朝（1414年至1451年）和罗第王朝（Lodi，1451年至1526年）。

为了统治帝国，苏丹们需要法官、学者、文官和军官。官员俸禄优渥，赏赐丰厚，苏丹宫廷吸引着全伊斯兰世界的人才，包括中东、北非、土耳其和中亚。（按照某些估计，这些人中有高达60%是突厥出身）。[3] 其中就有著名的摩洛哥旅行家和编年史作者伊本·白图泰（Ibn Battuta，1304年至约1368年）。他曾在穆罕默德·图格拉克苏丹（Sultan Mohammad Tuqhlaq）手下做了七年法官，经历记录在了《印度志》（*Tahqiq-i-Hind*）一书中。13世纪，蒙古人入侵中亚和波斯，将大量伊斯兰学者和法学家驱逐到北印度，他们在这里受到了苏丹的欢迎。尽管这些新来者的初衷无疑是发家致富，荣归故里［就像18世纪去印度发财的英国"纳波布"（nabob）一样］，但也有很多人留了下来。宫廷和政府的官方语言是波斯语，许多阿拉伯语科学著作被翻译成了这门语言。随着官僚体系的壮大，印度教徒被吸收进了官员队伍，演变

155

为北印度的卡雅斯塔（kayastha）种姓。印度教徒厨师进入了王室贵胄的后厨。

　　大宴宾客是声望的标志，在这个方面，苏丹努力效仿波斯沙阿的传统。[4]他们有自己的私人厨房（matbakh），由"尝菜官"（chashnigir）管理。苏丹常常与王公大臣在一张大桌布（dastarkhan，这个波斯语单词既有华丽桌布的意思，也有丰盛大餐的意思）上一同用餐——同吃一盘菜也是常事。热衷享乐的德里苏丹开库巴德（Kaiqubad，1287年至1290年在位）有一次大摆宴席，开场是果子露（sharbat，一种用新鲜果汁或花草提取物制作的饮料）配糖和清水。[5]面食包括土炉烤馕（nan-i-tanuri，一种干果甜馅，土炉烤制的面饼）和圈饼（kak，一种起源于阿拉伯的环形脆饼）。米类菜品包括白米饭、甜拌饭（surkh biryani；biryani一词出自突厥语biryan，意思是烤、煮、烧、焙等加热方法）、染成红色的酥油拌饭。然后是肉菜和谷物：烤羔羊、羊舌、羔羊腿、剥皮填馅烤全羊、专门养的肥尾羊的羊尾油（dhumba）、鸡肉、鹌鹑、山鹑和其他禽肉。

　　坚果肉馅的炸三角（sambusa，又称samosa）颇受欢迎。10世纪和11世纪的阿拉伯食谱中将这道酥点叫做sambusak，中东地区至今还在用这个词。（它可能来自阿拉伯语的se+ambos，se是"三"的意思，表示点心的三角形状，ambos是一种饼子。）13世纪的巴格达菜谱《菜肴之书》（Kitab al-Tabikh）中给出了三种做法。[6]第一种是芫荽、孜然、胡椒、肉桂、薄荷、杏仁碎调味的肉馅，第二种是哈尔瓦（halwa）馅，第三种是糖和杏仁馅。这道菜和其他中世纪阿拉伯菜谱有一个共同特点，那就是大量加入香料，包括胡椒、姜、藏红花、肉桂、高良姜、孜然和芫荽(但不放大蒜)。这可能是几千年来贸易的产物,历史可以追溯到印度河谷文明。无论如何,新来者接触到了香料繁多的印度料理,这与他们原本的饮食传统和口味并没有构成大的断裂。

餐中和餐后都有甜品,包括软心坚果酥糖(sabuniya),奶米羹(lauz,今作firni;大米放在牛奶中熬煮,加入杏仁、开心果、葡萄干和藏红花),各色哈尔瓦(主料有熟胡萝卜、南瓜和其他蔬菜,辅料有坚果、糖、酥油和藏红花)。胡萝卜哈尔瓦是一道流行的冬季甜品。苏丹最喜欢的一道菜是秃秃麻食(tutmaj),用牛奶、稻米、坚果和糖制成,通常还会加入熟的面疙瘩(突厥语中写作tutmač)。[7]这些菜名都是阿拉伯语,很可能起源于中东。 156

伊本·白图泰留下了一段对御膳的详细描写。首先是圆薄饼(可能是恰巴提或飞饼),然后是切成大块的烤肉,配软心坚果酥糖馅的酥油圆点心,上面撒着另一种用面粉、糖和酥油制作的甜品(khisht)。大瓷碗里放着用洋葱、酥油、绿姜烹制的肉,然后是每人四五块炸三角。接下来是一道上盖烤鸡的酥油拌饭,最后是哈尔瓦和卡希尔(al-qahirya)。卡希尔是一道杏仁布丁,得名于10世纪的一位巴格达哈里发。

苏丹宫里的私人宴会有20名左右专门选择的亲族、贵族和外国贵宾参加。每人都有自己的餐盘,而不像阿拉伯传统那样合餐。每天都有的公餐招待宗教领袖、法学家、贵族和苏丹的亲属。菜品有各种面食(包括一种甜馅圆饼,有可能是夹心抛饼或者馕)、烤肉、鸡肉、白米饭、肉拌饭,配菜有炸三角。伊本·白图泰写道,宫廷侍臣吃印度式的扁豆焖饭(酥油米饭配扁豆焖制)早餐。这道简单的菜品后来成了莫卧儿皇帝的最爱,也是英式熏鱼饭(kedgeree)的祖先。另一道早餐菜品是炖牛肉

（nihari，又名nahari），做法是牛肉与香味浓郁的肉质小火焖煮过夜，配饼子吃。它至今依然是海得拉巴、德里、拉合尔的流行早餐。

苏丹和贵族们手下的厨房工作人员众多，包括厨师、面点师和洗碗工。厨房负责人叫做尝菜官，职责是确保菜品烹制得当且没有下毒。富人会供养公共食堂（langar）为穷人提供饭食。这种大型慈善公共食堂由苏菲（穆斯林神职人员）维护。

157

大厨烤馕。馕是一种轻微发酵的烤饼

尽管精英阶层评判饭食优劣的标准是肉菜的数量和种类，但在印度生活久了，他们的口味也偏向素食。在舍尔沙（Sher Shah，1540年至1545年在位）的一次宫廷宴会上，穆斯林吃馕、肉串、香料肉汤（yakhni）、烤羔羊和骟羊（khasi）、红羊肉汤和

沙蜜烤肉。这种人气小吃是用肉馅和鹰嘴豆粉做成的小饼

黄羊肉汤（shorba）[8]、鹌鹑和鸡肉、几种哈尔瓦。印度教徒客 158
人则享用脆饼、各种素菜、豆子、圆酥饼（suhali）、糖浆浸糕
（gulguli）、酸奶和小号油炸豆馅饼（bari和bara）。在另一次宴
席上，印度教徒吃的是香料米饭、金丝饼（jhala）、椰香蒸米团
（manda）、索哈里（sohari，一种据说"软嫩至极"的饼）、豆饼
和各式腌菜（achar）。

　　另一道人气菜品沙蜜烤肉——用肉馅、鹰嘴豆和香料制成的
小肉饼——有可能是这一时期传入的，尽管渊源尚不确定。"沙
蜜"出自"沙姆"（sham），即阿拉伯语里表示叙利亚或黎凡特
的词语，阿富汗和伊朗也有类似的菜品。

一顿饭总是以吃馕结束，这个地方习俗像森林大火一样在精英阶层中传播。[9]尽管槟榔和蒌叶原产东南亚，但两者合起来的吃法起源于公元前500年之前的印度。包叶槟榔流传甚广，贫富不拘。三种基础原料是槟榔、蒌叶和熟石灰（氢氧化钙）。灼烧石灰岩或贝壳，粉碎后加水，形成的糊就是熟石灰。另一种原料是儿茶（kaththa），原料是苦涩味、深棕色的槟榔树芯提取物，成品为黏稠膏状。诃子、丁香、姜、藏红花、糖浆和现在讲的烟草（gutka）也可以加入调味。[10]巨富之人会在石灰浆里加入贝壳粉和珍珠粉，专门打造华贵的碗（名为bargdan）和镶嵌宝石的金银盘匣来盛放原料。服用时先将石灰浆抹在蒌叶上，加入香料，再将叶子卷成优雅的三角形，有时还会用一颗丁香固定。服用者将这一包小心地放入口中，嚼完后吐掉残渣。

159

### 槟榔颂（阿米尔·库斯罗）

槟榔一口缠百叶，

百瓣鲜花入吾手。

蒌叶之珍，不亚园中佳卉，

印度斯坦最美的珍馐，

锋芒之利，竟如腾马俊耳，

形状与口味同样尖锐，

就像挖薯的利刃，

就像先知的话语。

叶脉满布不见血，

> 却有血涌出，
>
> 这神奇的植物啊，放在嘴里
>
> 鲜血横流，仿佛它是一个活物。[11]

直到今天，包叶槟榔还有多种用途。吃完饭，槟榔能刺激唾液和胃液流动，清新口气。槟榔有轻度兴奋效果，所以被用于避免瞌睡。交换槟榔有时相当于签约或盟誓，还可以作为订婚的标志。槟榔成了热情好客的象征和繁复贵族仪式的焦点。一个人提供和服用槟榔的方式体现了雅俗贫富。一位14世纪的访客写道：

在印度人看来，最体面的待客之道就是槟榔叶。如果一个人给客人上了各种食品、汤品、甜品、香水和鲜花，却不提供槟榔叶，那意味着他不是一个好主人，没有招待好客人。同理，当一位大人物有事要求熟人的时候，他就会给对方槟榔叶。[12]

然而，这种习俗从未在中亚或波斯流行开来。出生于印度的波斯语和印度斯坦语诗人阿米尔·库斯罗（Amir Khusro，1253—1325）表示："波斯人是如此懒怠，以至于无法区分槟榔和草叶，要用嘴尝了才知道。"[13]

城市里有饭店、点心铺和肉铺，有的在商旅往来的路边，有的在苏菲派教士的住所或坟墓附近。有的店卖小吃——街头食品——有的店卖比较贵的菜，比如烤全羊或烤鸡，可以堂食或外

160

精致的银箔包叶槟榔

带。大城市餐饮业繁荣，服务于社会各个阶层。根据伊本·白图泰的说法，平民喝用水或水牛奶煮的小米粥。家畜家禽量大价廉，食品价格总体上远低于埃及或叙利亚。[14]

中亚人和波斯人渴望家乡的水果、蔬菜和花卉，于是在印度种起了葡萄、石榴、椰枣和瓜果。伊本·白图泰写道，德里城内和城郊有美味的瓜果（尽管一个世纪后，莫卧儿帝国开国之君巴布尔抱怨印度没有好瓜）。库斯罗写道，德里不仅可以找到印度和呼罗珊（Khusrasan/Khorasan，古代地区名称，相当于今阿富汗、伊朗和中亚局部）的所有水果，甚至还有更远地方的果品。由于距离原因，外地鲜果无法运进印度，而是切片日晒后以极高的价格卖给富人。伊朗、布哈拉（Bukhara，今乌兹别克斯坦一部）和阿富汗商人来印度卖黄梅、鲜瓜、葡萄、杏仁、开心果和葡萄干。在1947年印巴分治之前，次大陆的各大城市都常见阿富汗商人兜售坚果和干果。今天，同样的货物改用了航空运输。

伊斯兰医学中用到的许多草药都传入了印度，包括八角。八角也进入了印度厨师的香料盒。早在14世纪末，宫廷就会在冬　161季从喜马拉雅山区采冰，埋于地窖，可以保存多年。到了夏天，商人会取出冰块，到市集上卖冰镇果子露。

贵胄有成套的槟榔工具，常用贵金属和宝石制成

## 德里苏丹国瓦解

1398年，身为成吉思汗后代的突厥人领袖帖木儿入侵印度，洗劫德里，血流成河。他当时已经征服了中亚、伊朗和阿富汗，后来更是将帝国东疆拓展到了突厥斯坦。他的恐怖统治持续了16年，加速了德里苏丹国中央权力的解体。但帖木儿也是工匠

和艺术家的赞助者，将都城撒马尔罕改造成了中亚最辉煌的城市。他的随从中包括许多伊朗工匠、艺术家和厨师，其中有一些在他离开后留在了印度。[15]

15世纪初，德里苏丹国已经分裂成了多个王国。印度西部和北部有一段群雄争霸的时期，但这些大国也瓦解成了更小的政治单元。拉杰普特人在拉贾斯坦建立邦国，既有小邦，也有梅瓦尔（Mewar）、斋浦尔（Jaipur）、马沃尔（Marwar）这样的大国。到了15世纪中期，他们是印度北部的一股强大政治力量。南印162 度崛起了一个印度教大国，首都位于毗奢耶那伽罗。随着德里的控制力变弱，苏丹手下的一部分将军和总督独立建国。从饮食角度看，其中最著名的是马尔瓦。

## 曼杜苏丹的《美馔之书》

1401年，马尔瓦总督迪拉瓦尔汗（Dilawar Khan）自称苏丹，定都曼杜。1469年，他的孙子吉耶斯沙希（Ghiyath Shahi）继位，在位30年。1500年，他将国政委托给儿子纳西尔沙阿（Nasir Shah，1500年至1511年在位），将余生用来享乐。他的宫中充满着乐师、厨师、画师和成千上万名女眷，其中许多人都学习了一门技能，比如摔跤和烹饪。他的卫队是500名身披铠甲的阿比西尼亚女奴。在他统治期间，曼杜被誉为"快乐之城"（Shadiyabad）。

为了记录自己的奢华生活，吉耶斯沙希请人撰写了《美馔之书》。这部书编写于1495年至1505年之间，收录了几百道菜谱，杂用乌尔都语和波斯语，有50幅插图展现不同菜品的制作方法。

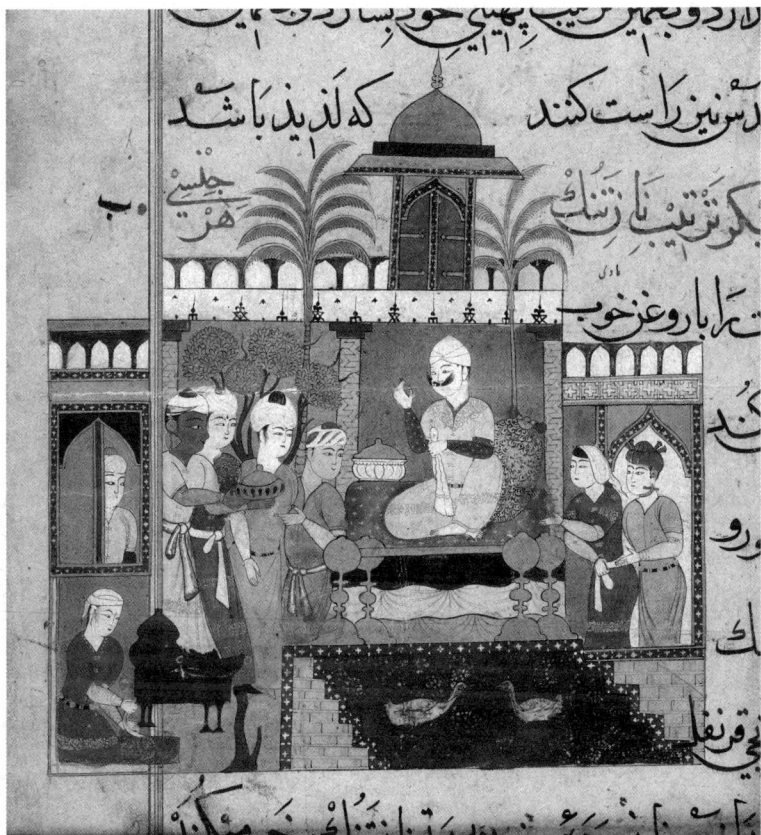

为吉耶斯苏丹烹制的美食:出自《美馔之书》(1495年至1505年)

络腮胡极具辨识度的吉耶斯沙希本人常常亲临厨房,观看和监督 163
烹制过程,享受美食,或者打猎捕鱼。这部书由纳西尔沙阿编完。

《美馔之书》开篇是一段迷人的祈祷:"蟑螂之王!请不要吃
它,这是我为美食界做出的一份贡献——菜品、甜品、鱼菜的菜
谱,还有玫瑰水制法。"书中讲解了沙阿心爱菜品的做法,其中
有许多带有"此品味美"或"吉耶斯沙希爱之"之类的点评。菜

谱没有专门排序，还有诸多重复。例如，汤品做法中插进来果子露，仿佛编者脑子里突然想到了一种饮料。鱼菜后面可能是催情剂。大多数菜谱都是罗列食材，没有用量和做法。书中还有香水、药膏、药剂和催情剂的配方。与之前的文献一样，书中对某些食物或食物组合的危险发出了警告，包括奶配鱼、萝卜、绿豆、绿色蔬菜、酸味水果、盐和肉。

《美馔之书》的灵感来源可能是波斯宫廷的菜谱集，这些菜谱专讲特殊场合食用的精致奢华菜品，而沙阿的宫廷中确实有波斯画师和厨师。然而，尽管早期手稿的插图是波斯风格，但往后的插图越来越印度化。菜谱中也能明显看出波斯与印度风格的融合，尽管演变过程难以概括。

许多菜品都是波斯名称，还有少数是突厥语名称：shorba（汤）、paliv（肉汁或汤）、qima（肉馅，出自突厥语动词kiymak，意思是细细剁碎）、baghra（一种加入烘焙面食的炖菜）、dugh（一种酸奶饮料）、naan（烤饼）、yakhni（炖肉）、kebabs或seekh（烤肉串）、burani（酸奶素菜，主料一般是茄子）、halwa（甜食统称）、sakba（用肉、面粉和醋制成的菜品）、harisya（又作harissa，肉配谷物，通常是小麦和大麦）、kash（一种非常浓稠的奶粥）、ashsham（晚餐，出自波斯语ash+sham，ash意为"食物"，sham意为"晚上"）、baranj（稻米）、kofta（肉丸）、sambusa（炸三角）、biryan（焙烤食物的统称）、khashka（白米饭）、mahicha（加入切片豆饼的炖菜）、paluda（一种用勾芡蜂蜜水制作的饮料，也是一种面条）、pihiya（肉粥）、tutmač（方形面块）、thuli（加入香料的粗小麦粉）、qaliya（一道炖菜）和sharbat（一种用多种原料制成的冷饮）。

164

## 《美馔之书》菜谱两则

### 藏红花肉

锅中加入甜酥油，放入洗净的肉（山羊肉或羔羊肉）。油热后放藏红花、玫瑰水、樟脑调味。肉加藏红花调味，充分入味后加入一定量的水。豆蔻、丁香、芫荽、茴香、锡兰肉桂、中国桂皮、孜然、葫芦巴切碎，装入纱布袋系紧，放进肉锅。用罗望子糖浆炒杏仁、松仁、开心果和葡萄干，放进肉锅。加玫瑰水、樟脑、麝香、龙涎香，上菜。同样的方法可以烹制鹌鹑、山鹑、鸡肉和鸽肉。

### 万能五香料

4份玫瑰水、10份白木槿、20份豆蔻、1份丁香、4份肉豆蔻皮。

波斯菜的一大特点（尽管亦见于早期印度饮食文献）是用酸味水果、果汁、新鲜香草（包括甜罗勒和圣罗勒、橙子、香橼和酸柠叶、薄荷）调味。例如，有一道菜是将米和酸橙叶、酸柠叶、香橼叶和罗勒叶一起煮至半熟；然后取出叶子，加入豆蔻和丁香，颇有印度风味。另一道菜是将米与一个插入丁香的橙子、豆蔻、麝香、樟脑、藏红花、玫瑰水同煮。绿叶菜可以加阿魏、盐和酥油同煮，然后撒上甜罗勒和圣罗勒、芒果叶、新鲜酸柠叶、酸橙叶和薄荷叶，每种叶子都单独装在一个小包里。另一种蔬菜做法是与各种叶子同蒸一小段时间，然后将叶子扔掉。

尽管《美馔之书》里有几十种米饭做法，但奇怪的是没有提到抓饭（pulao）。《牛津饮食指南》（*The Oxford Companion to Food*）将抓饭定义为"一种中东的米饭做法，特点是粒粒分明"。抓饭通常会配肉或者蔬菜增加风味，用酥油焖制。它的起源不详。13世纪阿拉伯菜谱中描述了抓饭的基本做法，尽管没有用pulao这个词。Pulao本身是一个中世纪波斯语单词，这道菜可能是16世纪初波斯萨法维王朝宫廷的创制。英语中首次提到"抓饭"是在1616年爱德华·特里（Edward Terry，英国驻莫卧儿帝国大师的随行牧师）的著作中："他们有时会将兽肉、鸡肉或其他禽肉煮熟，切块后放入米饭里，名为pillaw。"[16] 尽管古代就有米、肉、香料一起烹制的菜品，但先用酥油炒米，然后小火加热，追求粒粒分明的做法很可能出自近代的莫卧儿帝国。

从语言学证据来看，《美馔之书》里的其他菜品出自本土，有许多是素菜，包括bara或bari（也拼作vada或vadi，用磨碎的谷物或豆类做成的油炸丸子）、bhat（白米饭）、bhuji（煎蔬菜）、dal（豆子，生熟都包括）、ghee（酥油）、khichri（扁豆焖饭）、khandvi（爆米花，也可用其他谷物）、lassi（一种酸奶饮料）、laddu（甜球）、karhi或kadi（一种酸奶豆子炖菜）、lapsi（一种用蒸谷麦熬的粥）和raita（加入蔬菜或水果的酸奶）。书中提到了puri（油炸脆饼）和chapatti（不发酵的饼子），不过没有提到paratha（抛饼），它可能是后来才发明的。

## 龙涎香

龙涎香是世界上最珍稀、最昂贵的物质之一，是抹香

165

鲸肠道的蜡状分泌物，排出的蜡块可能会漂到岸边。经过氧化和海水的熟成作用，蜡块会变成一种有甜味、泥土味和动物味的海洋香料。中国古人很重视龙涎香，说它有龙的唾液的香气。中东和波斯地区将龙涎香用作催情剂和药物，也用来给咖啡和甜品调味。龙涎香是一种重要的香水原料。但是，今天有许多国家禁止捕猎抹香鲸，作为其中的一部分，龙涎香也被禁止销售和贸易。

有几道菜叫做ganvari或gharib，意思是"粗食"或者"穷人食"。[17]它们非常朴素——就连国王吃多了珍馐美味，也想换换 166 口味。一个例子是水煮蔬菜或豆子，调味是植物油、阿魏（一种与印度教饮食关联的香料）、姜、洋葱和黑胡椒，配粟米饼。粟是一种当地生长的谷物，有十几种做法，可以煮饭，可以焙烤，也可以做成饼子。另一道粗食是用面团盖住熟肉，包在一片叶子里，然后放在热炭上烤。

沙阿厨房里的烹饪技法包括用酥油或植物油煎、油炸、蒸、煮、放在烤架上烤、放在热石头上烤、炭烤、坑烤。有时肉会先腌制。许多菜谱用到鹿肉、山鹑和其他野味。有的菜使用多达50种香料和佐料，分别在烹制的不同阶段加入。

最能体现沙阿御膳豪奢之处，莫过于大量使用三种佐料：樟脑、龙涎香和麝香。三香之所以价值高，不仅因为香味浓郁，层次丰富，也因为珍稀和昂贵。

樟脑是樟树产生的一种白色或透明晶体。樟树为常绿乔木，

为吉耶斯苏丹制作哈尔瓦。《美馔之书》（1495年至1505年）插图

生长于亚洲各地。（干迷迭香的樟脑含量高达20%。）樟脑一词
（camphor）出自梵语的karpura，有可能是苏门答腊岛的一座港
167　口名称。樟脑最初是由商人从香料群岛带到印度和中东，古埃及
就将其用作食材。在印度，樟脑是富人享用的五香槟榔（pancha-
sugandha）的五种基本材料之一，其余四种是豆蔻、丁香、肉豆
蔻和肉豆蔻皮。今天有几道甜品会用到樟脑。印度教仪式中也会
使用樟脑，尤其是南印度人会在某些祭祀中焚烧樟脑，产生浓烈
的香味。（现在有一些印度商店里卖樟脑，但拿来做菜之前请确

定上面标记了"可食用"。）

　　麝香是用麝鹿腺体制成的蜡状物质，也是一种珍稀材料，既可调味，亦可除臭。（《美馔之书》中有一条指南写道，"在狐臭腋窝抹麝香"。）它原本是印度阿育吠陀医学的一味药材，后来传到欧洲和中东，阿拉伯人将它用作定香剂和催情剂。与龙涎香一样，麝香贩卖现为非法。

　　《美馔之书》与其他印度菜谱的共同点是，书中包含大量治疗保健的药方。不举和精量稀少是沙阿重点关注的一个问题。几乎所有香料都被认为有催情效果。例如，下列材料混合涂抹于阴茎后可以"激发情欲，促进精液流动"：荜茇、豆蔻、奇隆子、

为哈耶斯苏丹制作肉馅。《美馔之书》插图（1495年至1505年）

168　新鲜的牛奶黄油、酥油、羊奶、罂粟籽、丁香、椰枣糖、松仁、干姜、椰枣、烤鹰嘴豆、杏仁、无花果、诃子、葡萄干和蜂蜜。下列食物用酥油炸后有同样的效果：小牛肉、羊肉、麻雀脑、鸽肉、酥油、牛奶、肉豆蔻皮、肉桂、豆蔻。身材过瘦、骨折、弱视、瘙痒、结核病的疗法是服用香料和其他原料制成的方剂。书中记载包叶槟榔有多重药效。

　　1562年，马尔瓦被阿克巴征服，并入莫卧儿帝国。沙阿的御厨们有没有一部分转移到德里皇宫，从而影响印度饮食的发展，这就只能揣测了。

# 《厨　经》

　　《厨经》的写作时间大致与《美馔之书》相当（约1508年）。作者曼加拉萨三世（Mangarasa III），书可能是他亲自写的，也可能是挂名。曼加拉萨信仰耆那教，是位于今卡纳塔卡邦迈索尔区的小国卡里哈利（Kallhalli）的统治者，这个国家是毗奢耶那伽罗帝国的属国。这部韵体著作写在棕榈叶上，使用古卡纳达语，共有450首诗，分为6章。作者在序言中感谢了神话人物怖军、那拉和高丽（Gouri，杜尔迦女神的化身之一，以厨艺闻名），凸显该书根植于印度教传统。

　　《厨经》的目标读者虽是主妇，但仅限于富裕人家的主妇。[18]曼加拉萨没有明确食材用量，交给厨师自己判断，但确实相当精确地描述了烹饪技法，包括炭烤、煎、香料调理、炉烤、用浓或淡的高汤煮、蒸、蒸馏、架烤、热砂。尽管所有菜谱都是素食，但有几种用到了洋葱和大蒜，违背了通常的耆那教规。调味一方面比较基础——芫荽、自然、芥末籽、葫芦巴籽，这些至今依然是南印度菜的主力香料。另一方面重视香气：豆蔻、樟脑、肉豆蔻、班兰叶，甚至还有麝香。椰蓉也是常见食材。

　　第1章介绍了50种小吃、面食和甜品，包括9种罗提饼、10种炸豆饼（写作vataka）和米粉、面粉、豆面制作的夹心食品。有一种做法是将小麦面团做成杯状，倒入甜味或咸味的馅料，然后煎炸或烤制——中世纪印度版本的法式挞。有一道不寻常的菜是在香蕉、椰枣、芒果、菠萝蜜、葡萄中加入糖粉、豆蔻、可食用樟脑、麝香（可选）和酥油，然后用面团包起来进炉烤。 169

## 《厨经》中的酿茄子做法

　　"这是茄子的顶级做法之一，色香味俱全，忆之每每心生渴望。"

　　取一个茄子，用刀切去顶部，方便之后塞馅。

　　挖掉瓤后备用。另取一个煮熟的茄子，挖掉瓤。将下列食材与瓤混合：酥油炒过的椰蓉、胡椒、孜然、葫芦巴籽、芝麻、鹰嘴豆、黑豆、炒干的饼块、姜黄粉，这些都用酥油炒过，还有姜、洋葱、咖喱叶、芫荽叶，这些剁碎后用酥油炒过。馅料塞到生茄子里，然后用酥油或植物油煎至熟透。

　　第2章是饮品，包括奶和奶制品，还有用水果、花朵、煮米饭剩下的汤制作的甜味饮料。第3章是20种稻米做法，包括几种扁豆门面、米粥（kanjika）、用罗望子或芥末籽调味的米饭、甜味米布丁。

菜谱中的蔬菜在今天的印度市场有售，或者在自家菜园里种植。第4章是茄子和芭蕉料理。在《厨经》的60道素菜里，茄子菜占大约一半，芭蕉或芭蕉花菜也占一半。茄子因为吸味，所以做法尤其多样。《厨经》中有煮茄子汤，有五香煎茄子，有酸奶烤茄子，有茄子蒸熟后放香料粉，然后用浓汤小火熬煮，有绿叶菜馅的酿茄子，有用烤架烤熟，然后配酸奶和香料食用，或者用牛奶煮的茄子，有切成小块，与洋葱、香料一起用酥油煸炒的茄子，有奶豆腐和香料馅的酿茄子，有炉烤后加罗望子汁和植物油调味的拌茄子，还有用酸奶和姜调味的炉烤茄子。

170　　　煮熟后挤干水分的芭蕉花有许多种做法，其中有的相当繁复。芭蕉和奶豆腐切块，串在金属丝上，表面刷酥油炭烤，便是一道可以吃的"花环"。香蕉切成大块后可以配糖浆食用，亦可撒上酥油、芥末或胡椒。

第5章有棱角瓜和南瓜做法，还有34道菠萝蜜菜。菠萝蜜体型巨大（单体重量可达36千克），果皮绿色带刺，野生于印度各地。菠萝蜜果肉泡水沥净后可以加香料用酥油煎，可以与豆子同煮，可以剁碎后与洋葱末、椰蓉做成团子，也可以煮熟后蘸糖浆食用。

最后一章介绍余甘子和竹笋做法——这两种蔬果是卡纳塔卡邦西部和印度东北部的常见食材，经常用于腌制。《厨经》记载，竹笋可以切块或切段后加香料煸炒；可以轻微发酵后放入白脱牛奶等液体中烹煮；可以与姜、洋葱、椰蓉调成糊，卷入蒌叶碗中蒸熟；也可以与姜、洋葱、咖喱叶一起捣碎，蒸熟后拌入米饭、黑豆和椰蓉,然后油煎。

## 《饮食与保健》

《饮食与保健》是一本梵文韵体著作,成书时间约为1550年。[19]作者科赛马萨尔玛是维克拉玛塞纳国王(King Vikramasena)宫中的一位诗人和学者,可能还是御医。维克拉玛塞纳大概是一位拉杰普特君主,领地可能在曼杜以北80千米外的乌贾因(Ujjain)王国境内。[20]作者是婆罗门种姓,书中充斥着印度教诸神,尽管语气戏谑而略带不敬。例如,有一道千层酥品点心"形如往世书的篇章";另一道甜品芳香馥郁,"就连渴望解脱之人也会心生一尝的贪念";作者还形容一道饮品"美味无比,天堂难觅"。

作者既关注菜品是否健康及其对人体能量的影响,也有美食家的鉴赏力以及对精良食物的喜爱。文中散见他的个人评论、诗句、诉诸神灵和隐喻。有的菜谱出自医书和《心之乐》,但也有些可能是作者原创。

**16世纪印度烹饪用具(出自《饮食与保健》)** 171

| 扫帚 | 臼杵 |
|------|------|
| 大锅 | 簸箕 |
| 刷子 | 瓦块 |
| 石磨 | 长勺 |
| 竹器 | 一块方布 |

| | |
|---|---|
| 水罐 | 两副夹子 |
| 火石 | 四块布 |
| 一臂长的干木柴，不能用老树，不可过粗过细，不可生虫 | 芦苇秆 |
| 筛子 | 刀 |
| 滤网 | 烤肉用的铁钎 |
| | 煎锅 |
| | 长勺形的烧火棍 |
| | 存放酥油的木盆或铁罐 |

　　《饮食与保健》分为 12 章（utsava），每章讨论一个单独的主题，包括御膳房及其用具，良医与大厨的素质（既要精通阿育吠陀，也要善于管理），健康的日常作息，应季饮食，还有菜谱。菜谱列举了食材，但除了少数例外，均未给出用量或烹饪时间。菜谱呈现出了一个丰富多样，少有禁忌的菜系，尽管洋葱和大蒜用得很少。除了牛肉以外，国王几乎什么肉都吃，包括野猪肉、羔羊肉、骟羊肉、鹿肉、兔肉、蜥蜴肉、家猪肉、野禽肉、孔雀肉和龟肉。（身为一名婆罗门，作者表示没有亲口尝过肉菜，而只是描述他了解的肉菜做法。）科赛马萨尔玛写道，肉应该现杀现吃，自然死亡的动物不可食用。常活动的动物的肉品质最佳，因为对心脏好，也能增进食欲。

　　然而，制作美味肉菜的最重要因素是厨师的手艺。科赛马萨尔玛写道：

不管是村里养的牲畜还是森林里的野兽,不管是水生还 172
是穴居,不管是白色、黄色、绿色还是红色,不管是油炸、
串烤、熬汤、水煮还是切块,优秀厨师制作的肉菜都会为人
所享用,并获得与口味相应的赞誉。[21]

许多肉菜和素菜会用阿魏水调味。其他常用香料有胡椒、姜
汁、姜末、姜黄,不常用的有豆蔻、丁香、樟脑、麝香和肉桂。
许多菜谱都会用到一种名叫"维萨瓦拉"(vesavara,在阿育吠陀
文献中是一道香料肉馅菜品)的混合香料——内容物包括阿魏、
鲜姜、孜然、胡椒、姜黄和芫荽籽。三辛粉是阿育吠陀里的一种
香料,由等量的荜茇、胡椒和姜配成,也常用于肉菜调味。和今
天一样,香料会在烹制过程的不同阶段加入:调酱、涂抹或腌
渍、用油煸炒后撒在做好的菜上增香(书中记载的这种末尾加的
香料有豆蔻、丁香、樟脑、麝香、胡椒和肉桂)。芝麻油是常用
的传热介质,石榴等酸味剂也偶尔会入菜。

加热一定要用小火,尤其是热奶的时候绝不能用大火,只有
煮米时除外。水和米的用量是四比一。绿豆是三比一,黑豆用水
略多。煎肉时,油的用量是肉的十分之一。煎鱼时,油和香料的
用量是鱼的四分之一。尽管如此,用量都需要根据食用者的口味
调整。

陶锅最佳,因为有益健康,但富人和国王会用金银器,因为
金银能够调理能量紊乱,提升智力。吃米饭要用原锅,其他菜品
应当转移到单独的盘子上。酥油存放在木盆或铁锅里。奶制品只
能用陶器。富人会在私家园林中养鹿、天鹅、孔雀和其他动物用
来验毒,因为每种动物吃到有毒的食物时都会有特殊的反应。

御膳包括米饭、豆类、酥油、一道用椰子和黄瓜制作的菜、软炸薄饼（papadum）、肉配蔬菜、一道用米粉制作的菜、热奶拌米饭、甜汁。水果（黄瓜和香蕉除外）只在餐前食用。国王应当饮食节制，两顿饭之间应当间隔三到六个小时。作者引述了一长串不宜同食之物：例如，奶不应与罗望子、硬皮豆、蔬菜、某些鱼、酒、肉、芝麻、油糕、盐或酸奶同食。

至于用餐方式，就餐者席地而坐，面前摆着一个台子，台上有一大盘。米饭在盘子中央。豆子、酥油、肉、蔬菜和鱼依序放在盘子右侧，清水、饮品、吸着吃和舔着吃的食品、腌菜放在盘子左侧。这本书或其他文献都没有提到用右手进食，估计是因为这个习俗早已为人熟知。侍者必须出身婆罗门种姓或体面的家庭，必须沐浴并抹檀香膏，仪态优雅，精于厨艺，性好整洁。

肉有九种制作方法：酥油炸、煎、干烤、用少量液体煮、用大量液体焖、明火烤、剁馅、串烤、坑烤。有一种做法（putapaka）是将肉馅用维萨瓦拉混合香料调味，用白面和叶子或橘皮包住，放进地坑里加瓦盖焖烤。肉馅可以做成圆锥或其他形状，先水煮，再油煎。有一道菜叫坦度拉姆（tanduram），是用香料腌肉，然后挂在装满热炭的坑里。水煮肉、奶和糖甚至可以制成一道甜品（ksiramrtam，意为"奶仙草"）。

鱼的烹调方法与肉相同，但用油只有肉的四分之一。一种做法是抹阿魏给鱼去腥，然后挂上用鹰嘴豆粉、姜黄、姜末和芫荽制作的面糊，用芥子油煎。蒸米糕和油饼都有碎鱼肉馅的品种。鱼汤做法多样，有的会加白脱牛奶、肉和香料。

《饮食与保健》中最长的一章是讲可食用植物——叶、花、果、茎秆、鳞茎、根。一种简单的做法是蔬菜加盐、阿魏、孜然用油煸炒，然后加入罗望子或白脱牛奶。作者列举了一长串适宜食用的植物，包括各种瓜、楹椁、木苹果、诃子、苦瓜（作者诗意地形容它"外如翡翠，内似珊瑚"）、绿鹰嘴豆、无花果、芭蕉、豇豆，还有许多没有英文名称的品种。绿叶菜有藜菜、红苋菜、决明、菠菜、茴香、葫芦巴、龙葵、马齿苋、黄麻叶、胡椒叶和红花叶。作者还写了一段三种绿叶菜之间的诙谐对话：

> "我有二料，六味俱足。既有我在，其他菜又有何用？"菠菜米饭说道，似乎露出骄傲的笑容。

> "我虽然只有一种料，但我有多种口味，而且自带芬芳。"茴香似乎在宣告自己的胜利。

茄子，原产印度的万能食材。
18世纪末或19世纪初

"茴香只顾自己，只有自己香，这样有什么用处？但我不是这样。我香飘满室。"葫芦巴如此反驳自私的茴香。[22]

175　但是，作者最爱的蔬菜是茄子：

餐而无茄，劣矣。有茄而无梗，劣矣。有梗而不煎，劣矣。煎而无阿魏，劣矣！[23]

茄子菜有16种，比如：茄子切块，加罗望子煮，再加酥油、芫荽、姜汁和姜黄煎；绿茄子瓣蘸阿魏味芥子油和胡椒；茄子挂米粉、椰蓉、胡椒、豆蔻用酥油煎；茄子加维萨瓦拉、胡椒、阿魏和白脱牛奶同煮。有一道菜类似于现代的咖喱茄泥（baigan bharta）：大火加热整根茄子至变软，捣成泥，加入芥末籽、岩盐和酸奶。茄子与罗望子、芝麻油同食会"带来巨大的愉悦，便如少女带给情郎欢喜"。

书中有许多甜品和小吃做法。甜品的基本配料是酥油、糖和奶制品：霍亚是煮至浓稠的奶，奶豆腐是奶中加入酸味剂使其分层，然后过滤。其他配料有磨碎的豆子、米粉、白面。面团抻成细丝（sev）可以制作糖球和其他甜品。最常用的香料是豆蔻和胡椒。许多甜品都要泡糖浆，就和现在一样。甜品包括：

甜球（laddu），配料有米粉、酸奶、白面或全麦面、捣碎的蔬菜、莲蓉、椰蓉、豆蓉，甚至还有鱼和肉。亦可用面丝缠成球。

千层酥（phenika，现名pheni），油煎千层糕，配料是白面或豆面、酸奶和酥油。

炸豆饼(vatika,即vada),发酵豆面或白面加酸奶调成面团,做成各种形状(方形、椭圆形、圆形),然后下油锅炸。

甩饼(mandaka),一种面粉制作的扁平圆形糕点,类 176 似于现代的mandige。可以加豆蔻、酥油、糖和奶。

豆饼(polika),一种豆子和粗糖馅的薄抛饼。

面粥(lapsika),一种用白面、酥油、糖、丁香和胡椒熬的粥。

油酥(ghrtapura,出自梵语单词ghrta,意为酥油),有多个品种,配料有面粉或米粉、霍亚、芒果、荸荠等,加酥油和糖烹制,有时会加入樟脑和胡椒。

脆饼(puri),一种用鹰嘴豆和面粉制作的蓬松面食,用藏茴香籽(棕色小籽,味道类似百里香)、阿魏和丁香,下酥油煎。

糖耳朵(jalebi),两份白面加一份发酵牛奶面糊,用漏勺滴到热酥油里绕圈,取出后浸泡糖浆(起源于阿拉伯,有可能是借鉴了某位伊斯兰教君主宫廷的做法)。

方糖饼(kapuranalika),白面加酥油和水,擀成方片,用酥油煎。饼子裹在冰糖外面,呈方块形,用酥油煎,馅料有樟脑、酥油和糖。

甜煎饼(kasara),白面(或藕粉、荸荠粉)加糖和酥油,面糊倒在刷油的平底锅上煎熟,最后切成方块。


《饮食与保健》的最后一部分介绍了开胃提神的饮品和菜品,包括:柠檬或柑橘果肉加糖、胡椒和豆蔻;柑橘加糖用酥油做熟,

糖耳朵是印度最流行的街头小吃之一。做法是豆面糊炸成螺旋状，
然后浸泡糖浆

冷却后兑奶喝；各色酸奶饮料，用岩盐、姜、烘烤过的孜然调
味。书中给出了香料酸奶的做法，据说特别适合滋养"与喝醉的
女士纵情欢愉后陷入倦怠"的人。

## 毗奢耶那伽罗

信仰印度教的南印度大国毗奢耶那伽罗统治了德干高原大
部。开国之君诃利诃罗一世（Harihara，1336年至1356年在位）
赢得了强大地主的支持，建立了一支庞大的军队，扫平群雄，建
都毗奢耶那伽罗。这座城市在鼎盛时期有50万人口，是当时世

界上最大或第二大城市（仅次于元时的大都）。外国访客笔下的
毗奢耶那伽罗富庶良治，都城庭院优美，宽阔的街道两旁排列着
商人豪宅。巴卡尔港（Bharkal）将毗奢耶那伽罗与中国、中东
和东南亚连接在一起。乡间土地肥沃，农田广布，但降雨稀少，
因此君主们修建了灌溉系统和收集雨水的池塘。

　　葡萄牙旅行家多明戈·派斯（Domingo Paes）于16世纪20
年代初来到毗奢耶那伽罗，他将它与祖国的城市相比，认为犹有
胜之：

　　　　这是世界上物资最丰盛的城市，有米、麦、杂谷等储
　　备……还有大麦、豌豆、绿豆、菜豆、硬皮豆和许多种当地　178
　　生长的豆谷，平民就以它们为食。这些食物存量巨大，价格
　　很便宜；但小麦不如其他谷物常见，因为除了摩尔人（即穆
　　斯林）以外没有人吃。[24]

派斯注意到，市场上满是鹌鹑、山鹑、野兔、"干净肥硕如猪"
的羊，还有白净"世上无双"的猪。每天都有车满载着酸甜柑
橘、石榴、茄子和其他蔬菜（但他写道，没有葡萄牙的莴苣和卷
心菜）进城，而且与这里的酸柠相比，里斯本卖的酸柠一文不
值。平民吃粟米，富人以稻米为主食。派斯发现，尽管有人吃
肉，但掌管神庙的婆罗门不吃鱼肉，也不吃任何会让菜品变红的
食品，因为样子像血。所有社会阶层都整天吃槟榔（哪怕把嘴都
染红了）。

　　毗奢耶那伽罗末代君主面临双重入侵，一方面是敌对的王
朝，另一方面是在当地逐渐占据经济立足点的葡萄牙人。1565

年，帝国被穆斯林诸国联军击败，都城遭到洗劫，如今只剩下亨比（Hampi）村附近零星的残垣断壁。这里已被列入世界文化遗产。与此同时，北方出现了一股新势力，它即将建立印度历史上最伟大的帝国之一，并将饮食提升到新的高度，那就是：莫卧儿人。

# 第九章

# 莫卧儿王朝及其继承者
# （1526年至1857年）

末代德里苏丹国罗第王朝瓦解在北印度留下了权力真空，填补者是一个名为"莫卧儿"（Mughal，出自波斯语，意为"蒙古人"）的新王朝。开国之君巴布尔（1483年至1530年）原本是中亚小邦费尔干纳的王子，他的祖先包括帖木儿和成吉思汗。

1526年，巴布尔应一名当地王公之邀，率领少量军队进入旁遮普。他在帕尼帕特会战（Battle of Panipat，印度第一次使用火药的战斗）击败了敌军，自称全印度斯坦的皇帝。巴布尔是最令人着迷的历史人物之一：他是一名英勇的战士，年纪很小的时候就在阿富汗与敌对部落争斗，日后建立强大王朝，但也是一名富有才华的波斯语诗人、敏感的回忆录作者、亲力亲为的园艺爱好者。他有一首对句诗写道："享受生活的奢华吧，巴布尔，因为世事不会再来。"[1] 尽管他的母语是突厥语系的察合台语，但他波斯语流利，倾心波斯文化。

巴布尔出生于费尔干纳谷地（Ferghana Valley，现分属乌兹别克斯坦、塔吉克斯坦和吉尔吉斯斯坦）。这里以葡萄瓜果闻名。他经常在讲述战斗和阴谋的途中插入一段，描写自己漫游途中吃到的一种美味瓜果。《巴布尔回忆录》英文译者安妮特·贝弗里奇（Annette Beveridge）认为，"巴布尔对水果的兴趣不仅仅是口味或者享乐问题，而是口粮问题。例如，在一年的几个月时间里，新鲜或贮存瓜果就是突厥斯坦人的主食"。[2]

巴布尔与印度的初次相遇令他失望。他的回忆录中有一段名言：

180

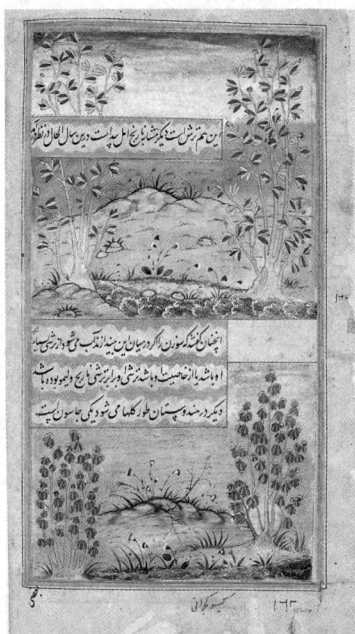

收获杏仁，出自《巴布尔回忆录》（约1590年）

巴布尔皇帝监督巴布尔城外忠诚花园的布局，金箔水彩画（约1590年）

印度不是一个可爱诱人的地方。那里的人长得也不漂亮，他们之间也没有社交与相互来往之事。他们既没有天赋，也不聪明；既不谦恭有礼，也无慷慨大度的胸怀。他们在做手艺和工作中，既无秩序，又无计划；他们不会用规尺和墨线。在印度，无好水，无好肉、葡萄、甜瓜，无好的水果，亦无冰，无冷水，集市上则既无好的食品，也无好的面包。那里没有热水澡堂，没有宗教学校，没有蜡烛，没有火炬，也没有烛台。[①]

另一方面，印度

是一个地域广大的国家，富产金、银。在下雨时，空

一场为巴布尔和王子们准备的宴席。
出自《巴布尔回忆录》（约1590年）

招待巴布尔的宴会，画面中央是烧
鹅，细密画（1507年）

---

① 摘自《巴布尔回忆录》，王治来译，商务印书馆，1997年。

气很好。……印度的另一个优点是那里有无数的和无穷无尽的工人和手艺人。有一个固定的等级来做一切工作和任何事情。[3]

在巴布尔在印度遇到的所有水果中，他只喜欢芒果，尽管他也告诫道："好的芒果味道确很好；但如果吃得多，则其中好的少。"他写道，芒果常常是绿的时候摘下来，到室内放熟，做成调料或蜜饯最佳。巴布尔每走到一处，就会建造花园，还从中亚波斯引进种子和园丁，种植瓜、桃、李、开心果、核桃和杏。他在回忆录中提到了烤羊肉串和一种用面粉糊、肉、酥油、洋葱、藏红花和香辛料熬煮的粥（chikhi）。[4]

宴会上，宾客们会饮用一种从喀布尔和设拉子（Shiraz）进口，用苹果、梨或葡萄酿制的果酒（chaghir）。但巴布尔为饮酒感到后悔。1526年，他在一次重要战斗前发誓戒酒，把壶里的酒全倒在地上，还砸碎了酒杯。不过，他继续饮用一种用罂粟籽（鸦片）、大麻籽、核桃、开心果、豆蔻、奶和蜂蜜制成的糊状物（ma'jun）[5]。

182　　　　击败末代德里苏丹易卜拉欣·罗第（Ibrahim Lodi）后，巴布尔在德里建立宫廷。他想要尝尝印度菜，就命令先王的厨师们给他上菜，然后在五六十道里留下四道。易卜拉欣·罗第的母亲让一名厨师在饭菜里下毒，想要害死巴布尔。那顿饭吃的是饼、野兔、煎胡萝卜和肉干。但下毒失败了。巴布尔在阿格拉（Agra）逝世时享年47岁。他在阿格拉下葬，但后来移葬于他心爱的喀布尔，地点在"巴布尔沙阿花园"。

1539年，巴布尔之子胡马雍（Humayun，1508年至1556年）

一度失国于阿富汗入侵者舍尔沙·苏利（Sher Shah Suri），他带着波斯人妻子到波斯萨法维王朝避难，获得了塔赫玛斯普沙阿（Shah Tahmasp）的盛大招待。得知胡马雍即将到达的消息，沙阿发布谕令：

> 待他光临，先上喝精良的柠檬玫瑰果子露沙冰；再上西瓜、葡萄等蜜饯，按照我之前吩咐的那样配白面包。为了招待这位国王贵宾，每份饮品都要配甜玫瑰油和龙涎香；每天都要有五百道菜的宴席，菜品要珍稀、美味、色彩缤纷……吾儿，他抵达当天要设一场诱人的盛大宴会，有肉，有蜜饯，有奶，有水果，数量要达到三千盘。[6]

1555年，在塔赫玛斯普沙阿的援军帮助下，胡马雍夺回了王国，身边还带上了沙阿的画师、诗人、文官和厨师。波斯语成为莫卧儿王朝的文艺语言和行政语言，直到1837年被英国人推翻。但是，胡马雍只在位了六个月时间，我们对他的饮食习惯知之甚少。据说，在为夺回王位征战的几个月里，他戒掉了肉。

胡马雍之子阿克巴被认为是印度最伟大的统治者之一，他也是莫卧儿帝国的主要缔造者。1560年，他已经掌握了恒河流域，最后将疆域拓展到印度西部和北部全境，包括孟加拉、克什米尔、古吉拉特、俾路支，以及德干高原一部。通过战争与王室联姻，他收复了拉贾斯坦全境。1572年，他吞并了古吉拉特，在这里遇到了已经建立沿海商栈的葡萄牙人。

阿克巴将人口1亿的帝国分成了12个省，省下又有分区。每个省都有一名总督，号为苏巴达尔（subadar）或纳瓦布 183

（nawab，这个词后来在英语里表示富贵权势之人）。总督府是德里皇宫的缩小版。因为莫卧儿权贵的财富会在死后交还皇帝，所以奢侈高雅之风盛行。诗歌、绘画、音乐和饮食兴旺发达。

阿克巴在位时间很长（1556年至1605年），通过废除歧视性税项、任命非穆斯林高官、鼓励和赞助印度教文化、迎娶印度教拉吉普特王公的女儿（还有一位基督教葡萄牙女子），他赢得了非穆斯林臣民的支持。阿克巴禁止宫中吃牛肉，也回避其他会冒犯印度教徒和耆那教徒的食物。他邀请印度教徒、穆斯林、耆那教徒、帕西人和耶稣会学者向他讲解各自的宗教。与父亲胡马雍一样，阿克巴摆放苏菲派教士的坟墓，也欢迎苏菲派教士进宫。[7]他甚至尝试融合不同宗教的元素，开创一种新的"神圣宗教"（Deen-i-Ilahi）。

《阿克巴治则》[Ain-i-Akbari，一部讲述阿克巴宫廷的详细编年史，作者是他的首相阿布法兹尔·伊本·穆巴拉克·阿拉米（Abu'l-Fazl ibn Mubarak Allami）]和欧洲人的游记中描述了这位皇帝的饮食。[8]御膳房是一个直接对首相负责的国家部门，人员众多，包括主厨、金库管理员、库房管理员、办事员、尝菜员，还有来自印度和波斯各地的400多名厨师。餐具材质有金、银、石、陶，用布包起来，上菜前要经过主厨查验，还有多次尝菜。每天都会从喜马拉雅山取冰，经过一套复杂的驿站系统送入宫中，用于制作冰镇饮料和冷冻甜品。

御膳房拥有来自帝国各地的最高档食材：不同季节和产地的稻米、某一个镇子产的黄油、克什米尔产的鸭子和水禽。宫里养的鸡要用手喂藏红花和玫瑰水调味的谷子，每天都要用麝香精油和檀香擦拭。厨房自带菜园，源源不断地提供新鲜蔬菜，尤其是新鲜水果。正如阿布法兹尔所写："陛下将水果视为造物主最伟大的赠礼之一，对水果非常上心。"[8]阿克巴从中亚和伊朗引进园艺师来打理他的果园。他们培育出了许多瓜、桃、杏、核桃、开心果、石榴、杏仁、梅子、苹果、梨、樱桃、栗子和葡萄品种。

加泰罗尼亚耶稣会士安东尼奥·蒙塞拉特（Antonio Monserrate）描述了阿克巴的宫廷饮食：

> 他的餐桌非常丰盛，一般有四十多道菜。菜品用大盘装，裹在亚麻布里送进王室餐厅。主厨亲自负责包裹和密封，因为担心有人下毒。年轻人将菜送到餐厅门口，其他仆人走在前面，总管跟在后面。宦官在这里把菜接过来，再递给国王桌旁侍奉的年轻侍女。除非公共宴会场合，否则皇帝习惯私自用餐。[9]

阿布法兹尔在编年史中列举了三类菜品。第一类是素菜（sufiyana），供皇帝在不吃肉的斋戒期享用。素菜包括：白米饭（khushka）；酥油、姜、孜然、阿魏煮豆子（pahit）；等量米饭、绿豆和酥油制成的扁豆焖饭；甜且辛辣的粗小麦粉粥（thuli，印度西部今天还有这道菜）；据阿布法兹尔描述，一道细面糊加入洋葱和香料，撒上各种肉类的菜品（chikhi）；加入洋葱、酥油和香料一起烹制的茄子（badanjan）；绿叶菜；藏红花口味的米布丁（zard birinj）；还有各种哈尔瓦。

第二类是含肉的菜，配米饭或其他谷物食用。这一类菜包括：稻米、鹰嘴豆、洋葱、香料拌菜（qabuli）；肉抓饭（qima pulao，这是书中唯一一次提到抓饭）；舒拉（shulla，详见菜谱）；肉、面粉、鹰嘴豆、醋、冰糖、胡萝卜、甜菜、芜菁、菠菜和茴香叶做成的一道菜（bughra）；肉配粗小麦粉（harissa）；肉配粗小麦粉、鹰嘴豆和香料（kashk）；用肉、粗小麦粉、芜菁、胡萝卜、菠菜和茴香叶制作的粥（halim）；炸三角（sanbusa或qutab，其中qutab是突厥语名称，阿塞拜疆至今还这样称呼炸三角，阿布法兹尔提到了炸三角有12个品种——可惜他没有具体介绍）。

第三类是肉菜，包括：肉高汤（yakhni）；填馅烤鸡（musamman）；加入大量洋葱烹制的肉（dopiaza）；小火加盖慢炖的香料肉（dampukht）；加入大量香料、带浓稠汤汁的肉菜（qaliya）；用羊肉、蔬菜、豆子和稻米做的汤（malghuba）；用达什曼迪羊（Dashmandi sheep，得名于阿富汗的一座城镇）、酥油、藏红花、丁香、胡椒和孜然制作的拌饭（biryan，源自波斯语单词，意为煎或烤）；各种烤肉串。

阿布法兹尔没有给出任何一道菜的做法。关于拌饭，他只说了一句"有多种做法"。但是，烹饪技法无疑非常繁复费工。例如，八宝烤全鸡（murgh mussalam）的做法是先给鸡去骨，保持形状完整，用酸奶和香料腌制；然后填入稻米、坚果、肉馅和煮鸡蛋；最后在表面涂上澄清黄油和更多香料烤制。

菜品名称反映了多元文化的影响。有的源自阿拉伯语（halim、harissa、halwa、sanbusa），有的来自波斯语（kashk、shirbirnj、pulao、zard birinj、dampukht、bandijan），有的来自突厥语（qutab、qima、boghra、shulla）。但尽管莫卧儿菜受到了波斯影响，但有一些波斯饮食的最典型特征却不见了，比较明显的就是酸甜味型和炖肉中加入绿菜和水果（khoresht）。

莫卧儿人的族裔背景在饮食上留下了一些痕迹。17世纪初，莫卧儿宫廷中包括了维吾尔人、察合台突厥人、土库曼人、乌兹别克人和中亚的其他族群。他们当年是赶着羊群和马群的中亚游牧民。根据食物史研究者查尔斯·佩里（Charles Perry）的看法，他们自10世纪以来向西迁入产粮区，从此谷物就成为他们饮食中的一个重要组成部分。阿布法兹尔列出的两道菜反映了这一传统：粗小麦粉肉粥（kashk）和舒拉。舒拉后来指的是一种以煮制谷物（稻米为佳）为基底的丰盛菜肴，主人可以根据负担能力随意加料待客。[10]

阿克巴宫中每顿饭都有麦饼。有一种是炉烤大饼，类似于现在的馕；还有一种是在铁盘上烤的小薄饼，听上去很像现代的恰巴提。[17世纪法国旅行家兼作家弗朗索瓦·贝尼耶（François Bernier）曾担任莫卧儿王室医生，他喜欢印度生活的许多方面——但饼不在其列，他写道，虽然偶尔会有好吃的饼子，但"无法与戈内斯面包（pain de Gonesse）和巴黎的其他美味面包相提并论"。他认为饼不好吃是因为印度烤炉太差。[11]]餐中会上小碟腌菜（阿布法兹尔列举了30种市售腌菜）、酸奶和酸柠。 186

《阿克巴治则》中有许多菜用到洋葱和姜，但用蒜的很少。主要的加热介质是酥油，用量巨大。（例如，扁豆焖饭的米、豆、酥油用量相等。）最常用的香料是姜、肉桂、胡椒、孜然、豆蔻、丁香、藏红花和芫荽。不过，市场里卖的许多香料**不会**用于御膳，包括荜茇、干姜、八角、姜黄、奇隆子（nigella）、茴香、芥末籽、黑芝麻、白芝麻、罗望子和咖喱叶。也许对中亚人和波斯人的口味来说，这些印度本土饮食的关键香料还很陌生吧。

来自新大陆的红辣椒也没有出现，因为辣椒在阿克巴时代尚未传入北印度，尽管16世纪上半叶南印度的一首诗里有一处提到了辣椒。[12]番茄和马铃薯也没有出现，但帝都已经有了菠萝：阿布法兹尔写道，德里市场里一颗菠萝的价格抵得上十枚芒果。

新大陆的另一份礼物是烟草，它是由葡萄牙人引入德干高原的。一名信使将烟草带到了阿克巴的宫廷，还有一个镶着珠宝的水烟袋。[水烟袋有可能是在阿克巴宫廷中发明的，发明者是波斯医生阿布尔-法特赫·吉拉尼（Abu'l-Fath Gilani），灵感来源也许是一种吸食鸦片和大麻用的原始椰壳器具。[13]]阿克巴似乎喜欢上了烟草，因为尽管遭到宗教保守派的反对，但吸烟还是在皇室中流行开来。

大约在同时，阿巴斯沙阿（Shah Abbas）在伊朗禁止吸烟。不过，莫卧儿驻波斯大使是个老烟枪，于是沙阿网开一面，还写了一首诗：

友邦大使
钟情于烟，
吾欲用友情的烛火
点燃烟草市场。[14]

187　　**《阿克巴治则》中的舒拉配料表**

10希尔肉（1希尔≈1千克）
3.5希尔大米

2希尔酥油

1希尔鹰嘴豆

2希尔洋葱

0.5希尔盐

0.25希尔鲜姜

2达姆姜（1达姆=20克）

胡椒、肉桂、豆蔻、丁香各1达姆

**做法还原**

锅中融化酥油，肉、洋葱、蒜中火煎5分钟。加入360毫升（1.5杯）水、盐、鹰嘴豆和肉桂。小火煮10分钟。拌入其他香料，加入稻米，补充120毫升（0.5杯）水。小火煮至米熟。

咖啡在17世纪初就来到了印度，因为爱德华·特里1617年提到了咖啡。咖啡大概是之前由阿拉伯商人引进的［尽管有一则诗意的传说认为，是穆斯林教士巴巴·布丹（Baba Budan）于1720年带回了七枚咖啡种子］。阿克巴之子贾汉吉尔（Jahangir）的一位宫廷诗人写了一首赞扬咖啡的诗：

咖啡悦王公

内蕴希德尔之甘露［希德尔（Khidr）是一位穆斯林贤者，据说发现了长生水］；

厨房幽暗烟满室

壶中似有生命之源。[15]

尽管宫中饮食丰盛，但阿克巴本人生活朴素乃至艰苦。阿布法兹尔写道：

若非陛下思想崇高，见识广博，慈恩普照，他必定会选择独居之路，彻底放弃睡眠与饮食；即使是现在……他也从未问过"今天的饭菜做了什么"？在24小时里，陛下只吃一顿饭，而且还没全饱就离席；吃饭也没有固定时间，但仆人们总会提前做好准备，得令后一个小时之内就会把一百道菜摆上餐桌。[16]

他在另一处写道：

陛下很少关注肉食，而且经常表达这样的看法。世上虽有种种食物，但人非要伤害生灵，随意宰杀取食，这实在是因为无知和残忍；似乎没有人能看到不杀生中蕴含的美，而是让自己成为动物的坟墓。若不是陛下肩上有世俗的重担，他会立即彻底戒肉；他现在的意图是分阶段戒肉，稍稍顺应时代的精神。[17]

阿克巴定期斋戒，而且斋戒天数逐渐增多。他并没有强制臣民像自己一样斋戒，但他希望人们在他登基的那个月里不吃肉，借此保佑一年平安。

一家风味烟草（zarda）店的老板，有的店也卖包叶槟榔。
烟草在16世纪由欧洲人传入印度

阿克巴之子贾汉吉尔（1605年至1627年在位）和孙子沙贾汗（Shah Jahan，1627年至1658年在位）保住了阿克巴的帝国，而且略微拓展了疆域。贾汉吉尔大修宫殿和清真寺，建设花园——包括位于克什米尔的名园夏利玛花园（Shalimar Bagh）——并支持大规模画室。与高祖父巴布尔一样，他钟情于自然界，留下了对草木野兽的记述。出于对父亲的纪念和效仿，他下令周四（他自己的登基日）和周日（阿克巴的登基日）不得杀害动物。他引用了父亲的话语，说在周日"所有动物都应当免于被屠夫心肠之人祸殃"。

贾汉吉尔很喜欢吃扁豆焖饭，尤其是他在西印度遇到的一个品种。他在回忆录中写道：

古吉拉特的特色美食里有一种是珍珠粟焖饭（bajra khichri），做法是鹰嘴豆和珍珠粟同煮。这种鹰嘴豆是印度斯坦独有，外地皆无，价格比大多数蔬菜都便宜。我之前没有吃过，就命人做一些带给我。这道菜并不寡淡，很合我的胃口。我下令，在我不吃肉的斋戒日里，要经常给我做这道焖饭。[18]

贾汉吉尔的回忆录中还讲述了他与酒精的斗争史，他是怎么减少饮酒量的。与父亲不同，贾汉吉尔爱吃肉，尤其是野味。爱德华·特里记述自己有一次去贾汉吉尔的宫里，惊讶地发现莫卧儿人不像英国人那样吃大块肉，而是将肉切成小块，加"洋葱、草药、根茎、姜和其他香料，再配上一些黄油"炖煮。在一次皇家宴会上，他面前上了50道菜；他特别喜欢一道五香洋葱炖鹿肉（dopiaza）还有五颜六色的米饭，其中有绿色和紫色。

沙贾汗［为了纪念故去的爱妻慕塔芝玛哈（Mumtaz Mahal），他在阿格拉修建了泰姬陵］被儿子奥朗则布（Aurangzeb，1658年至1707年在位）废黜。奥朗则布是一名衷心苦修的虔诚信徒，推翻了当时的宗教宽容与宗教合作政策。奥朗则布有强烈的清教徒倾向，常常斋戒。他主要吃素，热爱水果，尤其是芒果。御医塔韦尼耶（Tavernier）写道，奥朗则布从来不吃动物性食品，所以变得"身材瘦削，因为他守大斋……他只喝一点点水，吃少量粟米饼"。[19]奥朗则布夺权后囚禁了父亲，但允许父亲在余生中每天都享用最爱的食品。监狱的厨师建议沙贾汗不要选复杂的菜品，而应该吃豆子，向沙贾汗保证可以一年里每天换一道不重样的豆子菜。

# 平 民 食 物

印度普通人与统治者迥异。农业常常要依赖天气，因此产量并不稳定。英国大使托马斯·罗爵士（1581—1644）写道：

> 印度人民的生活就像大海里的鱼——大鱼吃小鱼。自耕农抢佃农，乡绅抢自耕农，大乡绅抢小乡绅，国王抢所有人。[20]

欧洲旅行者的报告表明，穷人以素食为主（当时世界上的大部分地区都是如此）：加绿姜、少许胡椒和黄油煮的米饭，小圆铁炉上烤的粗粮（可能是小米）煎饼，煮豆子，还有本地产的水果蔬菜。

城镇里活跃着街头摊贩。葡萄牙修士塞巴斯蒂安·曼里克（Friar Sebastien Manrique，1585—1669）被灯火通明的拉合尔集市迷住了，他看到：

> 许多人满为患的帐篷，或者说肉铺；有一些专卖各种牲畜野味制作的烤肉。我们看见别的店里有大烤肉钎子上插着禽肉，比如阉鸡、公鸡、乳鸽、孔雀、大鸽子、鹌鹑等鸟类……还有的摊上摆着家用器皿和黄铜容器，卖同样品种的肉，但风味各异。这些菜品中最主要，数量也最多的是芳香馥郁的带壳（Biring）米饭。米饭有无数种做法，波斯抓饭有的放肉和其他食材，有的加香料，不加肉。[21]

191

市场上卖三种饼：像纸一样薄且便宜的死面饼，先在平底锅上煎，然后炭烤（类似恰巴提）；厚如手指的饼，这种贵一些；富人吃一种甜饼（khejuru），用料包括面粉、大量酥油、罂粟籽和糖。

## 莫卧儿帝国的衰落与新菜系的出现

1700年，鼎盛时期的莫卧儿帝国疆域面积达320万平方千米，人口1.5亿——占当时世界人口的四分之一。然而，帝国在奥朗则布治下就开始衰落。他死后，国势加速下滑。由于运输和通信水平低下，控制如此辽阔的疆域很困难，各地总督拥有相当大的自主权。另一个因素是信仰印度教的马拉塔人（Maratha），他们在希瓦吉·博萨莱（Shivaji Bhosale，1627—1680）及其继任者的领导下取得了多次军事胜利。鼎盛时期的马拉塔帝国南起泰米尔纳德邦，北至白沙瓦，向东一直延伸到孟加拉地区。直到1817年负于英军之手为止，马拉塔人都是印度的主宰者。奥朗则布死后，印度西部各邦的世袭统治者拉杰普特人收复了部分领土，但也落入马拉塔人之手，直到1818年承认英国为宗主。

1738年，波斯统治者纳迪尔沙阿（Nadir Shah）入侵印度，严重打击了莫卧儿帝国的统治。他洗劫德里，杀害数十万人，抢走了大量黄金珠宝。通过这次胜利，他控制了中亚和波斯的大片土地。但他1747年遇刺，他的帝国也迅速瓦解。

此时，各路外国势力纷纷深入次大陆。葡萄牙人、荷兰人、法国人和英国人填补了莫卧儿帝国衰落留下的权力真空。到了19世纪初，莫卧儿帝国早已丧失了政治权力，但帝国之名延续到了1857年，之后被大英帝国取代。与此同时，各地总督就算名义上没有脱离德里宫廷，也成了事实上的独立政权。重镇包括：南印度的海得拉巴、北印度的阿瓦德（Awadh）、西孟加拉的穆尔希达巴德（Murshidabad）、今属巴基斯坦的拉合尔，以及克什米尔。但是，割据土邦保存并发扬了莫卧儿宫廷的许多传统，开创了在某些方面青出于蓝的新菜系。 192

### 阿瓦德和勒克瑙

有一个省份是阿瓦德［Awadh，英国人称之为"奥德"（Oudh）］，位于今北方邦。1555年，胡马雍将阿瓦德并入帝国，总督号为尼扎姆（nizam）或纳瓦布。1719年，出任尼扎姆的波斯冒险家萨阿德汗（Nazim Sa'adat Khan）成为事实上的独立世袭统治者。1753年，阿萨夫·乌道拉（Asaf-ud-Daula）迁都勒克瑙（Lucknow）。这座城市成了匹敌德里的北印度文化与美食之都，"辉煌精妙在整个伊斯兰印度社会都罕有对手"。[22]

此语出自记者兼历史学家阿卜杜拉·哈利姆·沙拉尔（Abdul Halim Sharar，1860—1926）的《勒克瑙：一种东方文化的末日》（*Lucknow: Last Phase of an Oriental Culture*），书中记述了他在勒克瑙的生活。他笔下的融合文化欣欣向荣，结合了北印度的印度教徒与穆斯林的音乐、舞蹈、服饰、绘画与饮食。20世纪艺术史研究者斯图尔特·加里·韦尔奇（Stuart Cary Welch）给出的描述更加炫丽，他将勒克瑙比作"一座融合了（革命前的）德黑兰、蒙特卡洛和拉斯维加斯的印度城市，还有一点刚刚好的格林德博恩（Glyndeborune）风韵"。[23]

不光是纳瓦布及其侍从，富裕地主乃至中产阶级和平民也重视美食之道。富豪们比拼谁能创造出最繁复的菜式；大厨（称作rakabdar）工资高，地位也高。纳瓦布手下有一名厨师月薪高达1 200卢比，大致相当于今天的5 000英镑。勒克瑙厨师在印度其他地方供不应求，勒克瑙菜也传到了海得拉巴等地的宫廷中。他们只为少数客人烹制小份菜，因为他们觉得做大锅菜是普通厨子（bawarchi）的活计，自己做跌份。摆盘极为重要：盘饰有雕刻成花朵形状的干果，还有可食用银箔。

193  这些厨师的绝活之一是用稀有食材做菜，或者用一种食材做一整场宴席，这种技法叫做pehle（意为"谜语"）。例如，有一位德里王公是出了名的美食家，他与第十代，也是末代纳瓦布瓦吉德·阿里沙（Wajid Ali Shah，1822—1887）一起吃饭。纳瓦布讲的是会给他吃穆拉巴（murabba），就是一种加入大量香料、质地厚重的果蔬蜜饯。实际上是一道肉咖喱，只是做成了穆拉巴的样子。几天后，王公回请纳瓦布，拿出了一百道菜，包括抓饭、肉咖喱、烤肉串、拌饭、恰巴提等各色面食——全是用糖做的，连餐盘都是糖碟。有一名大厨以制作"扁豆焖饭"闻名，"扁豆"是用开心果雕的，"米"是用杏仁刻的。另一名大厨专门做酸辣炖芋头（arvi ka salan）。他对雇主只有一个条件，就是让他一整年每天做两顿炖芋头，顿顿不重样。有一道克什米尔慢炖菜（shab degh）在勒克瑙大受欢迎，主料是肉丸和芜菁这两种几乎无法分开的食材。

  抓饭和肉咖喱是贵族最爱的菜品。有钱的美食家会用麝香和藏红花丸喂鸡，让香味沁到肉里，然后做成鸡汤焖米饭。沙拉

194 尔写道，德里流行拌饭（biryani），但勒克瑙人偏爱抓饭（pulao或pilaf）。两道菜的区别一直有大量争论和讨论。沙拉尔的区分如下：

一对正在用餐的勒克瑙夫妇

# 莫 卧 儿 菜

《牛津饮食指南》中这样描述莫卧儿菜："一种融合了波斯与印度烹调技法的饮食。"代表菜品有抓饭、拌饭、烤肉串、肉咖喱、肉丸、窑炉烧烤、炸三角，以奶油、杏仁、玫瑰水入菜。名称里含有"shahi"（皇家）、阿克巴、沙贾汗之类字样的菜都与莫卧儿菜相关。最早大概是创业餐厅老板使用"莫卧儿"为自家菜品贴金，这个词如今已成为丰盛肉菜的代名词，与北印度或巴基斯坦穆斯林菜有联系。然而，这种用法并不准确。冠以"莫卧儿"之名的许多菜早在德里苏丹的宫廷中就有了，还有一些在印度本土菜中有前身（比如烤肉串）。此外，莫卧儿皇帝本身经常斋戒，在特定日子里戒肉，爱吃扁豆焖面，根本不是美食家或者大胃王（他们也许潜意识里追求突厥或蒙古人先辈的简单饮食）。

对不了解饮食的人来说，两者基本是相同的，但因为拌饭加入大量香料，所以总有浓烈的咖喱饭风味，而抓饭做法更用心，从不会出现这种情况。在美食家眼中，相比于真正做得好的抓饭，拌饭是一种不用心的粗食。[24]

印度饮食中一个争论热烈的问题是抓饭与拌饭的区别。相关著作有很多，且多有矛盾。两道菜都是加入兽肉、禽肉、鱼肉、海鲜和蔬菜制作的长粒米菜品，有时几乎不可能分清。另外，两者有许多地方品种。主要区别有以下几点。第一，抓饭常常是配菜，而拌饭是主菜，会配各种副食。第二，抓饭是一锅出，先用油煸炒香料、肉和米，然后加入液体焖煮，直到食材将液体吸收。拌饭则是肉和饭分开做，然后拌到一起。肉可能会用酸奶和香料或洋葱碎、姜和姜糊、五香料腌制，米煮到半熟。然后将米饭和肉分层摆到一个锅里，盖盖小火焖煮几个小时。第三，抓饭用的香料通常比拌饭更简单，口味也更柔和。

抓饭名称富有诗意，比如"花园抓饭"（gulazar）、"光明抓

195

饭"（nur）、"杜鹃抓饭"（koku）、"珍珠抓饭"（moti）和"茉莉抓饭"（chambeli）。大厨们努力将抓饭变成艺术品。有一道抓饭是模仿石榴籽的造型，一半米火红恍如红宝石，另一半米洁白晶莹似水晶。抓饭艺术的顶点是珍珠抓饭，将200克银箔和20克金箔与蛋黄液抽打，塞入鸡的食管，然后烹至微熟。用刀切开鸡皮后露出闪亮的珍珠，再把肉加进去，最后整体拌入米饭。

有的大厨将肉做成小鸟的形状，摆在盘子旁边，好像在啄米似的。（这道菜有一个变种流行于海得拉巴，是将小鸟封到一个大馅饼里，饼开鸟飞——这大概是那首童谣的灵感来源，因为它是出席国宴的英国官员及其妻子的心头之好。）

阿瓦德省以饼闻名，有用底下土窑炉烤的发面饼，印度教徒的传统做法则是用酥油煎死面饼。根据沙拉尔的说法，穆斯林面点师由此得到启发，在饼中加入酥油，放在鏊子上烤熟——抛饼就此诞生。（沙拉尔的一些看法属于异想天开，比如这一条，不可全信。）德里飞饼很出名，酥油用量和面粉一样多。但沙拉尔抱怨说，他在德里住的时候，飞饼只能趁热吃，原料混得不匀，所以凉了就跟皮革一样。

沙拉尔还说，红奶饼（shirmal）也起源于勒克瑙，尽管这个名称大概来自波斯（shirmal在波斯语里的意思就是"用奶洗"）。红奶饼是一种不发酵饼，面团用料是白面和糖，在土窑炉里烤制，表面撒上牛奶和藏红花。红奶饼的发明者据说是一个名叫马哈茂杜（Mahumdu）的摊贩，他家的炖牛肉很有名，最富裕的贵族都会来光顾。炖牛肉配红奶饼成了节庆必上的一道菜。有一种千层红奶饼（bakharkhani）里加了大量黄油，用烤架烤熟。

自家吃和送给别人家的菜品统称"菜篮"（tora，源于波斯

196

语）。送饭给别人家的习俗囊括了家庭妇女，她们的行动受到面纱制度（purdah，女性与外界隔绝，面容只给家庭成员看）的限制。一份菜篮至少包括抓饭，藏红花甜饭（muzaffar），五香甜肉饭（mutanjan），红奶饼，一种用米做的简单甜品（safaida），炸茄子，当作甜品吃的奶煮米饭（shir birinj），加香料和酸奶或奶油肉汁小火慢煮的小块肉咖喱，芋头炖肉，沙蜜烤肉（碎肉和鹰嘴豆做的肉饼），还有作为佐料的穆拉巴、腌菜和蘸酱。

菜品数量反映了主人的地位。纳瓦布的菜篮有101道菜，每道菜据说价值500卢比。尽管这种习俗或许发源于莫卧儿宫廷，但沙拉尔评论道，他在德里从未遇到与勒克瑙不相上下节庆仪式。勒克瑙人当时就以礼数繁复讲究闻名，至今依然如此。勒克瑙礼仪通常称为pehle-aap（"您先"），因为强调贬低自己，抬高

红奶饼通常配味道浓厚的炖肉咖喱吃

224

红奶饼是勒克瑙和海得拉巴特色美食，做法是白面、牛奶和糖揉成面团，发酵后入炉烤制，用藏红花调味

对方（宝莱坞电影中有时会戏仿这种习俗）。饮食方面的礼节细致入微。哪怕对方地位再卑下，侍者上水的时候也会将杯子放在小托盘上，用手盖好杯子，毕恭毕敬地递出。

## 雅 好 酥 油

198

加齐·乌丁哈达尔（Ghazi ud Din Hadar）是第七代勒

克瑙纳瓦布（1814年至1827年在位），爱吃飞饼，御厨每天做六张飞饼，每张放4.5千克酥油。有一天，维齐尔（首相）问御厨为什么放这么多酥油。大厨答道："大人，我做的是飞饼啊。"维齐尔要求观看制作过程，吃惊地发现御厨每做完一张饼就把酥油扔掉，于是通知御厨，从现在起，每张饼只会发给他900克酥油了。过了几天，纳瓦布问御厨飞饼怎么了。他答道："陛下，饼是按照维齐尔的吩咐做的。"纳瓦布把维齐尔叫来，维齐尔告诉他："陛下，你的手下到处都在贪污。"纳瓦布生气了，扇了他一巴掌。"你呢？你贪污了整个王室，整个国家，还不当回事。他只不过给我做饭多拿了一点点酥油。"维齐尔表示悔过，再也不干涉御厨了。[25]

勒克瑙也以甜品闻名。卖给大众的甜品往往由印度教徒甜品师（moira）制作，上层阶级则会享用穆斯林甜品师（halwai）制作的点心。但沙拉尔评论道，印度教甜品的整体水准更高，真正爱吃甜食的人也是印度教徒。据他推测，原因是穆斯林爱吃肉和咸味菜品，而印度教徒嗜甜。

有的甜品起源于印度，有的来自外国。据沙拉尔记载，尽管"哈尔瓦"这个词源自阿拉伯语，经过波斯传入印度，但塔尔哈尔瓦（tar halwa，又名mohan bhog）完全是印度菜，这是一道用碎麦粒、澄清黄油和坚果制作的甜品，类似于布丁，配脆饼食用。五种最流行的哈尔瓦是：sohan（橙色的硬坚果圆饼）、papri

（干硬）、jauzi（软酥）、habshi（软而色黑）、dubhia（状如果冻的蒸制甜品）。

奶油（malai）的做法非常用心。先将奶放在极浅的托盘中小火加热，逐次揭掉奶皮，小心地摞在一起，做法类似于英国的凝滞奶油或者土耳其/中亚的奶皮子。

沙拉尔没有提到勒克瑙对印度菜最知名的两大贡献：焖 199
（dum，源自波斯语）和特色烤肉。"焖菜"（dumphkt）是一种在密封罐子里将菜焖熟的做法。据说1784年勒克瑙发生大饥荒，纳瓦布阿萨夫-乌道拉在城中修建伊玛目大清真寺（Bara Imambar），为臣民提供工作。工人每天白天修，晚上拆。工人伙食用大罐烹制，罐口用面团保温，放在大火炉里保温。有一天，纳瓦布尝了一口，很是喜欢，于是将炉子改造用于御宴。[26]

加戈里烤肉，这道勒克瑙特色菜形似香肠，口感软嫩，用碎羊肉、稠奶和香料制作而成

加戈里烤肉（Kakori kebab）是一种勒克瑙独有的烤肉，配料有切碎的羊腿筋、霍亚（熬稠的奶）、白胡椒和一种秘制混合香料。据传，它是由勒克瑙城郊加戈里镇的纳瓦布所发明。一名英国军官抱怨吃的烤肉太粗糙，受辱的纳瓦布遂命令厨师创制一道更精致、更软嫩的菜。加拉瓦蒂烤肉（galawati kebab，又名galavat）还要更嫩，用的是切得极碎的肉和奶油，做成肉饼后用酥油煎。这道菜是献给牙都掉了的老纳瓦布瓦吉德·哈利沙的。
200 原始版本据说含有超过100种香料和花卉精油。

### 海得拉巴肉汤抓饭

取半希尔（约500克）羊肉、四或五颗洋葱、一片绿姜、两片干肉桂叶、八粒黑胡椒、七升水。

上述食材放入陶罐中加热至剩余1.5至2升液体。

炖肉加烈酒捣碎，过滤出肉汤。

包锡铜锅中融化450克黄油，炸切成长条的洋葱至颜色发红。

将洋葱从锅中捡出，用剩余黄油炸一只煮熟的鸡。再将鸡取出，用黄油炒米。

随着黄油蒸发，加入肉汤，煮米饭。

放入10或12枚丁香、10或12粒胡椒、4粒肉豆蔻、10或12枚完整的小颗绿豆蔻、1甜品勺分量的盐、1片姜、2片干肉桂叶。

米饭熟后撤掉锅底的炭，放几块炭在锅盖上。等到米饭硬了，可加入少量水和鸡肉，以便入味。上菜时把鸡肉铺在盘面上，鸡肉上盖米饭，加几个切成两半的全熟蛋和洋葱酥作点缀。

贾法尔·谢里夫，格尔哈德·安德烈亚·赫克洛茨（Gerhard Andreas Herklots）译，《印度穆斯林的习俗》（伦敦，1832）

1856年，英国东印度公司吞并阿瓦德，将瓦吉德·阿里沙流放到加尔各答郊外的马蒂亚布尔（Matiabur）。他在流放地建立了一个小勒克瑙。[此事是1857年印度第一次独立战争（又称土

201

源于中东的哈利姆，一种用谷物和肉熬制的粥

兵叛乱）的导火索之一。]许多纳瓦布的御厨受雇于富贵人家，或者在勒克瑙旧市场摆摊，这些市场直到今天还有摊贩卖红奶饼、烤肉和抓饭。[27]另一些厨师跟随纳瓦布去了加尔各答，摆摊开店，或许对当地卓越的伊斯兰风味饮食传统做出了贡献。

## 海得拉巴

海得拉巴今天是安得拉邦首府，而当年在各个穆斯林王朝统治之下，这座城市形成了多元融合的活跃文化与饮食。穆罕默德·图格拉克吞并了该地区，但1347年的一场总督叛乱导致了巴赫曼尼苏丹国（Bahmani sultanate）的诞生，疆域遍及德干高原大部。巴赫曼尼苏丹自称传说中的伊朗国王巴赫曼后裔，支持波斯语、波斯文化和波斯饮食。

16世纪初，一名波斯冒险家宣布从巴赫曼尼苏丹国独立，建立了戈尔孔达的顾特卜沙希王朝（Qatb Shahi dynasty of Golconda）。1581年，他的一名继承者在海得拉巴建都。1687年，莫卧儿皇帝奥朗则布征服该地区，将其纳入德干省。但是，总督尼扎姆阿萨夫·贾（Nazim Asaf Jah）于1724年宣布独立，建立了海得拉巴尼扎姆王朝。他们的统治权延续到了1948年，之后加入了独立的印度。海得拉巴是印度最大的土邦，尼扎姆一度是全世界首富，他们的财富主要来自戈尔孔达的钻石矿。

202　　海得拉巴王室的旗帜上有着独一无二的饮食符号：库尔恰（kulcha，一种轻微发酵的圆饼）。据传，阿萨夫·贾离开德里前拜见了一个苏菲派教士，两人一起吃了顿饭。阿萨夫·贾吃了七张库尔恰饼，尽管教士还劝他再吃几张，但他拒绝了。接着，教士祝福了他，说他和他的后代会统治德干高原七代（事实果真如此）。

当地菜系受到了多个方面的影响，因为海得拉巴位于东西南北的交叉路口。尽管统治者是穆斯林，但大部分人口信仰印度教，包括许多官员在内。历代尼扎姆也支持修建印度教庙宇。当地主食是稻米，小麦粉做的抛饼主要是早餐吃。波斯的影响力一直很强，因为统治者理论上奉伊朗沙阿为宗主，而且直到20世纪中期为止，海得拉巴都有规模可观的伊朗人社群。宫廷护卫是阿拉伯人，主要来自也门。据说，哈利姆（haleem）流行开来就是因为他们（详见下文）。

18世纪中期，一名驻扎海得拉巴的法国士兵热情洋溢地介绍了当地食品：

> 食物有黄油面包［大概是抛饼］、炖鸡肉和炖鸡肝，禽类和小山羊肉和肝炖煮的菜，配料非常丰富，但最出名的还是用大量黄油、禽肉和羔羊肉煮的米饭，里面加了各种香料……我们觉得很好吃，大大提振了我们的精神。[28]

与勒克瑙的苏丹和官员一样，海得拉巴尼扎姆和官员也是美食家，在美食方面追求胜人一等。每个贵族的家里都有特色菜。有一次，一名贵族邀请纳瓦布莅临品尝自家的蘸酱。纳瓦布同意了，条件是一顿菜里只能有蘸酱和饼。结果主人上了100多种蘸酱。

东印度公司委托创作的一本非凡著作中详细介绍了当地的饮食习惯。这本书题为《印度穆斯林的习俗》（*Qanoon-e-Islam; The Customs of the Moosulmans of India*），1832年于伦敦出版。[29] 作者贾法尔·谢里夫（Ja'far Sharif）是一富有的穆斯林商人，一

天吃三顿饭：早上7点吃早饭，就着甜品喝茶（大概是中国出产
203 的绿茶）和咖啡；午餐吃死面饼、汤、剁碎的咸肉、奶油、蔬
菜，有时吃米饭；晚上7点吃晚饭，有米饭和豆子，或者与肉同
煮，与鱼和肉同煮的米饭，最后是酸奶、芒果或芭蕉。中产阶级
的一日三餐要朴实一些，穷人吃两顿饭：上午11点吃粟米饼当
早饭，晚上吃米饭和豆子，配少许酥油和辣椒或洋葱。

根据贾法尔·谢里夫的说法，抓饭至少有25种：

甘菊抓饭（babune）

五香肉抓饭（korma），肉切成非常细的条

甜抓饭（mittha），食材有米、糖、黄油、香料和八角

沙阿思兰伽抓饭（shahsranga），类似于甜抓饭，但口感
更干

塔尔抓饭（tarl），食材有米、肉、姜黄和黄油

莳萝抓饭（soya）

鱼抓饭（macchhi）

罗望子抓饭（imli）

蒸肉抓饭（dampukht），快熟的时候放黄油

黄抓饭（zarda），用藏红花染成黄色

炒蛋抓饭（koku）

双肉抓饭（dogostha），温度非常高

骨髓抓饭（biryan），食材有骨髓、香料、酸柠、奶油、奶

穆坦汗抓饭（mutanhan），食材有肉、米、黄油，有时
还会加入菠萝和坚果

哈利姆（haleem），食材有鹰嘴豆、小麦、肉、香料

拉姆尼抓饭（lambni），食材有奶油、坚果、冰糖、黄油、米、香料（尤其是八角）

黑梅抓饭（Jaman）

山鹑抓饭（titar）

鹌鹑抓饭（bater）

肉丸抓饭（kofta）

加里查克利抓饭（khari chakoli），食材有肉、细面条、绿豆

除了普通的罗提、抛饼和脆饼以外，还有以形得名的"牛眼馕"（godida）和"牛舌馕"（gaozaban）；七层糕（satparati），用七张薄饼摞起来，撒上黄油和汤，然后用黄油煎；丁香饼（laungchira），一种形似丁香的饼；蛋饼（andon ki roti），一种鸡蛋夹心的白面饼；炸糖球（gulguli），油炸面球，面团里加入糖、酸奶和香料；黄油饼（roghandar），加入大量黄油的饼子。

大约在同时，尼扎姆宫廷的军医总监罗伯特·弗劳尔·里德尔医生（Dr Robert Flower Riddell）撰写了《印度家计与饮食》（*Indian Domestic Economy and Receipt Book*，1841），书中介绍了尼扎姆宫廷饮食的做法，包括一道类似咖喱，汤汁极其清淡的肉菜或素菜（salan）。 204

西德科·贾西（Sidq Jaisi）是勒克瑙诗人，1931年至1938年之间生活在海得拉巴宫中。他描述了比较现代的海得拉巴宫廷饮食。这是他笔下的自己入宫后的第一顿饭：

我要如何描述每道菜呢？抓饭的每一粒米似乎都饱含酥

233

油。最后一道菜是杏仁和奶油。每个人面前都摆着一个碗，碗里有大约3千克奶油。另一道菜是类似的摆放方式，里面有杏仁和开心果。这些坚果都是配奶油吃。奶油至少有三四指厚……奶油是用水牛奶做的，水牛从早到晚喂食杏仁和开心果。我数了当天晚上用了多少碗奶油，是11碗。我之前在阿德瓦富豪的餐桌上就品尝过勒克瑙的驰名奶油，这也在我的意料之内。[30]

每顿饭吃到最后，仆人都会搬上来五个大圆饼（sohan），每个至少重达20千克，供客人们配着特制奶油分食。

与勒克瑙一样，海得拉巴人也热衷于制作象形菜。比如将去皮杏仁切成薄片模仿米粒，开心果切成绿豆形的"扁豆焖面"。等量的杏仁、开心果和豆子混合，加入等量或两倍的酥油小火熬煮而成。

有作家列举了20世纪初海得拉巴宫中一顿饭的200多道菜：112道主菜、76道甜品、33种蘸酱和腌菜，其中有许多种至今是海得拉巴的常见菜，比较出名的有：酿茄子（bagharay baigan），茄子油炸后灌入酸味香料肉汁；辣炖动物内脏（chakhna）；用罗望子调味的豆子炖羊肉（dalcha）；奶豆腐和马铃薯馅的烤点心（tootak）；肉汁炖青辣椒或红辣椒（salan ka mirch）；烤千层饼（murtabak），每一层分别是肉馅、奶豆腐和鸡蛋；奶油面包布丁（double ka meetha，又名shahi tukra）；杏子酱配奶油（khubani ka meetha）；象耳酥皮饼配奶油（gosha ka meetha）；藏红花风味的蛋奶哈尔瓦（ande ka halwa）；网眼状的杏仁圆饼（badam ki jaali）；哈利姆；还有拌饭。[31]

## 克什米尔

直到14世纪，统治克什米尔的国王都是佛教徒或印度教徒。1324年，在鞑靼人和蒙古人部落的毁灭性入侵之后，印度穆斯林沙阿·米尔（Shah Mir）夺取了大权。他建立的王朝延续到1587年，之后被阿克巴征服，并入莫卧儿帝国。莫卧儿人将克什米尔称作"精英的花园"（Bagh i Khas），喜欢来此休憩消遣。克什米尔有几百座果园和花园，是莫卧儿宫廷的重要葡萄、瓜果、樱桃和藏红花供应地，由人拿着锥形筐运输。

1398年帖木儿入侵北印度之后，据说有大约1 700名熟练木雕师、建筑师、书法家和厨师从撒马尔罕来到克什米尔。他们的后代形成了职业穆斯林厨师阶层（waza），印度教徒和穆斯林家

海得拉巴以拌饭闻名

精致的克什米尔宴席制作现场，菜品多达36道

庭至今还会请他们办宴席（wazwan），庆祝结婚、生产和其他人生大事。团队由一名大厨（vasta waza）带着几十名男性厨师组成，赶着羊群，带着硕大的锅具来到办席的人家。牲畜会按照穆斯林的规矩现场宰杀。

　　传统克什米尔宴席有36道菜，其中肉菜数目15道至30道不等。席上会有几道素菜，但从来不上豆子。克什米尔厨师认为，一只动物有72个部分，其中大部分都会入菜，包括内脏。宾客四人一组，分食一个大金属托盘里的菜。许多菜品风味浓郁，常用酸奶酱。有七道菜一定要上：红炖肉丸（rista）、稀番茄酱炖羊肉（rogan josh）、酸奶酱小火炖煮后油炸的羊肉（tabak maaza）、酸奶芫荽烤羊肉（daniwal korma）、稠奶炖羊肉（aab gosht）、洋葱肉汁炖鸡腿（marchwangan），最后是辣酸奶酱炖肉丸（gushtaba）。就连克什米尔婆罗门（名为pandit）也吃羊肉（但不吃鸡肉、洋葱或大蒜）。

今天，有人认为勒克瑙、海得拉巴和克什米尔菜是印度穆斯林高端菜的皇冠。尽管纳瓦布、大君和其他统治者在20世纪失去了王位和官方特权，但他们丰富的美食遗产依然活在后人的厨房和少数顶级餐厅中。 207

# 第十章

# 欧洲人、公侯及其遗产
# （1500年至1947年）

为了从海路前往印度次大陆，欧洲人寻找了数个世纪。香料是一大奢侈品，价值不仅在于口味和药效，更因为它是一种炫耀财富的方式。直到15世纪，香料贸易都由阿拉伯商人把持。他们跨越波斯湾将香料运到亚历山大城，威尼斯商人从那里输送到地中海各处。

威尼斯接管了拜占庭帝国的海运网络。尽管威尼斯在16世纪初因为与土耳其开战，导致香料业务短暂崩溃，但依然保持着主导地位，直到17世纪初荷兰人把香料价格打了下来，让中东路线来到欧洲的香料失去了竞争力。迈克尔·克龙德尔（Michel Krondl）认为，绕过非洲前往香料原产地的想法或许源于热那亚商人，尽管最终实现这一目标的是葡萄牙人。[1]若昂二世国王（João II，1455—1495）将开通亚洲航线为国家重点项目。1492年，克里斯托弗·哥伦布（Christopher Columbus）踏上寻找印度的航程，结果误打误撞来到了新大陆。1498年，葡萄牙探险家瓦斯科·达·伽马（Vasco da Gama）绕过好望角，来到了印度马拉巴尔海岸的卡利卡特（Calicut）。这是一座繁荣的海港，几百年来，阿拉伯、印度和中国商人都在此买卖香料、布匹和奢侈品。1501年，科钦大君允许达·伽马购买香料，达·伽马带着满

香料贩子与顾客，约
1830年

满七船香料回到了葡萄牙。随着葡萄牙帝国的疆域拓展到西半球和非洲，葡萄牙商栈也成了一场全球植物交换的枢纽——这就是所谓的"哥伦布大交换"，它深刻改变了全球饮食。

# 葡 萄 牙 人

　　15世纪和16世纪葡萄牙人的征服活动是帝国史上一个引人注目的篇章。在整个16世纪，葡萄牙人保持着印度洋海上贸易的主导地位，在马六甲海峡以东的贸易中也占有较大份额。葡萄牙海洋帝国的中心就是印度。葡萄牙人甚至用"印度国"（Estado da India）来表示西起好望角，北至波斯湾，东抵日本和帝汶岛的所有属地。鼎盛时期的葡萄牙拥有从巴西到日本的40

余座堡垒和商栈。

1510年，葡萄牙人从比贾布尔（Bijapur）苏丹手中征服了果阿，将其定为印度国的首都。这是欧洲人在印度次大陆上的第一处基地，也是最晚移交的一处（1961年）。葡萄牙人还在马拉巴尔海岸、斯里兰卡岛、孟加拉地区设立商栈。果阿在1560年有22.5万人口，比马德里或里斯本都多。印度西南海岸只要是能种香料的土地，几乎全都种上了香料。

英国人或荷兰人主要对赚钱感兴趣，无意改变当地文化，葡萄牙人则不同，他们强制要求居民皈依基督教。他们将宗教裁判所带到了印度，以皈依者有"异端"习俗为由加以迫害，比如不吃猪肉或牛肉、煮米饭不加盐（印度教的仪式传统）、穿传统服饰。种植圣罗勒（毗湿奴神的象征）被禁止。讽刺的是，在强制半西化政策推行的同时，葡萄牙人自己的生活却颇似印度人。他们蓄养大量随从和奴隶，纳妾，穿印度服饰，嚼槟榔，喝亚力酒，雇印度厨师。

1580年，阿克巴皇帝授予葡萄牙人特许状，准其在今加尔各答上游40公里外胡格利河（Hooghly River）岸边的一座村庄定居。印度其他地区、中国、马六甲、菲律宾来船汇聚于此。1670年，村中至少居住着2万名葡萄牙人及其后代。他们采用当地纳瓦布的着装风格，"与奴隶舞女、女裁缝、女厨师、女甜品师交欢"。[2]葡萄牙人的仆役和厨师是来自锡尔赫特（Sylhet）和吉大港山区（Chittagong Hills）的莫格人（Moghs）。几个世纪以来，莫格人一直在做东南亚贸易的阿拉伯商船上做水手和厨师。他们很快就学会了主人的烹饪技法，以糕饼点心闻名。英国人后来雇他们做海员和厨师，如今英国和纽约都能找到锡尔赫特人开的印度餐厅。

　　葡萄牙人在印度留下的一个遗产可能是芝士，包括印度唯一的本土西式芝士——班德尔芝士（Bandel）。这是一种烟熏牛奶软芝士，加尔各答新市场至今有售。有些人主张（包括我在内），凝乳法制作的奶豆腐（chhana）要归功于葡萄牙人，这种乳制品用于桑德什（sandesh）、拉斯古拉（ras goolah）和许多著名孟加拉甜点。[3]K. T. 阿查亚等人认为，此举或许解除了不许故意让奶凝结的古老印度教禁忌。不过，《心之乐》和其他著作表明，这种技法之前就有了（见第七章和第八章）。但是，这并不能排除一种可能性，即形似印度奶豆腐的葡萄牙芝士才是孟加拉甜品的具体灵感来源。

　　葡萄牙人对印度和世界饮食做出的最大贡献是所谓的"哥伦布大交换"。葡萄牙和西班牙帝国（葡萄牙1580年至1640年之间

表现葡萄牙男子与印度贵妇的雕塑，1540年

212

番荔枝（印地语称作 sitaphal）从新大陆传入印度。18世纪末或19世纪初

曾并入西班牙）广泛建立商栈，这些据点成了西半球、非洲、菲律宾、大洋洲、印度次大陆之间水果、蔬菜、坚果和其他植物相互交换的枢纽。对印度来说，葡萄牙人引进了马铃薯、辣椒、秋葵、木瓜、菠萝、腰果、花生、玉米、人心果、番荔枝、番石榴和烟草。

有几位作者主张，早在欧洲人到来之前，印度就有玉米、菠萝、向日葵、腰果和番石榴。他们指出的证据是11至13世纪卡纳塔卡邦的100多幅浮雕，上面似乎描绘了这些植物。他们宣称，这些植物要么原产印度，要么是印度文明与中美洲文明古早交往带来的。反对者认为，浮雕中描绘的其实是其他水果。

DNA证据有望澄清这场争论。[4]

新作物并没有同时进入印度饮食。到了16世纪中期，有三种来自新大陆不同区域的辣椒在印度得到承认，并迅速成为胡椒的一种替代品，因为辣椒基本上是野生的。番茄（孟加拉语里叫做vilayati begun，意为"外国茄子"）出现的时间无法精准确定。鲁本·L. 比利亚雷亚尔（Ruben L. Villareal）在《热带地区的番茄》（*Tomatoes in the Tropics*）中写道，尽管西班牙人从1571年开始向菲律宾引种多种作物，但番茄可能很早以前就从西班牙来到了亚洲，或许就在1521年费迪南·麦哲伦（Ferdinan Magellan）发现菲律宾之后几年内。番茄传播到中国、日本、印度或许就是因为菲律宾与这些国家之间的贸易。英国人、荷兰人、法国人也可能将番茄传入了各自的亚洲殖民地。[5]

1832年，威廉·罗克斯伯勒（William Roxburgh）在《印度植物》（*Florica Indica*）中写道："尽管［番茄］如今在印度很常见，但我怀疑它和印度现在广泛种植的马铃薯一样并非土产，甚至土人自己的食用方法也并非来自本土。"[6]新食材成了原有食材的替代品。马铃薯是本土薯类的一种替代品，成了印度菜不可或缺的食材。（据说孟加拉人均马铃薯消费量仅次于爱尔兰。）很多印度语都用梵语中意为"薯"（alu）的词来表示"马铃薯"，尽管马拉地语用的是葡萄牙语词batata。

玉米做法多样。烤玉米棒是无处不在的街头食品。印度西部用玉米粒制作咖喱，旁遮普国菜玉米饼（makki ki roti）用的是玉米粉。但正如食物史学家蕾切尔·劳丹所指出，印度从未采用中美洲用碱水泡玉米，以释放烟酸的处理方法。[7]无论传入方式是什么，这些物产都已经完全融入印度菜，以至于现在想象不出不放它们的印度菜会是什么样，尤其是番茄、辣椒和马铃薯。

　　葡萄牙人的首府果阿以荤菜闻名，尤其是牛肉菜和猪肉菜。香料的加入为经典葡萄牙菜添彩：马铃薯卷心菜汤（caldo verde）加入了姜和胡椒调味；鸡肉萨古蒂（chicken xacuti）中有烤椰蓉、花生和香料酱，用醋调味；还有最著名的果阿菜温达卢（vindaloo），它起源于葡萄牙菜蒜香葡萄酒炖肉（varne de vinha d'alhos），演变成一道酸甜火辣的猪肉咖喱。正宗果阿版本含水量极少，就跟咸菜似的，以便长途旅行食用。葡萄牙人的烘焙传统兴盛了起来，有轻盈的炉烤面包卷（pau），有松饼叠起来的千层糕（bibinca），还有小巧的椰子糕（boliho de coco）。

214

　　加西亚·达奥塔（Garcia de Orta）的《印度药草药物对话录》（Colóquios dos simples e drogas...da India，1563）是一份关于16世纪植物与食材的珍贵文献。[8]达奥塔（约1501年至1568年）是一名葡萄牙塞法迪犹太人医生和博物学家，曾任葡萄牙印度总督的医师达30年，最后在果阿去世。这本书以达奥塔和一个朋友的对话形式撰写，共59章，每一章介绍一种香料、药物或植物的起源、历史和药性，包括胡椒、姜黄、香蕉、槟榔、大麻、高良姜和樟脑。

　　达奥塔提到姜黄是一种重要药材，主治眼病和皮肤病。姜黄也用于上色和调味，出口至阿拉伯和波斯。香蕉（达奥塔称之为"印度无花果"）可以烤制后泡在肉桂酒中享用，也可以切成两半加糖油煎，再撒上肉桂粉。葡萄牙船只补给中也有香蕉。对于菠萝，达奥塔只是简略提到是一种原产西印度群岛的水果，但印度人当时显然已经知道菠萝了。他对阿魏的描述如下：

印度各地用得最多的东西就是阿魏（Ass-Fetida），全株都有用处，药食兼用。阿魏用量很大，因为每一个异教徒［印度教徒］只要有钱就会买来给食物调味。富人吃得很多……仿效毕达哥拉斯的人［素食者］也一样。他们在吃的蔬菜里加阿魏；先在锅里抹，然后当调味料用，吃什么都放……摩尔人［穆斯林］也吃阿魏，但用量较小，而且只用作药材。[9]

达奥塔接着说，尽管他觉得阿魏是世界上味道最恶心的东西，但阿魏调味的蔬菜吃起来不算差。他还对槟榔的广泛使用感到惊奇。他注意到，吃槟榔的仆人说，"槟榔让他们解乏，快乐，想吃东西"（他自称从未亲自试过）。[10]

葡萄牙帝国的光辉岁月只持续了一个世纪多一点。对于人口刚过一百万的国家来说，维持大帝国的负担过于沉重。葡萄牙的香料贸易管理体系效率低下，果阿总督看不起商人，许多商人都是改信基督教的犹太人，遭到了宗教裁判所制裁。许多葡萄牙人离开果阿，到印度各地王公手下做佣兵发财。但是，葡萄牙人与印度的联系不仅影响了印度菜，也在葡萄牙菜上留下了印记。姜、胡椒、姜黄、芫荽、肉桂、茴香、丁香、多香果、辣椒都成了葡萄牙菜的调味料，包括蔬菜炖鱼（caldeirada）。哪怕是在最偏远的乡村厨房，砂锅菜和汤品中也常常大把撒咖喱粉。

215

# 荷兰人

16世纪末，居住在果阿的荷兰商人、旅行家、历史学家扬·哈伊根·范林斯伯腾（Jan Huyghen van Linschoten，1563—1611）出版了一部介绍葡萄牙亚洲商路与航路的书，帮助英国人与荷兰人打破了葡萄牙对东印度的贸易垄断。1602年，荷兰东印度公司成立，期限21年的特许状准其在亚洲开展殖民活动。商人们在印度西海岸和孟加拉建立了据点。科钦（Kochi，旧称Cochin）是一处贸易重镇，当地建筑中至今能看到荷兰人的影响。19世纪初，荷兰用本国在印度的领地交换了英国在东印度群岛（印度尼西亚）的属地，从此将贸易和帝国雄心聚焦于印尼。

荷兰人将印度和印尼奴隶带到南非帮厨，南非最初是印度航线的中继补给站。这些人就是开普马来人的祖先，以制作辛辣美食闻名。荷兰人在斯里兰卡的存续时间要长得多，对这座岛屿的掌控始于1633年，终于1792年。他们在那里留下了各种各样的荷兰菜，包括肉丸（frikkadel）和各色甜品。保加族（burghers）——欧洲人（尤其是荷兰人）与僧伽罗人或泰米尔人的混血人——发展出了别具一格的融合菜。然而，荷兰人对印度菜本身的影响就算有，也很少。

# 法 国 人

1664年，路易十四成立法国东印度公司，让法国在香料贸易中也能分一杯羹。印度两侧海岸都有法国贸易站，法国一度控制了次大陆最南端科摩林角（Cape Comorin）至海得拉巴之间的区域。公司总部位于金奈（Chennai，即马德拉斯）以南160千米处的本地治里（Pondicherry，今称Pudicherry）。

法国和英国为了争夺南印度而开战。尽管法国短暂取胜，但长远来看是英国占据了上风。拿破仑想要以埃及为基地攻打印度，但纳尔逊勋爵于1805年消灭法国舰队，拿破仑的计划就此破灭。1761年，法国在印度只剩下了几处小据点，1954年并入独立的印度。

甚至到了今天，本地治里仍有法式风情。年纪大一些的市民讲法语，警察制服类似于法国宪兵，街道名称是法国海军将领和总督。法国政府鼓励加强文化纽带，本地治里也有大量法国游客。有几道当地菜可能反映了法国遗韵，包括一种名叫拉古（ragout）的重口味炖菜，放大蒜和香料；除夕夜吃的肉卷（羔羊里塞上羊肉馅）；鱼汤（meen puyabaisse）；还有圣诞节吃的本地治里蛋糕，这是一种用朗姆酒浸泡的水果蛋糕。[11]但不同于英国的是，印度对法国饮食方式的影响很小，也许是因为法餐传统太强大了吧。现在的巴黎有几家印度餐厅，但数量上远少于北非餐厅。有一些餐厅的菜品类似于英国印度餐厅，以北印度菜为主，也有一些（尤其是巴黎第十区）主打南印度菜。

# 英 国 人

1600年12月31日，英国女王伊丽莎白一世向东印度公司（俗称"公司"）颁发王室特许状，授予其为期15年的"印度"贸易垄断权。这里"印度"的定义是好望角与麦哲伦海峡之间的所有土地。1618年，一艘英国船只在莫卧儿帝国最大的港口苏拉特（Surat）靠岸。次年，这里设置了英国的"洋行"，即设立于外国港口的贸易站。1647年，英国在印度建立了28座洋行， 217

而且联系上了莫卧儿皇帝。1665年，葡萄牙总督将孟买城及其良港交给了英国人，作为英王查理二世与葡萄牙公主布拉干萨的凯瑟琳（Catherine of Braganza）婚姻协议的一部分。1696年，莫卧儿皇帝允许公司在孟加拉地区建立一处新据点，名为威廉堡（Fort William），这就是后来的加尔各答。

只要莫卧儿皇帝还能发挥实权，外国人的活动就仅限于商贸。外国商人从马德拉斯和古吉拉特出口棉织品，从孟加拉出口丝绸、糖和硝石，从马拉巴尔海岸出口香料，公司还向中国倾销鸦片以换取茶叶。25%的利润率都被认为是薄利，有些商人（nabob）变得极其富有。此外，公司船只上的军官可以自行开展贸易，确保在印英国人能够获得包括火腿、芝士、葡萄酒、啤酒在内的英国货品。

由于18世纪以来的政治动荡局面，公司开始寻求政治权力。公司组建私军，开始干预地方纠纷。1757年，公司的英国人部队和印度盟友在普拉西会战（Battle of Plassey）中击败了莫卧儿总督，并获准代替莫卧儿帝国征税，作为回报，公司要缴纳年贡并维持秩序。公司随后在孟加拉地区、比哈尔、奥里萨扶持了傀儡统治者，掌控了马拉巴尔和西海岸大部分。

18世纪后期，英国政府建立了单独的公务员体系，负责管理印度事务。英国任命了马德拉斯（今金奈）省督、孟买省督和加尔各答总督。加尔各答直到1905年为止都是英属印度首府。19世纪下半叶，英国吞并了旁遮普、尼泊尔和缅甸。

1857年，北印度燃起战火。密拉特（Meerut）土兵团哗变后，其他土兵部队纷纷起义，杀害英国长官和当地居住的英国人。起义军向德里进发，目的是恢复莫卧儿皇帝巴哈杜尔·沙阿二世（Bahadur Shah II）的权力。饮食方面的不满起到了一定作用：有传言说，弹药筒用猪油和/或牛油做润滑剂，据说起义即将爆发的消息是通过分发恰巴提饼传播的。

起义最终失败，英军凶残报复。这一事件——印度人称作 218 第一次独立战争，英国人称作土兵叛乱——造成了严重后果。巴哈杜尔·沙阿皇帝被流放缅甸，莫卧儿帝国的统治正式终结。公司被解散，英国国会于1858年将公司的全部权力移交英国王室。1877年，维多利亚女王建号印度女皇。

从那时到1947年印度独立为止，大约60%的印度土地由英国直辖（有时叫做Raj）。次大陆的其余部分，即所谓的"土邦"，保留了原来的统治者，土邦君主向维多利亚宣誓效忠，且或多或少受到英国当局的操控。

## 英国饮食习惯

18世纪初之前，英国商人和之前的葡萄牙人一样，生活方式很像当地人：讲印度语言、娶印度妻妾、穿印度服饰、抽水烟、吃印餐。英国人居住区里的印度人、葡萄牙人和英国人厨师制作丰盛宴席，菜品与莫卧儿皇室及其地方代理人差不多，主要是抓饭和拌饭、焖菜、鸡肉、扁豆焖饭、蘸酱和点心，配上波斯出产的设拉子葡萄酒、英国啤酒或亚力酒。

戴维·波顿（David Burton）在他的英属印度饮食史中写道，最早的英国移民并不以香料味浓重的印度菜为异："1612年，英国厨艺自己还没有走出中世纪，依然大量使用孜然、葛缕子、姜、胡椒、肉桂、丁香和肉豆蔻。"[12]印度的土锅焖鸡加入黄油，肚子里填入香料、杏仁和葡萄干，其实和同时期英国的一种鸡肉派非常类似。叉子在当时的英国还不太常见，英国人用面包片将食物舀入口中——印度人也是这样。甚至英国也有类似饭后服用香料（槟榔）促进消化的习惯。宴会结束后，主人会为临别的客人提供配好的香料包和葡萄酒（voidee）。

219　英国人到印度没多久便开起了酒馆，店名通常来自英国著名的酒吧，店里卖葡萄酒、啤酒、朗姆酒、潘趣酒和本地产的亚力酒，也供应简餐和冷盘。潘趣酒是一种17世纪中期流行开来的饮品，得名于印地语表示"五"的单词，因为配料有五种：亚力酒、玫瑰水、柠檬汁、糖和香料。文献一致认为，男人和女人都饮酒过量。在1831年加尔各答的一次宴会上，23名客人喝了11瓶葡萄酒、28夸脱啤酒、1.5夸脱烈酒和12盆潘趣酒，而且"要不是受到约束，他们还会多喝一倍的量"，威尔伯福斯主教（Bishop Wilberforce）抱怨道。[13]一位造访印度的法国伯爵发现：

> 如果你是法国人，外表白皙精致的英国小姐们豪饮啤酒和葡萄酒之海量，一定让你遭雷击。我见到漂亮的女邻居静静喝完一瓶半很烈的啤酒，一小口一小口喝完了不少的干红，又就着甜点消灭了五六杯口感清爽、度数可不小的香槟，惊得我差点缓不过来。[14]

220　胃病司空见惯，但人们归咎于气候，而非饮酒习惯或肉类为主的膳食结构。有几个欧洲医生认为不宜过量吃肉，还有一个遗憾地说道，大多数人不吃本地菜，是"出于盲目逞能，还有对印度的强烈鄙夷，他们觉得这里的人做派奢侈阴柔"。[15]

东印度公司雇员夫妇在仆人服侍下享用早餐，菜品有炸鱼、米饭和锡尔赫特橘子。1842年

　　到了19世纪初，英国人中间的印度化习惯变少了。公司雇员禁止穿印度服装或参加当地节庆活动，公司开除了与印度女人生下孩子的雇员。这要部分归咎于查尔斯·康华利将军（General Charles Cornwallis），他不久前在弗吉尼亚州约克城（Yorktown, Virginia）吃了败仗，想要确保印度不会像美洲那样出现本土殖民者阶级，动摇英国统治。服装开始向伦敦靠拢，而印度菜尽管在潘趣酒吧和酒馆还有供应，但不再常见。英国妻子取代了印度情妇，这些英国女人大多没有受过良好教育，也没有冒险精神，对探索本地文化或饮食没有兴趣。有一作者写道：

英国女人反对吃印度菜的理由不止一个。她们消化机能差，吃香料浓重的食物常常闹肚子，而且出于无知，她们认为印度菜辛辣难吃。鄙视土著食品还带给她一种优越感。时兴的是法餐，菜里放了葡萄酒就是好吃。[16]

晚宴不许上咖喱了，尽管午餐还会上咖喱。欧洲进口鱼罐头、芝士、果酱和干果成了珍馐，部分原因在于获取不易。多道菜的晚宴是社交生活与官方活动的重要组成部分，吃的是寡淡无味的英国菜，有烤肉、羊腿、羊通脊和煮鸡肉。E. M. 福斯特（E. M. Forster）在小说《印度之行》（*A Passage to India*，1924）中讲得很明白：

> 果不其然，几分钟后他们就当真驱车从俱乐部离开，然后确实换上晚装，德雷克小姐和麦克布莱德夫妇也的确要来跟他们共进晚餐，晚餐的菜单是：肉汁菜丝汤，汤里加了瓶装硬豌豆，仿冒农家自制面包，鱼刺纵横的冒牌鲽鱼，更多的瓶装豌豆加炸肉排，屈莱弗甜点，沙丁鱼吐司——典型的英印菜式。随着主人官阶的升降，菜肴可增可减，……不过传统却一成不变：背井离乡者的菜式，由根本就不懂英式菜肴的佣人烹饪。[①]

不过，早餐和午餐一直有咖喱、熏鱼饭、咖喱肉汤（mulligatawny

221

---

① 译文摘自［英］E. M. 福斯特著，冯涛译：《印度之行（E. M. 福斯特文集）》，上海：上海译文出版社，2019 年。

维多利亚女王与印度仆
人，1897—1901，彩色石
印画

soup），直到20世纪。与此同时，普通士兵的生活条件令人惊
骇，一年从头到尾吃硬牛肉，喝劣质朗姆酒。

　　维多利亚女王从未到过印度，但她对待女皇职责是认真
的。她学习印度斯坦语，在位的最后十年里还坚持要求每天中午
烹制咖喱。怀特岛上的奥斯本庄园（Osborne House）是维多利
亚最喜欢的住所之一，庄园里有一间印度主题装潢的杜尔巴室
（Durbar Room），室内宴席由身穿醒目蓝金制服的印度侍者提供
服务。她的孙子乔治五世特别喜欢咖喱牛肉配孟买鸭（Bombay
duck，实为一种小鱼干）。宫里配有印度大厨，制作抓饭、拌
饭、豆子、焖菜等菜品。瑞士大厨加布里埃尔·楚米（Gabriel　222

Tschumi）记述了他们的活动。出于宗教原因，他们不能用送入厨房的普通肉类，所以是自己宰羊杀鸡。专门有一片区域留给两块大石磨，用来粉碎香料。[17]

---

## 印度泡菜

1加仑醋中加入1磅大蒜、0.75磅荜菱、1品脱芥末籽、1磅姜、2盎司姜黄；蒜用盐腌3天，然后清理干净，日晒脱水；荜菱要捣碎，芥末籽脱皮；所有佐料在醋中混合均匀，然后取两大颗硬卷心菜、两颗菜花，分别切成四瓣，均匀抹上盐；静置三日，然后放到太阳下晒干。

注意：姜必须用盐水泡24小时，然后切碎，再用盐腌3天。

汉娜·格拉西（Hannah Glasse），《简明烹饪法》（*The Art of Cookery Made Plain and Easy*，1747）

---

回到印度，为了帮助英国妻子（memsahib）应对新环境，包括管理数量庞大的仆人，印度老侨民编写了家政手册，书中附有菜单和菜谱，大多数都是英国菜和欧洲菜。印度菜的菜谱会放在独立的章节中，而且用语常带有侮辱性。芙罗拉·安妮·斯蒂尔（Flora Annie Steel，1847—1929）参与合著了最著名的家政手册之一。她在《印度家政与烹饪全书》（*The Complete Indian Housekeeper and Cook*，首版于1888年）中写道："大多数本土菜都油糖过量。"另一位作者将"抓饭"（pellow）称作"纯粹

的印度斯坦菜"，其中有一些"全然是亚洲性质和口味，欧洲人怎么劝都不会碰"。化名"韦恩"（Wyvern）的亚瑟·罗伯特·肯尼-赫伯特上校（Colonel Arthur Robert Kenney-Herbert，1840—1916）抱有更为同情的态度。他在《马德拉斯菜漫谈》（*Culinary Jottings for Madras*，1878）中努力认真精心对待印度咖喱，就像制作经典法式焖肉或白汁烩肉一样。

印度人与英国人的社交往来仅限于王公和富人家庭，比如加尔各答的泰戈尔家族和孟买的塔塔家族，这两家以中介活动牟利。两种文化尽管相互隔离，但还是在各自的饮食中留下了长久的印记。印度菜留给英国的最显著遗产就是咖喱。印度人历史上并不用"咖喱"这个词，菜品各有自己的名字：科尔马（korma）、卡利亚（kalia）、萨兰（salan）、罗甘乔什（rogan josh）等等。印度著名美食作家玛德胡·贾弗里（Madhur Jaffrey）在1973年的《印度美食之约》（*An Invitation to Indian Cooking*）中写道，"咖喱"一词侮辱了伟大的印度菜，正如"杂碎"一词侮辱了中国菜。这个词似乎最早出现于1502年的一篇葡萄牙人游记中，词源可能是泰米尔语的karil，指的是一种浇在米饭上的稀酱。英国人逐渐用这个词来指代一切用辛辣酱汁烹煮的素菜、肉菜或鱼菜。后来印度人也认可了咖喱。20年后，贾弗里本人的一本书也起名为《咖喱终极宝典》（*The Ultimate Curry Bible*）。

印度菜的另一大贡献是熏鱼饭。这道英国人喜爱的早餐演变于莫卧儿皇帝钟情的扁豆焖饭。英式熏鱼饭的食材有米饭（没有豆子）、熏鱼和全熟煮蛋。在维多利亚和爱德华时代，熏鱼饭是英国乡间别墅的一种早餐主食。用P. G. 伍德豪斯（P. G. Wodehouse）笔下角色伯蒂·伍斯特（Bertie Wooster）的话说，

"我们真的吃早饭……煎蛋、炒蛋、鱼饼、熏鱼饭，有时吃蘑菇，有时吃腰子"。[18]其他融合菜包括咖喱肉汤——口味辛辣，相当浓稠，改良自南印度的一种清淡肉汤——和伍斯特酱。这种流行调味料据说基于一位孟加拉省督在19世纪初带回英国的一道印度菜谱。传统印度蘸酱里加入芥末，就成了英国人气佐料芥末泡菜（piccalilli）。

17世纪，东印度公司进口到英国的中国绿茶成为富人的流行饮品，但买茶的开销消耗着英国的金库。为了打破中国的垄断，英国人要另寻货源。他们在印度东北部发现了野生茶叶，当地人自古以来就用茶叶来制作发酵泡菜（今天缅甸和泰国北部还在这样做）和草药。[19]利用中国茶种和种植栽培技术，英国政府向一切愿意种茶出口的欧洲人授予阿萨姆的土地，从而开辟了印度茶产业。茶树种植传播到了喜马拉雅山区的大吉岭地区、南方的尼尔吉里丘陵（Nilgiri Hills）和锡兰（今斯里兰卡）。英国国内茶叶价格大跌，到了17世纪末，红茶成了英国平民饮品。

224

### 印度淡色艾尔的起源

18世纪末，伦敦东印度公司码头附近的博尔啤酒厂（Bow Brewery）老板决定酿制一种专门出口印度的啤酒。他使用了两种以延长保质期知名的原料，淡色麦芽和大量啤酒花，如此有利于让啤酒在漫长而炎热的赴印航程中保持状态稳定。这种配方酿出来的啤酒带有独特的苦味，又特别解渴——简直完美适合热带气候和辛辣食物。这种啤酒叫做霍奇森（Hodgson's），很受欢迎，其他酒厂迅速效仿。[20]

英国人将饮茶习惯引入了印度，最初是在英国化的精英群体中。下午茶——配蛋糕和三明治，以及炸三角、炸杂菜（pakora）等印度小吃——成了一顿正餐，尤其是在加尔各答。但是，茶直到20世纪50年代才成为印度的大众饮品。当时印度茶叶局（India Tea Board）面对低档茶叶过剩的问题，于是发起了一场饮茶推广运动，尤其是在爱喝奶的印度北部。在这种形式下，茶一般是与奶和香料同煮。上百万名小贩在街头和火车站拿着小陶杯卖这种奶茶（chai）。

南印度人爱喝咖啡，尤其是早餐。尽管更早的时候就有咖啡种植，但南印度第一批大型咖啡种植园是英国人于19世纪30年代在卡纳塔卡邦丘陵地带建立的。到了19世纪末，南印度的咖啡种植面积超过了10万公顷。

英国人带给印度的另一样东西是啤酒。从17世纪初起，啤酒就是在印英国人的流行饮品，尤其是波特酒和淡色艾尔。啤酒最早要进口，但1830年，喜马偕尔邦（Himachal Pradesh）索伦区（Solon District）开设了第一家啤酒厂，这家厂至今仍在运营。1882年，印度有了12家啤酒厂。

许多原本是英国人自种自食的蔬菜迅速融入了印度菜，包括菜花、红胡萝卜、卷心菜和菠菜。

225　　英国人留下的另一个遗产是俱乐部：面向中上层阶级男性的会员制私人会所。印度的第一家俱乐部是孟加拉俱乐部，1827年成立于加尔各答；之后有孟买的拜库拉俱乐部（Byculla Club）和马德拉斯俱乐部（均成立于1833年）。它们是英国统治精英的聚会场所，起初拒绝商人和印度人入内。1913年成立于德里的金卡纳俱乐部（Gymkhana Club）开得比较晚了（常言道，金卡纳俱乐部统治印度）。今天，印度大大小小的城镇都有自己的俱乐部，大都市更是有多家。[21]俱乐部餐厅提供印餐、西餐，往往还有中餐。

孟加拉俱乐部的名菜是加入洋葱碎和辣椒碎的蛋卷，这道菜成了一道印度流行的早餐。俱乐部也以酒吧闻名，供应气泡威士忌、啤酒和金酒（也叫琴酒）。19世纪60年代汤力水发明，宣传含有金鸡纳成分，因此能够治疗疟疾。汤力水加上金酒便有了大名鼎鼎的金汤力。[22]金酒加上酸柠汁是琴蕾（gimlet），发明地也有可能是印度。

# 英印菜

19世纪初期至中期，"英印人"（Anglo-Indian）用来指代常住印度的英国人，但后来意思变成了英国男性与印度女性正式或非正式结合产生的后代，有时也叫"欧亚人"（Eurasian）。有些职业是保留给这些人的，尤其是铁路上的岗位。加尔各答、孟买、马德拉斯和其他铁路枢纽城市都有大量英印人。印度独立后，许多英印人移民英国、澳大利亚和加拿大。

大多数英印人信各个教派的基督教，说英语，穿欧洲服装，内部通婚。他们的饮食也别具一格，吸收了次大陆各地、英国和葡萄牙的食品，有人因此将英印菜称为最早的泛印料理。[23] 作为基督徒，他们没有饮食禁忌。经典英印菜有土豆咖喱炖肉、椒汤（一种口味辛辣的牛肉汤）、翻炒鸡肉（chicken jalfrezi，用干料炒制的剩肉）、干煎（牛肉与洋葱、番茄、香料同炒）、烤牛肉，有包括猪肉温达卢、索波特（sorpotel）、酸甜酱煎鱼（balchow）、炒蔬菜（foogath，配料有洋葱、大蒜和芥末籽）在内的许多果阿菜，还有西式蛋糕。圣诞节很热闹，有烤火鸡或烤鸭；提前几周就会准备做梅子布丁。

226

---

### 萨利纳大君为丛林人准备的伙食（打猎期间烹制的野味）

加热酥油或植物油，放肉，加入盐和整颗红辣椒，烹制10分钟。时常加入少量水，保持非煎非煮的状态。趁肉还嫩的时候收干水分，即可食用。

作者提到，他特意没有给出任何重量或体积，因为打猎期间没有量器。

出自 www.royalhouseofsailana.com

---

# 土 邦 公 侯

英国人从莫卧儿王朝手中夺取印度之后，印度各地的统治者马卜提出结盟，先是与东印度公司，后来是与英属印度政府。作为英国保护的回报，他们承认英国拥有"最高权威"。这意味着，他们保留了内部自治权和征税权，同时将对外事务交给英国人掌控。宫廷中英国势力的代表是名为"专员"的顾问。反抗英国统治的统治者会被毫不犹豫地废黜。

1947年印度独立时，印度共有562个土邦，面积约占次大陆的40%。[24]克什米尔、迈索尔、海得拉巴等土邦与一些欧洲国家一样大，其他土邦则面积很小，甚至只有一个村。土邦的世袭统治者有不同的头衔——大君（Maharajah）、拉者（Rajah）、拉那（Rana）、拉奥（Rao）、大拉那（Maharana）、大拉奥（Maharao）、纳瓦布（Nawab）、尼扎姆（Nizam）、盖克瓦德（Gaekwad）——但统称公侯（prince，这是英国人偏爱的称呼，因为帝国中只能有**一位**国王或女王）。按照《1947年印度独立法案》，英国放弃对土邦的主权，允许土邦自由选择加入独立的印度国或巴基斯坦国。大多数土邦并入印度，8个土邦加入巴基斯坦。有几个土邦寻求独立，尤其是海得拉巴，但遭到印度武力吞并。

独立后，印度政府向公侯发放津贴，名为"君主年金"（privy purse）。1971年，总理英迪拉·甘地（Indira Gandhi）废除了公侯头衔，并撤销官方补助。有的公侯成了政客，比如斋浦尔大拉尼；另一些将宫殿改造为酒店，将收藏室开放为博物馆，或支持印度野生动物和文化遗产保护。

英国人为土邦公侯的子女安排英国家庭教师，将其送入伊顿公学、哈罗公学或其他采取相同方针的印度预备学院，企图借此向公侯灌输西方价值观。他们还鼓励有经济能力的公侯赴英参加加冕典礼、十年大庆等活动。（偶尔会适得其反。1926年至1961

年在位的印多尔大君在国外待的时间太长，以至于英国专员提议将印多尔邦的格言定为"吾主终归"。）

有些公侯在伦敦和巴黎有住所，成了社交界的耀眼明星。他们光顾萨沃伊、丽思等酒店，将厨师送过去培训。库奇比哈尔（Cooch Behar）的女大君英迪拉·德维（Indira Devi，1892—1968）将御厨带去了罗马阿尔弗雷多酒店，学习她爱吃的意面做法。另一些公侯的饮食习惯更保守。巴罗达大君（Baroda，1879—1939）访欧期间带着自己的厨师、采购员和两头牛，斋浦尔大君马达奥·辛格一世（Madhao Singh I）参加爱德华七世加冕典礼时带了四个银水罐，每罐里装着9 000升恒河水，因为恒河水以有益健康闻名。（莫卧儿皇帝据说出行时也会携带恒河水。）

国事由英国人掌控，有些公侯无事可做，于是奢侈生活就成了一种打发时间的方式。这也是权威和权力的象征：他们必须过国王般的生活，臣民才会尊敬羡慕，在公侯圈子里才有名望。自从与欧洲人最早接触开始，最富有的印度统治者就从西方采购昂贵的稀有物件。这种情况在20世纪初达到了顶峰，有些公侯成了欧洲顶级奢侈品厂商的主顾，订购劳斯莱斯汽车、利摩日和斯波德餐具、巴卡拉和俪莱水晶、卡地亚珠宝。20世纪30年代大萧条期间，有些厂商是依靠大君们的订单才得以存活。[25]

公侯宅邸有大量职员和仆役，个别的人数会上千。有些仆人是通过灾荒期间的以工代赈招募来的，有些是老一辈仆人的后代，还有一些来自印度其他地方（尤其是以厨师闻名的果阿）或者欧洲。厨师分别专精素菜、鱼菜或肉菜，甚至有专做一道菜的。一道菜有时要几名厨师分工制作，这样就不会有人知道秘诀。迈索尔御膳房是最大的公侯厨房之一，有150名素菜厨师和25名荤菜厨师。后者分为印度教徒厨师和穆斯林厨师。另外有一间厨房由20名婆罗门厨师制作宗教仪式用的食物，不得有鱼、肉、洋葱或大蒜。

公侯府的生活以招待为核心。不仅是在节庆中，食物在外交和政治中也扮演着一定的角色。公侯们竞相提供最不凡、最奢华的美食。伯蒂亚拉（Patiala）莫蒂巴格宫（Moti Bagh Palace）每场宴会按规定至少要有51道菜。在海得拉巴，哪怕只有两名家人用餐，至少也要上20道菜，以免厨师丢了手艺。在一些公侯之家，包括勒克瑙和伯蒂亚拉在内，家里的男性要监督烹饪过程。

招待英国官员或其他重要公侯时，宴席往往几乎是清一色的西餐。例如，1910年，巴罗达盖克瓦德萨亚吉劳三世（Sayajirao Gaekwad III，1875年至1939年在位）在巴罗达的拉可希米维拉斯宫（Laxmi Vilas Palace）举办了一场宴会，宴请对象是瓜廖尔的拉奥吉瓦吉·"乔治"·辛迪亚（Jivaji "George" Rao Scindiya of Gwailior，1925年至1961年在位），采用全法文菜单，就像当时英国贵族宴会一样。菜单上有杏仁汤、蛋黄酱鱼、松露奶油鸡、意大利风味羊排、烤山鹑胸肉配青豆、多蜜酱洋蓟心、咖喱饭、奶油烤苹果、开心果冰激凌。

有些公侯有大酒窖。有几家公侯很少吃印度菜，比如拉杰普特地区的贾姆讷格尔（Jamnagar）和小乌代浦尔（Chhota Udaipur）。另一些公侯吃英式早餐，其他场合吃印餐。圣诞节有盛大庆祝活动，宫里会上野猪头、野味馅饼、梅子馅饼等英式菜品。

MAKARPURA PALACE.

MENU.

29-1-97 *Friday* 7-30 P.M.

Anchois á la Norweginne.

Pure'e d' asperges.

Poisson a la Villeroi.

Cotelettes de lièvre à l' Allemânde

Petites bombes de perdreau á la gelée.

Dindon Roti á l' Anglaise.

Salad Russe.

Cauliflower á l' Hollandaise.

Crevettes Curry et Ris.

Pistachoo Pudding ( Chaud )

Suèdoise de Macèdaine à la gelée.

Glacé à la Japônaise.

Fruits.

॥ अस्प्याच्यागस सुप मास्पद्धि ससा ल्या नेतरी तीतरें ॥

॥ टर्की रोस्ट सलाड ल्याज बरती डच्सर्स फूलाबरें ॥

॥ श्रिग्याची करि भान गोदाद्धि पुडिंग जेली सवें कीमलें ॥

॥ आइस्कों शुचिरा पदार्ष दश हे ल्यां सेबिजे भूपते ॥ १ ॥

P. C .P.

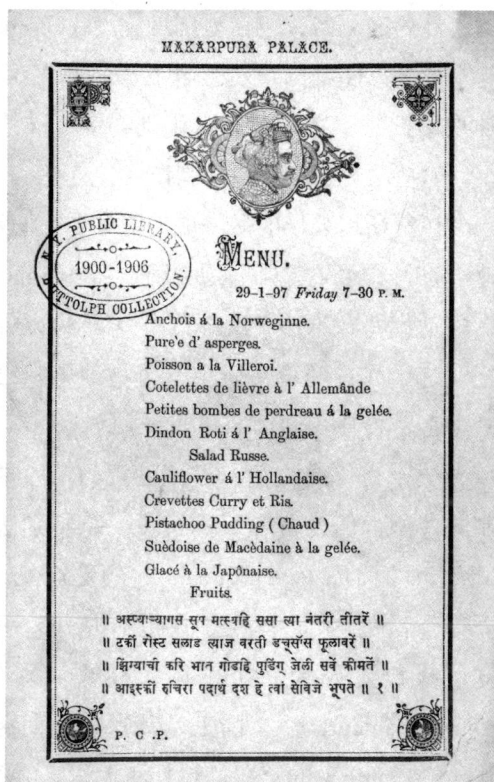

巴罗达大君在拉可希米维拉斯宫举办的一次宴会菜单

公侯餐桌上也有本土菜肴。以克什米尔为例，蘑菇抓饭（guchchi pulao）、克什米尔菠菜（saak）、油炸荷花茎（nadru）直到今天依然会装在银盘中献给大君一家。印度东北部特里普罗（Tripura）王室是全世界仅次于日本的第二长延绵世系，他们的菜品有竹笋烤猪肉（chunga bejong）、竹筒饭（maimai，糯米包在芭蕉叶里，装入竹筒中用柴火烤熟）、鱼配蔬菜泥（gudak）。[26]

因为打猎（shikar）是许多公侯的一种生活方式，所以肉菜在诸多宫廷中扮演着重要的角色。例如，焦特布尔（Jodhpur）

以野外烤肉闻名，包括地坑烤兔（khud khargosh）和烧鹌鹑。红辣椒鹿肉（lal maas）是一道拉贾斯坦名菜。然而，《1972年野生动物保护法》禁止捕猎野生动物，公侯的这种消遣方式遂告终结。这些菜现在改用猪肉制作。

230　　拉贾斯坦公侯的另一项传统也受到了限制，那就是用本地药草、香料和水果酿制名为"阿沙瓦"（ashav）的烈性酒，其中有一种是焦特布尔特产藏红花麝香酒（kesar kasturi），原料包括藏红花、干果、药草、坚果、植物种子、22种香料、奶和糖。另一种是贾格莫汉酒（jagmohan），这种烈酒用干果和32种香料药草酿成，当年是梅瓦尔君主的贡品。1952年，拉贾斯坦禁止酿制这些酒，但2006年又通过了一条特别法令，允许生产所谓的"遗产酒"（Heritage Liqueurs），颇受游客欢迎。[27]

公侯的肉食生活方式也有例外。从12世纪直到印度独立，喀拉拉分为三个王国：科钦、马拉巴尔和特拉凡哥尔（Tiruvithamcore）。三国王室都吃素。直到今天，科钦王室御膳房（madapilli）的菜品依然朴实无华，由婆罗门厨师用本地食材烹制而成。[28]印度教圣地贝拿勒斯（即瓦拉纳西）大君遵循的规范最为严格。他们不仅是严格素食者，不吃洋葱和大蒜，而且正统到了不能在他人面前吃饭的地步，连家人也不行。现任大君阿南特·纳拉因·辛格（Anant Narain Singh）只吃一支比哈尔厨师团队制作的食品，他出行时，这些人也要随行供应他一个人的餐。[29]

因为王室通常与其他王室联姻，所以菜品也会在区域间传播。例如，瓜廖尔的瓦吉拉奥吉娶了一名尼泊尔贵族女子，她将尼泊尔菜带进了马拉塔厨房。到了20世纪70年代中期，瓜廖尔宫廷厨房就以马拉塔菜和尼泊尔菜闻名了。

尽管公侯们的奢华生活在某种程度上已是明日黄花，但公侯家族会在家里和餐厅里，尤其是宫殿改建的酒店里供应传统菜肴，从而在印餐中发挥了重要作用。有些公侯甚至成了酒店老板或者咨询师。泰姬陵酒店集团修缮了几座宫殿，在餐厅中还原了公侯菜品，最近开的一家是尼扎姆当年居住的海得拉巴法拉克努马宫（Falaknuma Palace）。

近年来，人们对印度公侯的生活和饮食重新产生了兴趣，一个证据就是2012年出版的《与大君共餐：千年美食传统》（*Dining with the Maharajahs*: *A Thousand Years of Culinary Tradition*）。这本书插图精美，内容翔实，部分内容改编成了电视片。萨利纳是位于今中央邦的一个小土邦，邦主迪利普·辛格·吉（Dilip Singh Ji）之前写过一本书，被认为是有史以来最优秀的印度菜谱之一。辛格的祖父开始收集、记录甚至试做其他公侯家族的菜品做法，他的儿子将这些成果出版，获得了评论界的赞誉。 231

## 圣雄甘地、自由运动与食品

伟大的印度政治与精神领袖莫罕达斯·甘地（Mohandas Gandhi，1869—1948）提倡生活饮食朴素，部分程度上正是对公侯放荡生活的回应。他的思想代表了古代信仰与现代膳食理论的结合。

印度国民大会党成立于1885年。这是一个温和派团体，成员以受过西方教育的专业人员为主。他们通过决议的议题根本没有争议，比如印度人进入公务员体系的机会。到了1900年，国大党已经成为一个全国性的政治组织。1906年，代表穆斯林利益的全印穆斯林联盟成立。1905年，总督寇松勋爵（Lord Curzon）分割孟加拉地区的做法同时疏远了印度教徒和穆斯林，激化了印度人对英国统治的不满。

100多万印度士兵参加了第一次世界大战，为大英帝国战斗，伤亡比例很大。再加上经济萧条，尤其是1919年旁遮普札连瓦拉园（Jallianwala Bagh）手无寸铁的平民惨遭屠杀一事，这些都增强了印度人对掌握本国事务的欲求。国大党从精英政治俱乐部转型为大众组织。政府出台改革，让印度人在政府和公务员体系中发挥更大的作用，但改革步子太小，来得也太迟了。到了1930年，有人要求印度完全从英国独立。

查克拉瓦蒂·拉贾戈帕拉查里（Chakravarti Rajagopalachari）、莫逖拉尔·尼赫鲁及其子贾瓦哈拉尔·尼赫鲁（Motilalal and Jawaharlal Nehru）、瓦拉巴伊·帕特尔（Vallabhbhai Patel）和苏布哈斯·钱德拉·鲍斯（Subhas Chandra Bose，他主张武装革命）是自由运动的重要成员，但后来被称作"圣雄"的莫罕达斯·甘地是最重要的人物。他提出的愿景让成百上千万普通印度人加入了运动。甘地运动的基础是satyagraha，意思是"坚持真理"或"真理的力量"。它又基于可以追溯到公元前6世纪的非暴力原则（见第二章）。尽管甘地的宗教信仰根植于印度教，且受到耆那教的强烈影响，但他主张所有宗教都是有对有错，因此并无高低之分。他采用印度乡村群众的着装风格，身穿卡迪布（khadi，即家庭纺织的土布），呼吁印度人依赖印度人在印度制造的货品，提倡小农和小工业，反对大规模工业化。

232

266

马尔瓦末代苏丹巴兹·巴哈杜尔（1555年至1562年）和王后鲁普马蒂狩猎图

　　甘地的饮食观念与其道德、政治哲学密不可分；事实上，过去也好，现在也好，我们都想象不出有另一位世界政治领袖如此关注饮食。他的著作反映了传统印度宗教与医学观念，也反映了当时的营养学理论。

　　甘地出身于古吉拉特沿海的毗湿奴派印度教家庭，当地耆那教的势头颇盛。他家里吃素，他虔诚的母亲经常斋戒。甘地十几岁的时候，有朋友劝他尝一尝肉。当时有一种流行观念认为，英国人强健掌权是因为吃肉，印度人如果效仿的话，就能够击败英国人，赢得独立。一首古吉拉特民谣这样写道：

看那英国人多么强大

他统治着矮小印度人，

因为英国人吃肉

所以长到五腕尺高。

---

**圣雄甘地推荐的每日食谱**

233

800毫升牛奶

175克谷物

75克绿叶菜

150克其他蔬菜

3大勺酥油

3大勺糖

水果，依个人口味和预算而定

2升水或其他液体

---

甚至伟大的精神领袖斯瓦米·维韦卡南达（Swami Vivkenanda）也呼吁吃肉，依据是唯有吃肉才能打造强健体魄，避免体弱的民族屈从于体强的民族。"哪一种罪更大——杀几只羊，还是无法保护妻女的名誉？"他问道，"让那些精英人物，那些无须靠体力赚钱的人戒肉去吧。"[30]

甘地在自传中讲述了第一次尝试吃肉的经历：

这一天终于到了。我当时的心情是很难充分描述的。我一方面抱着"革新"的热望和好奇的心理，另一方面却又因为像窃贼一样地干着这不可告人的勾当而感到羞愧。这两种心情哪一种占优势，连我自己都分辨不了。我们到河边去找一个偏僻的地方，在那里我生平第一次看见了肉。我们还带了从面包店买来的面包。这两样东西我都吃不出什么味道来。那天的山羊肉粗糙得像牛皮一样，简直无法下咽。我实在受不了，不得不抛下走开了。

那天晚上我很难过，做了一夜的噩梦。每一次快要睡着的时候，总觉得好像有一只活山羊在我的肚子里苦苦地哀叫，使我懊悔地惊跳起来。然而我又安慰我自己说，肉食是一种责任，于是又觉得泰然心安了。①31

甘地的朋友开始为他烹制特殊的肉菜，甚至在餐厅里订餐。甘地逐渐克服了不情愿（以及对山羊的悲悯），开始享受肉菜了。这 234 个过程持续了一年。但是，他终究敌不过罪恶感，得出结论认为，向父母撒谎比不吃肉更坏。他下定决心，只要双亲健在，就绝不吃肉。

1888年，甘地赴英学习法律。临行前，母亲要求他在一名耆那教修士面前发誓，他绝不碰肉、酒或女人。一开始，他以水煮蔬菜和面包为食，直到他在伦敦发现了一家素食餐厅。他在那里买了一本英国改革家亨利·S. 萨尔特（Henry S. Salt）写的《呼吁素食》（*A Plea for Vegetarianism*，1886），这是最早提倡动物权利的现代著作之一。书中概述了吃素的道德理由，包括

---

① 译文摘自［印］甘地著，吴晓静译：《甘地自传》，昆明：云南人民出版社，2016年。

吃肉蕴含着暴力，戒肉能够达到非暴力——甘地认为这就是古老的"不伤生"观念。现在，他戒肉不再是因为对母亲发了誓，而是出于道德信念："现在我已经选择了素食，宣扬素食便成为我今后的使命了。"[32]甘地加入了伦敦素食协会，成了执行委员会委员。

1931年，甘地在协会发表了题为"素食的道德基础"的演讲。他说，单纯为了健康而吃素的人常常失败，因为素食既需要现实的基础，也需要道德的基础。有的素食者奉行食品拜物教，以为只要是吃素，那么芝士、扁豆、菜豆就可以想吃多少吃多少——这种做法无益于健康。他说，保持健康的秘诀是减少吃的分量和顿数。

他后来又一次得了重痢疾，喝山羊奶帮助他恢复了身体，于是甘地不得不承认素食中有必要加入奶，因为奶是亟须的蛋白质来源。尽管如此，他依然将不能戒奶称为"我的人生悲剧"。甘地同意吃蛋，只要未受精即可。谷物应当在本地研磨加工，以免损失有营养的种皮。他建议每天吃绿叶菜和应季水果，最好是生食。奶和富含淀粉的香蕉是完美的一餐。

甘地主张，人必须摄入一定量的脂肪；最好是纯净的酥油，其次是现磨的花生油。每天要吃大约40克才能满足人体所需。超过这个用量，则是"轻率的浮夸"，尤其是用来炸脆饼和甜球。人还需要糖——他建议每天吃25至40克糖——如果没有甜味水果的话，量还可以增加。但他说，印度人嗜甜无度是错误的。在一个许多人连饱饭都吃不上的国家，享用蜜饯事实上等同于抢劫。

"进食应当视为一种维持身体运转的义务——甚至是一种

235

药——而不应当是为了满足口腹之欲。"甘地写道，因为愉悦来自果腹。[33] 他反对使用香料，因为香料的唯一功能是满足口腹之欲。他还相信香料对保持健康没有用处，而且所有调料，甚至是盐都会破坏蔬菜和谷物的本味。同理，茶、咖啡和可可不仅无益，甚至可能有害。

甘地完全无法接受酒，因为酒对贫民造成了经济、道德、智力和体力的伤害（他写道，有些公侯的人生毁于酒精）。甘地倡导完全禁止酿酒、卖酒和饮酒，这项政策至今实行于他出生的古吉拉特邦和印度其他几个邦。（古吉拉特甚至规定，私下制贩酒致人死命者可判处死刑。）关于烟草，他引用了俄国作家托尔斯泰的话。托尔斯泰将烟草称为所有麻醉品中最恶劣的一种，还说烟草极其昂贵、难闻且肮脏，尤其是吐痰的时候。甘地的著作中完全没有提到喝尿，尽管有人相信喝尿是甘地饮食哲学的一部分。[34]

甘地虽然严格遵循自己的规范，但并不会教条地强加于人。通过长期实验和观察，他相信不存在适用于所有体质的一定之规，而且尽管素食是"印度教的无价馈赠之一"，甚为可取，但它本身并不是目的。他在《青年印度》报纸撰文称："有很多人虽然吃肉，和其他人一起用餐，但生活中敬畏神明。相比于那些虔诚戒除肉食和其他食物，但其他行为却都是亵渎神明的渎神之徒，他们反而更接近解脱。"[35] 尽管他亲近耆那教，但如果有虫蛇侵犯他的隐居处，他会毫不犹豫地将其杀死，他还觉得没有必要像耆那教徒那样不吃茄子或马铃薯。

甘地争取独立的主要武器之一便是绝食。他一生中绝食17次。最长的一次是在1943年，他为了阻止群体骚动而绝食21天。236

1948年1月，甘地在新德里比拉公馆（Birla House）进行人生中最后一次绝食，目的是恢复社群和谐

印度国内外的其他人采取了这一策略，最近的实施者是印度反腐斗士安纳·哈扎尔（Anna Hazare）。

甘地还坚定保护牛。他写道：

> 印度教的核心是……护牛。对我来说，护牛是人类演化史上最美妙的现象之一……人通过牛得到告诫，要实现自身与万千生灵的合一。我觉得，牛会被奉为神明的原因显而易见。在印度，牛是最好的伴侣。她出产众多。她不仅产奶，还让农业成为可能……她是亿万印度人的母亲。保护牛，就意味着保护神的次级造物。无论古代的先知是谁，他的原点

都是牛。诉诸次级造物是印度教献给世界的礼物。只要印度
教徒还在保护牛，印度教就会生存。[36]

今天，印度有多个邦制定了牛保护法，禁止运输和屠宰活牛，有 237
些情况下还禁食牛肉。

甘地的饮食观在印度是否产生了长久影响，这是值得怀疑
的。伴随经济增长而来的饮食变迁已经导致了糖尿病、高血压和
其他"富贵病"的增多——本书第十二章会探讨这一话题。

# 第十一章

# 印度饮食概览：餐制、烹饪技法与地方差异

纵观历史，全世界大多数人的饮食都局限于本地应季食品。幅员辽阔，道路条件差的印度尤其如此。此外，印度气候多样，少有通行全国的作物和食材。即便是通常的地方菜系划分——南印度菜、旁遮普菜、孟加拉菜、海得拉巴菜等——都远远说不上是正确表述了这种多样性。毫不夸张地说，任何关于印度饮食的论断都能找到反例。尽管有种种局限，但分地区介绍是描述次大陆饮食多样性与丰富性的最现实手段。

## 餐　　制

印餐以淀粉类食物为核心，可以是稻米或其他谷物。从全国范围来看，谷物提供了居民摄入热量和蛋白质的70%，尽管这个比例会随着收入升高而降低。水稻产区（东北、南印度、北方邦）以稻米为主食，而在出产小麦的北方（包括旁遮普和哈利亚纳），小麦是主食，通常采用饼的形式。在西印度，粟和高粱等所谓"粗粮"曾经是主食，但现在已经基本被小麦取代。

印度人膳食的另一个重要组成部分是豆类（菜豆、豌豆、扁豆）。谷物和豆类合起来就能提供健康所需的全部氨基酸。蔬菜、

奶制品、香料、蘸酱、腌菜、水果和糖提供维生素、矿物质和微量元素。在印度的许多地方，吃完饭后会喝白脱牛奶或酸奶，这两种饮品据信能促进消化。　　239

　　旁遮普邦普遍养奶牛，人均饮奶量是奥里萨邦的17倍，全国平均水平的2倍。油脂摄入量排在前两位的是古吉拉特邦和旁遮普邦。古吉拉特是印度最大的油料作物产地，而旁遮普人只要负担得起，每天都要吃黄油和酥油。过去还有其他的地方性油种——喀拉拉邦吃椰子油，西孟加拉邦吃芥子油，南印度吃芝麻油——但今天，它们愈发被植物油和大豆油取代。

　　与西方流行的观念相反，有证据表明，素食者在印度是少数派：根据一份调查，全国素食者比例估计为25%至30%。分区域来看，喀拉拉、奥里萨、西孟加拉的素食者比例最低，不到6%，拉贾斯坦邦和古吉拉特邦最高，达到60%以上。[1]但是，肉价昂贵，大多数人负担不起每天吃肉；按照西方标准来看，印度富人吃肉也偏少。印度肉菜分量比西方小，西餐的主菜常常就是肉。平均而言，印度人摄入的热量有92%来自植物制品，只有8%来自动物制品（肉蛋奶）。

　　大多数印度中产阶级一天吃两顿正餐，另有一两顿加餐，包括下午茶和吃得不多的晚餐。乡村地区的正餐有一顿丰盛的早餐或早午餐，为一天的劳作提供能量，晚餐吃得少。下午还可能有一顿加餐，吃饼子和零食。

　　根据古代印度教的饮食理论，每顿饭都应该六味俱全，而且遵循甜、酸、咸、辛、苦、涩的顺序。现在大多数人都不知道这个理论，而且只有正规婚宴才会六味俱全——明显的苦味除外。不过，一顿印餐里往往有四五种味道。与任何国家一样，优秀厨师会追求色泽与口感的搭配协调。比如清汤肉菜配浓酱素菜，或者清淡的豆子配烤肉串这样口感发干的肉菜。

印餐通常没有上菜次序。所有菜基本是同一时间上桌的，尽管某些菜可能会有不同的上桌时间，而且一顿饭从头到尾都摆在桌上。曾任墨西哥驻印度大使的诺贝尔奖得主奥克塔维奥·帕斯（Octavio Paz，1914—1998）写道：

240

> 欧洲菜有相当精确的上菜顺序，是历时性菜系。……印度则大不相同，各种菜是一起上来的，都放在一个大盘子里面。没有次序，也没有队列，而是食物与味道的汇聚叠加；印度菜是共时性菜系。风味的融合，年代的融合。[2]

常见的上菜方式是放在一个直径约35厘米，边缘略微翘起的金属圆盘（thali）。大餐盘一度主要在印度北部使用，如今流行于全国的家庭和餐厅。米饭、饼子、腌菜放在大盘上，豆子、蔬菜、肉、鱼、酸奶、甜品则放在金属小圆碗（katori）里面。Thali这个词可能源于sthali，这是吠陀时代用来煮米饭的一种礼器。大盘的材质可以是金银（富人）、青铜、钟铜（kansa，一种铜、锡、锌、铁、汞合金），大型非正式用餐场合甚至会用泡沫塑料大盘，用压痕代替小碗。传统观念认为，某些金属具有药性，能促进消化。[3] Thali这个词也指印度餐厅里的套餐。南印度的传统餐具是芭蕉叶，尽管今天主要是节日和婚礼才会这样做。

241

印餐的传统吃法是用右手抓。做菜期间任何人不能碰，也不能尝。这样一来，做菜的最后一步就留给了食客，由其按照自身喜好将米饭或饼与菜品调料混合。如果味道太淡，食客可以加一

金属大餐盘配多个小碗是一种传统的上菜方式

印度南部和东南亚南印度风味餐厅的传统餐具：芭蕉叶

点腌菜或辣椒；如果太辣，可以配酸奶。吃饭时手要画圈，先用手指捏取米饭，或者撕下一块饼，然后用饼子或米饭去卷取其他菜。西方化的家庭吃饭用刀叉。

# 厨艺与厨具

印度菜重视厨艺，非常费工。与意大利菜相比，食材产地和新鲜程度没有那么重要。传统上，大多数家庭都是女性下厨。在儿媳妇与公婆同住的同堂家庭里，婆婆主厨，儿媳打下手。在婆罗门家庭中，女性要先沐浴，穿上棉纱丽才开始做饭。有钱人家会聘请厨师，厨师往往为男性，正统印度教家庭中还要用婆罗门厨师。（当年，厨师是仅次于祭司的婆罗门第二大常见职业。）为了避免污染饭食，任何人不得进入厨房，也不许触碰厨师。

按照西方的标准，印度厨房简单乃至简陋（尽管现在有钱的城里人开始安装"设计师厨房"了）。烹饪几乎全部是在一个炉灶上完成。传统燃料有干牛粪、木炭、焦炭、树枝或刨花。牛粪是一种古老的资源再利用方式，也为收集、干燥、贩卖牛粪的人提供了收入。牛粪烧出的火比较温和，正好适合加入酱料的慢炖菜，这些菜有时会拿热炭保温过夜。中产阶级家庭的标准厨具是用瓶装液化气（propane）的小型双孔灶。如此简单的设备竟能做出盛宴，实在令人惊叹。现在，四分之三的印度城市家庭都有法国17世纪发明的高压锅。密封盖令锅内气压升高，提高水沸腾的温度，从而显著减少烹饪时间。

印度菜有一种技法结合了煸、炒和炖，在西餐里没有确切的对应物。厨师先用少许油炒制香料和一种用大蒜、洋葱和姜制成的糊，有时还会放入西红柿炒软。然后用炒出来的油将肉、鱼或蔬菜煎至褐色。下一步是分次少量加入液体，一边加一边搅拌。加入液体的多少和加热时间的长短决定了菜的干湿。另一种印度独有的技法（叫做chhauk、takar或bagar）是用少许植物油或酥油煎香料，然后加入咖喱或熟豆子里，增加迷人香气。

小火慢煨和"咖喱"普及率高的一种可能解释在于多代同堂制度，要求同时为许多人准备饭食。这样一来，比方说，速度和新鲜度要求高的炒菜就不行了。印度不需要兼具烹饪和室内增温功能的炉灶；因此，除了在最北面，烧烤都很罕见。

古老的腌制技术在热带气候下很重要。让水果、蔬菜、鱼肉中充满酸性物质能够抑制大多数微生物的生长，从而起到保存食物的作用。一种做法是直接加入酸性液体，通常是醋，另一种做法是用高浓度盐水浸泡，促进产酸细菌生长。印度腌菜有甜的，有酸的，有咸的，有清爽的，也有辣的——实话说，是非常辣。它们为饭食增添了另一个味觉维度。

印度厨具相对较小。古代的锅和厨具是陶器，用灰、土和天然酸性或碱性物质清理。现代厨具是金属材质。最常用的厨具之一是不锈钢或铸铁深底煎炸锅（karahi），锅有两个把手，底部是平的或者略带弧度。米饭和带汤咖喱菜用带盖直壁平底锅。盖子呈茶托形，制作某些菜品时可以将热炭放上去。沉重的长柄平底铁鏊子（tawa）可以用来制作不用油，或者用油少的饼。其他厨具包括油炸、沥水用的漏勺和搅拌用的长柄勺。孟加拉地区有一种固定在木板上的大刀（bonti），用来切鱼和大块蔬菜。南印度和古吉拉特厨房里有各种制作蒸饼和蒸糕的专用器具。

在印度部分地区，厨师会在一块大石板上用小石走锤擀压香

243

279

料、洋葱、大蒜和药草。南印度普遍用臼杵。现代厨师有电动粉碎机和搅拌机。有的厨房特别大，比如富人家或者餐厅里，这可能就会雇一个人专门负责研磨香料。香料和调味料通常是一大早就磨好，供一日饭食。

# 克 什 米 尔

查谟-克什米尔邦位于印度最北端。[4]它原本是英属印度最大的土邦之一，独立后印度和巴基斯坦均宣称主权。自1972年以来，克什米尔就被一条实控线分开了。原领土的三分之二属于印

244

勒克瑙贵族家庭的厨房

度的查谟-克什米尔邦，其余部分由巴基斯坦控制，称为"自由
克什米尔"（Azad Kashmir）。自20世纪50年代以来，印巴两国
围绕该地区爆发了多次战争，政治动荡和2005年克什米尔地震
严重破坏了当地经济。查谟-克什米尔邦人口1 200万，其中约有
70%是穆斯林，其余信仰印度教、锡克教和佛教。自由克什米尔
人口450万，以穆斯林为主。

　　克什米尔绿意葱茏，又有湖泊，是莫卧儿皇帝最爱的避
暑胜地。享有盛名的克什米尔谷地（Vale of Kashmir）出产果
蔬，极为丰饶。湖中产鱼、荸荠和莲藕。游牧民蓄养山羊和绵
羊。克什米尔菜的特色食材包括藏红花、一种甘甜的小颗红葱头
（praan）、羊肚菌、野生芦笋，还有味道温和的克什米尔红辣椒。
传统加热介质是芥子油。

　　克什米尔菜有两个流派：印度教菜［又称潘迪特菜

245

为孟加拉乡村学校制作午餐的妇女

（Pandit）〕和穆斯林菜。两个群体都吃肉（尽管潘迪特人不吃鸡肉），但调味不一样。印度教徒用酸奶和阿魏，穆斯林菜则用洋葱和大蒜调味，这两种食材潘迪特人都不吃。

芜菁可以生吃，做成腌菜，加香料油炸，用酸奶煨，也可以用奶油肉汁炖。克什米尔是印度少数常吃蘑菇的地区，尤其是吃一种当地品种的羊肚菌。最受欢迎的菜品之一是小土豆煮熟后油煎，再用香料酸奶酱慢炖。每顿饭都配白米饭，宴席会上香喷喷的抓饭和拌饭。

克什米尔以肉菜丰盛的特色宴席（名为wazwan，见第235页至236页）闻名，菜品可多达40道。山羊肉为佳，越嫩越好，常用酸奶和香料腌制，然后加奶和奶油做成一道醇厚浓郁的肉酱。克什米尔的标准饮品是卡赫瓦（qehwa），即加入藏红花、豆蔻和杏仁调味的绿茶，饮具为茶炊。

# 北 方 邦

北方邦人口超过1.3亿，是印度人口第一大邦。印度首都新德里就在北方邦境内。北方邦地处广袤的冲积平原，热带季风气候，既是印度最大的小麦产地，也是甘蔗、豆类、马铃薯、牲畜、奶制品、蔬菜和水果的主产区之一。

246　　北方邦居民约有82%是印度教徒，60%吃素。人数众多的卡雅斯塔种姓吃肉，他们是莫卧儿帝国和英国的印度教徒文官的后代。早餐流行吃脆饼哈尔瓦：油炸面粉脆饼、胡萝卜哈尔瓦、咖喱鹰嘴豆、马铃薯和腌菜。正餐通常会有豆子、面饼（脆饼、抛饼或恰巴提），再加一两种应季素菜——冬天吃菜花，夏天吃苦瓜。不吃素的人会把一道素菜换成咖喱肉。

　　瓦拉纳西（旧称贝拿勒斯）被印度教徒视为圣地，以素菜和甜食闻名。素菜用酥油烹制，不放洋葱和大蒜。甜食大多含有霍亚，即全脂牛奶熬煮而成的黏稠固体。还有一些北方邦城市以甜食闻名。马图拉是奎师那大神降生的地方，奶团子（peda）颇有名，这是一种用稠奶制作的半软浅色糖球，口味有豆蔻、坚果或藏红花。阿格拉是冬瓜糖（petha）之乡，这种半透明的软糖是用泡在糖水里的熟冬瓜制作的。相比于印度教徒朴素的素食，邦首府勒克瑙的丰盛饮食以肉为主，传承自阿瓦德宫廷（见第219至223页）。

# 印度西北部

　　南亚的农耕畜牧史可以追溯到公元前7000年，最早的证据发现于巴基斯坦俾路支斯坦省梅赫尔格尔村，那里今天生活着俾路支人和其他族群。[5]地貌崎岖荒凉，饮食简单，不放香料。饼有着重要地位，包括泥炉饼（tandoori roti）、壁炉饼（khameer roti，面坯轻微发酵后，用嵌入墙内的特制陶炉烘烤）、石头饼（kaak，将面坯裹在一块热石头上，然后炭烤，成品硬似岩石）。

　　烤肉串调味清淡，只放盐和芫荽。最流行的菜是通常加奶煮的汤（shorba）。另一道特色菜是干奶球（quroot），做法是将发酵的凝乳加盐，团成鹅卵石形状的球，再日晒晾干。烤全羊（sajii）源于中东，做法是将腌制好的整只羔羊插到一根扎进地面的钎子上，用燃烧的木柴烤熟。烤全羊的传统吃法是配圈饼。当地人会将肉脱水撒盐，等到冬天再拿来煮。一种常见的饮品是用绿豆蔻和肉桂水煮的绿茶。

247　　　直到2010年之前，居民以普什图人为主的巴基斯坦开伯尔-普什图省（Khyber Patunkhwa）都叫做西北边境省。这里原本属于阿富汗和锡克教诸王国，1849年纳入英国治下。饮食与俾路支斯坦类似，以肉为主。（当地谚语称，煳肉也比豆子强。）少量香料调味的烤牛羊肉串非常流行。主食是饼子，一般是用小麦粉制作（有些地区用玉米粉），用许多家庭都有的泥炉烤制。省首府白沙瓦附近的一个村庄诞生了印度最著名的餐厅老板，泥炉料理（见第324至326页）的开创者昆丹·拉尔·古杰拉尔（Kundan Lal Gujral）。

## 旁遮普和哈利亚纳

　　"旁遮普"的意思是"五河"，长期以来是印度农业重镇。

248　1947年独立后，英属旁遮普省被巴基斯坦和印度瓜分。1966年，印属旁遮普以语言和宗教为由一分为三：狭小多山的喜马偕尔邦、印度教徒为主的哈里亚纳邦、锡克教徒众多的旁遮普邦。国界线另一侧的巴基斯坦旁遮普省人口9 100万，占全国人口的一半以上。省会拉合尔距离印度旁遮普邦首府阿姆利则（Amritsar）仅有30千米。

　　印度和巴基斯坦所属的旁遮普位于肥沃平原，都是各自国家的面包篮，出产小麦、大麦、玉米、鹰嘴豆、甘蔗、稻米、芥末、水果和蔬菜。旁遮普邦的农业机械化水平冠绝印度，也是两国贫困率最低的地区。奶牛养殖（包括水牛）是重要产业。

　　旁遮普饮食简单朴实，与土地关联密切。这片区域有时被称

古吉拉特妇女用当地粟米粉制作菜品

作"饼乡"，因为当地以小麦饼为主食，有时也用粟米粉和玉米粉。菜花、胡萝卜、芜菁、南瓜、芥菜是饮食的重要组成部分。有些矛盾的是，尽管旁遮普地区人均收入高，但印度旁遮普邦的素食者比例很高，达到54%。当地人乳糖不耐比例低，大量饮用奶、风味酸奶（lassi）和白脱牛奶。

## 锡 克 教 徒

锡克教是由古鲁那纳克（Guru Nanak，1469—1539）创立的一神教，目前印度约有信徒1800万。那纳克本为印度教徒，宣扬"独一造物主真名"的教义。1459年至1708

249

年，他的后继者（号为古鲁）否定种姓制度、仪式主义、禁欲主义和偶像崇拜，承认男女平等，宗教一律平等。锡克教徒有五个身份标志：留长发、梳头发、穿短裤、戴钢镯、佩匕首。锡克教礼拜场所叫做谒师所（gurdwara），焦点是锡克教圣书《阿迪·格兰特》（*Adi Granth*），又名《格兰特·萨希卜》（*Granth Sahib*）。礼拜活动结束后，用等量面粉、酥油和糖制作的哈尔瓦会分发给信众。

锡克教罕有自己特殊的菜品：旁遮普的锡克教徒就吃旁遮普菜，依此类推。大多数锡克教徒不吃素，尽管他们不吃牛肉，也不吃没有按照锡克教规宰杀的动物。锡克教的屠宰规定是用刀或斧一下将牲畜斩首（jatka）。锡克教经文指出，吃不吃肉应由个人决定。锡克教谒师所设有集体厨房（langar），为所有信徒和访客供应免费餐食，信仰其他宗教的人同样接待。谒师所必上素菜，以便所有人都可以吃。

奶豆腐——农夫奶酪上面放重物挤压，然后切成方块——是经典咖喱食材，通常还会放豌豆和其他蔬菜。奶豆腐也可以做成烤串。酱料用洋葱、番茄、大蒜、姜下酥油炒制而成，调料一目了然，有芫荽籽、孜然和红辣椒。米饭主要用于特殊场合。旁遮普产的豆子厚实饱满，闻名整个次大陆：比如有一道炖豆子（dal makhani）是小火长时间炖煮黑豆、鹰嘴豆、黑眼豆或腰豆，以香料和奶油调味。另一道旁遮普名菜是芥菜（sarson ka sag），配玉米饼食用，类似于墨西哥玉米饼。有一种人气街边小吃和早

250

拉西，一种流行的酸奶饮品，传统容器是陶罐

饭是辣鹰嘴豆配略微膨胀的油饼（chole batura）。

# 拉 贾 斯 坦

　　1947年，20多个土邦合并为拉贾斯坦邦。阿拉瓦利岭（Aravalli mountain）将拉贾斯坦分成了东南丘陵地带和塔尔沙漠。这片荒芜的沙漠是世界上最炎热干旱的地区之一。但多亏了灌溉工程，拉贾斯坦已经成了重要的粟米、菜籽、芥末、大麦、玉米、某些香料和牲畜产地。90%左右的人口信仰印度教和耆那教。

　　谷物磨成粉后可以做出次大陆上最美味的一些面食。印度西251
部有一种主食是粗面粉加水调成面糊，不发酵，质地可软可硬的圆饼（bhakri，又名dhebra）。它是农民下地干活时的传统吃食，配蘸酱、辣椒或腌菜食用。小麦正日益取代当地的传统谷物。食用油和酥油对穷人来说是稀罕物，因此饼子常常是用沉重的平底锅烤熟，上桌前加入一点点酥油。

拉贾斯坦人吃素的比例接近三分之二。当地最著名的菜品是历史悠久的炖豆开口饼（dal batti churma）。炖豆通常是用五种豆子和酥油制作。开口饼是用小麦粉圆面团炭烤至表面裂口，配酥油食用。豆子无处不在，有炖豆子和酸奶咖喱豆（kadhis，酸奶和鹰嘴豆粉制作的辣味咖喱），也有豆面做的饼子和小吃。鹰嘴豆粉、酸奶和香料揉成面团，擀成细长条，煮熟晾干即成豆面疙瘩（gatta）。烹调方法如蔬菜。日晒菜干也很受欢迎。

商人种姓马瓦里（Marwari）发源于拉贾斯坦，至少从阿克巴时代起移居印度全境。他们是严格的素食者（许多人信耆那教），不吃大蒜和洋葱。但他们发展出了一种以日晒菜干、面食和众多甜品为基础的丰富菜系。

世袭统治者拉杰普特人的饮食以肉类为主，反映了他们的种姓（刹帝利）和狩猎爱好。纯正的拉杰普特菜包括：烟熏烤肉（sula），传统食材有野猪、鹿肉、鹌鹑和其他野味；腌野猪肉和鹿肉；白肉（safed maas），用酸奶、椰子和奶油炖肉，汤汁呈白色，芳香怡人。


# 古 吉 拉 特

古吉拉特邦濒临阿拉伯海，与巴基斯坦和印度的几个邦接壤。1960年，孟买邦依据语言分为古吉拉特邦和马哈拉施塔特邦。三分之二的古吉拉特人居住在乡村。工商业者构成了一个人数众多的少数群体。人口有90%信仰印度教，9%为穆斯林。

主粮有稻米、小麦、粟、豆、花生和棉花。70%人口吃素——全印度比例最高。这反映了耆那教群体的影响力和圣雄甘地的遗产。许多印度教徒不吃鸡蛋、洋葱或大蒜。标准调味料是一种用绿辣椒和姜打成的糊。菜品用油相对较少，有一些是蒸菜。酸甜口味颇受欢迎，酸味来自藤黄果（kokum，学名Garcinia indica）。厨师常常在蔬菜和豆子中放一点糖，配一块粗糖和一块甜品上桌。尽管古吉拉特邦有漫长的海岸线，但饮食中很少用鱼和海鲜。特产蔬菜包括：一种极其细长的绿豆角（papri），芋头叶（colocasia），还有许多种南瓜和山药。

古吉拉特西部又称索拉什特拉（Saurashtra），以奶制品、没有汤汁的素菜和腌菜。当地有一道名菜是素杂烩（undhio或

252

豆面蒸发糕是一道古吉拉特的人气小吃，
即用米粉和鹰嘴豆粉发酵后蒸熟的方糕

oondhiya），食材有甘薯、茄子、绿豆角、椰蓉，还有一种用鹰嘴豆粉和葫芦巴叶制作的小饺子。索拉什特拉有一个地方叫卡提阿瓦（Kathiawar），那里扎实而辛辣的菜特别有名。

苏拉特是古吉拉特第二大城市，生活着印度最古老的穆斯林社群之一，名为苏尔蒂人（Surti）。他们有自己的独特饮食，特点是汤品众多。古吉拉特中部是全邦的粮仓，以面食、小吃和豆菜闻名。古吉拉特南部是肥沃的水乡，盛产绿色蔬菜和水果，包括印度最优质的一些芒果。

253

下午茶是享用古吉拉特美味小吃（farsan）的场合。豆面蒸发糕（dhokla）是古吉拉特的招牌小吃。古吉拉特有悠久的甜品历史。有些甜品的主料是奶；也有一些豆甜品，比如豆馅甜脆饼，还有鹰嘴豆粉制作的哈尔瓦。

---

### 古吉拉特豆面蒸发糕

150克（2杯）生鹰嘴豆

4大勺酸奶

4根青辣椒，切成细末

2.5厘米长的姜，切成细末

四分之一小勺姜黄

1大勺糖

1小勺小苏打

4大勺油

---

1小勺芥末籽

盐根据个人口味调整

芫荽叶和新鲜椰肉，装饰用

鹰嘴豆泡水过夜。沥水后磨成粗粉。放入酸奶，加盖发酵4个小时。

加入青辣椒、姜、姜黄、糖和盐，混合均匀。

用一大勺油化开小苏打，放入面糊中。

在高4厘米的金属平盘上抹少量的油，倒入面糊。加盖蒸20分钟。冷却后切成方块，摆盘上桌。

在一个小平底锅里加热剩下的油和芥末籽。芥末籽裂开就倒在发糕上。用芫荽叶和椰肉摆盘。

## 马哈拉施塔特

254

　　马哈拉施塔特邦是印度的工业引擎，首府孟买是印度的商业中心。该邦是油料作物、花生、大豆、甘蔗、姜黄、蔬菜和葡萄的主产区，其中葡萄用于迅速增长的葡萄酒业。800千米长的海岸线盛产鱼类和海鲜。人口中约有80%信仰印度教，穆斯林占10%，其余为基督徒和帕西人。印度教徒中最大的种姓是婆罗门和马拉塔，前者吃素，后者不吃素。该邦素食者比例约占30%。

　　马哈拉施塔特地处南北之间，稻麦均为主食，又长期与葡萄牙人接触，形成了融合菜。辣椒、番茄、马铃薯、花生、甜玉米、甘薯、绿豆角、腰果、木薯、木瓜在马哈拉施塔特菜中的地位高于许多印度其他地区。[7]

另一个特色是一顿饭乃至一道菜中融合甜、咸、辣、酸之味。与古吉拉特一样，马哈拉施塔特人是**餐中**吃甜品，而不是餐后。食品按照严格规定的顺序摆在大圆盘上，在宴席时摆在芭蕉叶上。油炸或烧烤食品很少，菜品以短时间煸炒和蒸制为主，保留食材本味。马哈拉施塔特有一种历史悠久的招牌甜品——软嫩的酸奶布丁（shrikhand），配料有滤过的酸奶、糖、藏红花、豆蔻和其他香料。

一种乡间常见的饭食是厚饼稠粥（zunka bhakar）：稠粥用鹰嘴豆粉、洋葱和香料熬成，厚饼用高粱面或粟米面，配菜是红辣椒，可能还配一点黄油。（1995年，马哈拉施塔特邦政府设立售价1卢比的连锁厚饼稠粥摊，目的是提供就业和争取政治支持。）

沿海孔卡尼（Konkani）菜以海鲜、椰子、水果、蔬菜为主。流行的鱼类菜品有孟买鸭（bombil），即炸至酥脆的小鱼，通常配咖喱食用；还有鲳鱼，可以酿，可以烤，可以煎，也可以做成椰子酱咖喱鲳鱼。螃蟹、大虾、小虾、贝类、龙虾也受欢迎。

帕西人是7世纪从波斯来的琐罗亚斯德教徒的后代，独特的帕西菜融合了印度、波斯和英国的影响。孟买帕西人群体在印度

255 工商业发展中发挥了关键作用。然而，他们的人数正在迅速减少，2001年只有不到7万人了。

帕西人吃肉和鱼，不过出于对印度教徒和穆斯林邻居的尊重，他们可能会忌食牛肉和猪肉。肉菜采用伊朗风格，配茄子、马铃薯、菠菜、豌豆等蔬菜，香料放得少。辣椒用得比较节制。坚果、干果、玫瑰水入菜也体现了伊朗的影响。最著名的帕西菜

是当萨（dhansakh），将肉与多达七种豆子同煮，还放南瓜、茄子、葫芦巴叶、洋葱、姜、大蒜、罗望子和各种香料。

帕西人早上喜欢吃蛋——当年一天吃三四个也不稀奇——配肉末、鱼、马铃薯、熟的蔬菜或香蕉食用。番茄炒蛋（akoori）用洋葱、大蒜、芫荽叶调味，油用的是酥油。餐食大多配饼、腌菜和蘸酱。帕西人吃很多英国菜，包括蛋奶冻、蛋糕、布丁和西式炖菜。

春分日的新年（又名诺鲁孜节）是帕西人一年里的大事，会用盛宴来庆祝。有三道大概源于伊朗的甜品一定会上：粗面粉奶油布丁（ravo），用香料和玫瑰水调味；糖浆煮油炸细面条（sev）；甜味酸奶（meethu dhai）。

帕西人每个月要斋戒四天，其间不吃肉，但可以吃鱼和蛋。帕西历的十一月也不应吃肉。亲人去世后三日内不可吃肉，第四天开斋吃当萨。

19世纪至20世纪初，第二批琐罗亚斯德教徒从伊朗迁来。他们被称作"伊拉尼人"（Irani），开的小饭馆叫伊拉尼咖啡厅，供应饼干等烘焙糕点、面包黄油、炸三角等印度小吃、帕西菜和伊朗茶水。然而，他们正在迅速消失：20世纪50年代，孟买还有350家伊拉尼咖啡厅，现在只剩下了25家。

# 果　阿

从16世纪初直到1961年，小小的果阿邦都是葡萄牙属地。[8]三分之一左右的人口信仰天主教，其余以印度教徒为主。果阿是一个富裕的邦，贫困线以下人口比例不到5%。土壤为砂质，耕　256

地稀少，但盛产鱼类、海鲜、水果、腰果和椰子。肉在果阿饮食中扮演着重要角色，包括猪肉、鸡肉乃至牛肉。果阿厨师以厨艺闻名。

果阿菜融合了葡萄牙、印度乃至英国的影响。香料改良版的葡萄牙菜富有活力（见第十章）。当地流行喝腰果酿制的蒸馏酒，名叫芬尼酒（feni），最早是葡萄牙修道士制作的。

果阿人用大餐庆祝圣诞节。圣诞节中午必吃猪肉，尤其是索波特，这是一道酸辣味的咖喱，食材有猪肉、猪肝、猪血和猪油，用醋和香料调味。传统的圣诞糕点是千层糕，用蛋黄、面粉和椰奶成面糊，逐次烘烤，达到16层，最后倒转上桌。其他节日美食有粗糖软糖（dodol）和西式波尔蛋糕（bol），用料有杏仁糊、粗小麦粉、糖、蛋和白兰地。果阿在天主教大斋期之前会举办盛大的狂欢节。

# 中 央 邦

中央邦是印度第二大邦，人口超过7 500万。这片区域曾经由孔雀王朝、莫卧儿王朝和马拉塔王朝统治，但18世纪初分裂成了多个小王国，在英国治下合并为一个名为"中央诸省"（Central Provinces）的实体。中央邦近一半人口吃素。

马尔瓦高原雄踞中央邦中部，肥沃的黑土可以种植高粱、水稻、小麦、小米、花生、豆角、大豆、棉花、亚麻、芝麻和甘蔗。中央邦西部要干旱得多，饮食类似于相邻的拉贾斯坦。经典菜有奶香玉米（bhutta ri kee，先用酥油将玉米粒烤熟，再与调味牛奶同煮）和烤面团（baati，也叫bafla）。当地有一种酸味鹰嘴豆咖喱不放酸奶，而用罗望子。粗小麦粉可以熬成一种甜粥（thuli），通常配牛奶或鹰嘴豆咖喱食用。

## 泰米尔纳德

南印度四邦——泰米尔纳德邦[9]、卡纳塔卡邦、安得拉邦、喀拉拉邦——在文化、语言和饮食上不同于印度其他地区，不过内部也存在显著的地域差异。四邦语言分别叫泰米尔语、卡纳达语、泰卢固语和马拉雅拉姆语，属于达罗毗荼语系，各有自己的文字和词汇，虽然梵语词也不少。 257

南四邦的大多数婆罗门都吃素，主食以稻米和豆子为主，小麦占据次要地位。基本香料包括芥末籽、葫芦巴、孜然、阿魏、咖喱叶、红辣椒和罗望子。

1947年，马德拉斯管区（Madras Presidency）改为马德拉斯邦，包括今泰米尔纳德邦全部及安得拉邦、喀拉拉邦、卡纳塔卡邦一部。马德拉斯邦后按照语言析置，1969年更名为泰米尔纳德邦，意为"泰米尔人的土地"。邦首府金奈（旧称马德拉斯），由英国人建于17世纪，初名圣乔治堡。然而，英国人对泰米尔文化或饮食的影响相对较小。泰米尔纳德邦人口中印度教徒占89%，穆斯林占5%，基督徒占5%。主要作物为水稻、粟、豆、甘蔗、花生、洋葱、油料作物和多种蔬菜。西部的西高止山区有咖啡和茶叶种植园。

早餐具有重要地位，主要是蒸米糕（idli）或煎脆饼（dosa）。两者都是将大米和黑豆泡水后磨成面糊，然后发酵过夜。佐料都是三巴汤（sambar，用黄豌豆制成的一种清淡辣味豆子汤，有时还放蔬菜）和椰蓉、黑豆、香料制成的椰子蘸酱。煎脆饼也可以用粗小麦粉制作，或者包入五香土豆馅（玛莎拉煎饼）。泰米尔纳德邦的煎脆饼一般比卡纳塔卡邦的更厚，也更软。米饭的一种撒料是用碎豆子、香料和辣椒制成的粉（milakai podi）。

泰米尔人的午餐和晚餐有规定菜式，尽管每一道菜的各种食材会混起来吃。第一道菜是白米饭、三巴汤和一道素菜，比如丝滑椰子酱炖菜（avial）或厚汁炖菜（kootu），食材有蔬菜、熟豆子和椰子。蔬菜要吃新鲜的，每天都不一样。配菜可能有酥豆饼（papadum）和油炸豆饼，后者形似甜甜圈，只是没有洞。第二道菜是米饭、带汤汁的酸辣豆子（rasam）和另一道素菜。最后喝白脱牛奶或酸奶。通常的饮品是浓烈的加奶滴漏咖啡，令人不禁想起法式欧蕾咖啡（café au lait）。

258

## 托 迪 酒

托迪酒（源于印地语单词tari）是一种人气饮品，尤其流行于南印度，由糖棕、椰枣、椰子树汁发酵而成。树干上插口让树汁流到收集罐中，树汁原本是甜的，不含酒精，但由于天然酵母的存在，发酵会迅速开始。两个小时内，树汁就会变成酒精度4%的饮料。延长发酵时间得到的酒会更烈、更酸，直到最后变成醋。酒中有时会加入香料增味。喀拉拉邦和卡纳塔卡邦有兼卖食品的托迪酒铺。但是，制售托迪存在争议，各邦政府不时会尝试将其禁掉。喀拉拉邦和果阿邦的椰奶糕（分别叫做appam和sanna）也将托迪酒作为发酵剂。托迪熬煮脱水后可以做成一种粗糖。

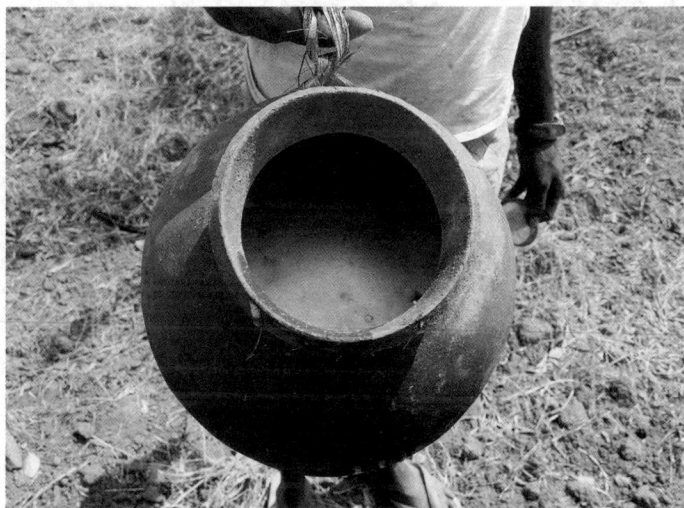

陶罐里冒着泡的鲜酿托迪酒

切蒂纳德人（Chettinad，又称Chettiar）不吃素。他们是一 259 个富商群体，中世纪的时候凭借东南亚贸易发财。今天，他们生活在金奈以南约400千米外的75个社区中。切蒂纳德菜以芳香辛辣的肉菜和海鲜闻名，比如丝滑的腰果酱炖肉丸（kozhambu）、香浓罗望子酱炖鱼（meen kulambu）、杏仁椰香酱炖鸡（kozhi kuruma）。[10]

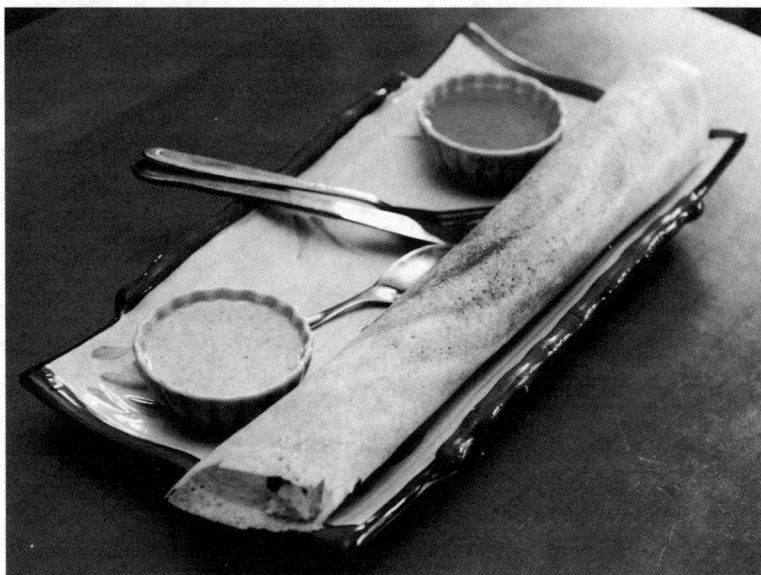

玛莎拉煎饼是南印度餐厅的一种主食，由米粉和豆粉面糊发酵煎制而成，饼子里夹五香马铃薯馅

# 卡 纳 塔 卡

　　卡纳塔卡邦成立于1956年，由前迈索尔土邦和相邻各邦的卡纳达语区组成。邦首府是印度蓬勃发展的计算机产业中心，也是亚洲发展最快的城市，以西式酒吧和餐厅闻名。邦内种植水稻、芒果、小麦、粟、椰子、花生、油料作物、咖啡、茶、腰果和香料，尤其是胡椒和豆蔻。人口有85%信仰印度教，12%是穆斯林，2%是基督徒。素食人口比例为三分之一。总体来说，大米、小麦和小米消费量相当，尤其是在饮食类似于马哈拉施塔特邦的卡纳塔卡邦北部。

《利民论》和《厨经》等文献记载了卡纳塔卡邦饮食，至今已近千年，更晚近的作者 K. T. 阿查亚也来自卡纳塔卡邦。一道经典卡纳塔卡菜是热扁豆饭（bisi bele bhat），将大米、扁豆、蔬菜、咖喱叶和其他香料复杂地融合在一起，发源于名为 ogara 的 11 世纪菜品。另一道历史悠久的菜是大抛饼（mandige），用小麦面粉制作，糖和豆蔻粉调味。本地迈索尔风味迷你甜三角（pak）是所有节日的一大要素，食材有鹰嘴豆粉、酥油和糖，质地类似软糖。

林木茂盛的古尔格丘陵 [Coorg，又称果达瓦（Kodava）] 地处西高止山，种植咖啡、香料和柑橘。当地特色菜有椰奶猪肉和鸡肉咖喱，蘑菇和竹笋炖菜，米饼、米粉和包馅米团。

沿海门格洛尔地区（Mangalore）以辛辣鱼肉海鲜菜和椰子酱闻名。大米的食用方式繁多：煎脆饼、阿榜糕（发酵剂为托迪酒或酵母）、蜂窝煎饼（kori roti）和椰香米馅团子（adaye）。

# 喀 拉 拉

狭小的喀拉拉邦位于印度西南角，1956 年由多个马拉雅拉姆语地区合并成立。[11] 当地自古以来种植香料，尤其是豆蔻和胡椒，在香料、腰果、海鲜出口方面依然名列前茅。喀拉拉植被丰富，有椰子树、香蕉树、稻田和菜园。650 千米长的海岸线和咸淡不一的潟湖盛产鱼和海鲜。东部高地种植豆蔻、咖啡和茶。

喀拉拉全境均以稻米为主食。稻谷先泡水煮至半熟，然后晾干磨粉。米粉可以制作多种特色米饼，包括阿榜糕　261

（wellayappam，又称appam，英语里叫做hopper）。面团用托迪酒发酵，然后用炒锅煎（当地人将炒锅称为cheen-chetti，字面意思是"中国锅"，反映了它的发源地），成品是一种中心软、薄边脆的圆饼。当地早餐流行吃竹筒饭（poottu），是将碎米和椰蓉放在竹筒中蒸熟。

各地均食淡水鱼、海鱼和海鲜。味道辛辣的椰奶炖鱼（meen molee）是一道纯正的喀拉拉菜，也流行于东南亚。有人认为它源于历史上喀拉拉与东南亚的往来，还宣称molee一词源于Malay，即"马来"之意。

喀拉拉有两种常见食材，一种是我们已经讲过的椰子，另一种是木薯。木薯曾多次传入喀拉拉，但普及开来是在稻米短缺的第二次世界大战期间。后来木薯入菜减少了，但熟木薯配辣鱼依然是喀拉拉南部的一道珍馐。

欧南节（Onam）是喀拉拉邦的官方节日，时间在8月或9月，印度教徒、穆斯林、基督徒都会庆祝。欧南节既庆祝水稻收获，也纪念古代的马哈巴利王（Mahabali），他在位期间被认为是黄金时代。到了第三天，人们会以家庭或社区为单位吃一顿芭蕉叶素菜。

与印度的许多其他地方不同，喀拉拉从未受过英国直辖。该邦拥有全印度最高的识字率和最低的生育率，只有6%吃素。尽管喀拉拉邦人（叫做马拉雅人）的印度教徒比例为57%，但穆斯林（23%）和基督徒（19%）数量也相当可观。穆斯林叫做莫普拉（Moplah）或马皮拉（Mappila），本意为"新郎"。他们是阿拉伯商人与本地女性结婚的子嗣。他们的独特菜品表现出了西亚，尤其是也门的影响。典型菜品有粗小麦粉肉粥（haree，阿拉伯语作harissa）；全麦羊肉馅饼（erachi pathiri），羊肉馅里加全蛋；还有使用本地香料的马拉巴尔拌饭。尽管本地出产肉桂、丁香和肉豆蔻，但入菜颇为克制，就连胡椒用得都少。传统上，只有著名的喀拉拉阿育吠陀药膳才会用香料。[12]

喀拉拉的基督徒群体有叙利亚基督教（自称源于圣托马斯）、天主教和其他教派，大多不吃素。[13]海鲜、鸡肉、鸡蛋、牛肉是日常饮食；猪肉和鸭肉（现在很难买到）专用于特殊 262 场合，如婚礼和圣诞节。许多喀拉拉邦天主教徒会在圣诞节前25天斋戒，不吃肉，甚至蛋都不吃。科钦和其他城市曾经有人数不多，但颇为繁盛的犹太社群，但他们已经因为移民以色列而基本消失了。

## 米糕上太空

2016年，印度首次执行载人航天任务。印度空间研究组织科研人员K. 拉达克里希南博士（Dr K. Radhakrishnan）为航天员开发了可以在太空食用的米糕、三巴酱和椰子蘸酱。米糕先用红外加热至700摄氏度，然后微波脱水至每块12克。脱水米糕泡发后重25克。每包内含10块相当于正常三分之一大小的米糕。三巴酱和椰子蘸酱采用红外脱水工艺。

拉达克里希南博士还用一年半时间开发了航天用印度甜品，奶豆腐汤圆。汤圆采用冷冻干燥和真空包装工艺，干燥糖浆粉可以溶解于水中。"奶豆腐汤圆是理想的航天食品，"他说，"质地很好，不像其他甜品那样易碎。"他的主要成果是航天酸奶，采用脉冲通电技术让有害菌失活，同时保持益生菌存活。拉达克里希南博士的父亲和叔叔在迈索尔开一家乌杜皮菜饭店，这或许并非巧合。

索希尼·查托帕迪亚雅（Sohini Chattopadhyay），"米糕航天任务"（The Space Idli Mission），《开放杂志》（Open Magazine），2012年6月9日

# 安 得 拉 邦

安得拉邦是印度最大的邦之一，成立于1956年，囊括了南印度泰卢固语区和前海得拉巴土邦。[14]该邦人口有90%信仰印度教，穆斯林占8%，大多生活于邦首府海得拉巴。安得拉邦还有人数可观的表列部落（见第311至312页）。安得拉邦是水稻、大麦、粟、扁豆、香蕉、辣椒、姜黄和胡椒主要产区。尽管婆罗门是严格素食者，但其他印度教种姓吃肉和鱼，尤其是沿海人口。全邦素食者比例仅为16%。

安得拉菜的三大食材是罗望子、辣椒和贡古拉（gongura，木槿属玫瑰茄的叶子）。贫民一般吃贡古拉配米饭，或者米饭配一种用红辣椒、大蒜、盐和酸柠汁制成的蘸酱。贡古拉腌菜（gongura pachadi）是一道经典安得拉菜，材料有油炸贡古拉、辣椒和其他香料。罗望子可以为米饭和素菜增添酸味，或者加盐

糖制成饮品。罗望子树的花和叶可入炖菜，种子可以磨粉，成熟果实可以拌入粗糖，作为甜品食用。（当安得拉邦部分地区开始用番茄替代罗望子时，开始出现整村患氟牙症的情况，这种病会造成永久性骨骼损伤变形。当地饮用水氟浓度高，罗望子可以减轻症状。）

安得拉菜有印度第一辣的名声。据传说，安得拉邦发生过一场大灾荒，只有红辣椒还在长，于是它就成了当地主食。最辣的辣椒名叫"火把椒"（泰卢固语中读作koraivikaram）。细火把椒粉加入罗望子果肉和盐，可制成一种干蘸酱。安得拉邦最有名的菜是青芒果蘸酱（avikkai），能把不小心的游客辣到送医院。

海德拉巴市以高档尼扎姆宫廷菜闻名（见第九章）。海得拉巴拌饭（kacchi biryani）的做法是用酸奶、洋葱和香料腌山羊肉，然后盖上半熟的米饭、奶、炸洋葱、藏红花和豆蔻，入密封罐烹制至食材吸收汤汁。一般配酸奶沙拉（boorani，放番茄或其他蔬菜）或咖喱辣椒（salan ki mirch，青辣椒用花生碎、椰肉、罗望子、芝麻和香料制成的酱煮熟）食用。小火慢炖一宿的辣炖牛肉（nihari，通常用牛舌）是当地特色菜，常作早餐。另一道经典菜是哈利姆，是将麦粒、豆粒、山羊肉捣碎，小火熬成稠粥，撒上炸洋葱上桌。它可能演变自阿拉伯粗小麦粉肉粥，后者是19世纪由尼扎姆的阿拉伯人（以也门人为主）宫殿卫兵传入的。2010年，海得拉巴哈利姆获得了地理标志，是第一种获此认证的印度非素菜。正宗做法必须用山羊肉，肉和麦的比例必须是10比4，酥油必须是实验室认证的纯酥油，而且必须用木柴铜锅炖煮12个小时。

264

辣炖牛肉制作现场。这是一道口感丰富，文火熬煮过夜的深色炖肉，南亚穆斯林经常当早餐吃，尤其是斋月期间

265

## 孟加拉地区

西孟加拉邦人口众多，毗邻尼泊尔、不丹、孟加拉国和孟加拉湾。历史上，这里曾属于莫卧儿帝国的孟加拉省。大量孟加拉人皈依伊斯兰教，尤其是孟加拉东部。后来，孟加拉部分地区由多位纳瓦布统治，其中最重要的一位是穆尔希达巴德的纳瓦布。[15]17世纪末，英国人建立加尔各答，该城直到1911年都是英属印度首府。加尔各答是印度最英国化的城市，英国的影响渗透在生活的方方面面。1947年，穆斯林占多数的孟加拉东部成了巴基斯坦的一部分，称为东巴基斯坦。但是，东巴基斯坦人民于

1971年起义，成立了独立的孟加拉国。

在语言、文化和饮食角度，西孟加拉邦与孟加拉国有许多共同之处。西孟加拉邦人口有75%是印度教徒，23%是穆斯林，还有少数基督徒和部落宗教信徒。

孟加拉地区土地肥沃，水源丰富，常有洪灾。主要作物是稻米，可以煮饭，也可以放入装有沙子的炉中制作爆米花，许多街头食品都会用到。小麦、鹰嘴豆、马铃薯、油料作物、各种瓜类、茶叶亦有种植。西孟加拉邦和孟加拉国是鱼类海鲜出口地。孟加拉菜的标准香料搭配是"五辛粉"（panchphoron），配料有葫芦巴籽、黑种草籽（nigella）、孜然、黑芥末籽和茴香籽。芥末籽可以加水调糊，用于制作咖喱，也可以榨油。芥末全株（叶、茎、花、籽）都有用处。奶香羊肉（rezala）是一道当地特色菜，用酸奶、奶、香料和绿辣椒小火慢炖羊肉。　266

孟加拉人对待食物非常认真，据说食品支出占可支配收入的比例高于印度其他所有地区。孟加拉菜的两大支柱是鱼和甜品。（当地人特别爱吃鱼，以至于穷人会买鱼鳞给菜增添鱼味。）孟加拉人贵淡水鱼，轻视除尖吻鲈（bhekti）之外的海鱼，这种鱼肉质细腻，类似鳕鱼。一个原因是深海鱼口味不佳，而且除非特别新鲜，否则吃了会生病。[16]

芥子油是一种受喜爱的加热介质，因为孟加拉人相信它的辣味能给鱼提鲜。咖喱鱼块（maacher jhol）是孟加拉地区的代表菜，做法是将鱼（通常是鲤鱼）整条带骨斩成大块，加香料煎后放入蔬菜，小火慢炖。孟加拉人最爱吃洄游到河流上游繁殖的云鲥，尽管这种鱼有很多小刺，吃的时候必须小心。

英属印度留下的遗产包括：吉列（cutlet，菜、肉、虾、鱼切碎裹面包糠油煎）；扒菜（chop，肉馅裹土豆泥油炸）；舒芙蕾和欧姆蛋；还有下午茶，黄瓜三明治、蛋糕、咸点配英式茶（不加香料）。

信仰印度教的孟加拉邦人进餐有明确的口味次序。先苦，然后是咸和酸，最后是甜品，通常是甜味酸奶（mishit doi）。孟加拉人以嗜甜闻名。在收入允许的前提下，甜食能吃一整天：每顿饭都有餐后甜点，下午茶配甜食，零嘴还是甜食。孟加拉人待客必上甜食，尤其是桑德什。大多数甜品都由糖和凝乳制成。

# 奥 里 萨

奥里萨邦（现称Odisha，旧称Orissa）是印度最贫困的邦之

267

云鲥是一道孟加拉代表菜，以小刺多闻名。图中是去刺的做法

一，拥有大量部落民。[17]90%以上人口信仰印度教，但只有6%左右吃素。奥里萨菜与孟加拉菜有许多共同特征。芒果干烧鱼（ambul）是一道经典菜。奥里萨南部的饮食接近南印度，常用椰子、罗望子、红辣椒和咖喱叶。奥里萨有各种用于特殊场合的甜咸菜品（统称pitha），包括用米粉、面粉或豆面制作的煎饼（chakuli）和蒸饺（manda）。

# 比 哈 尔

比哈尔曾经是印度文明的中心，如今却是全国最贫穷的邦之一。大量无地农民前往加尔各答和其他城市打工。人口中有82%信仰印度教，15%是穆斯林。比哈尔饮食简朴粗犷。一种主食是萨图，即烤鹰嘴豆粉。工人带着萨图上班，放在围巾里面，配上盐和青辣椒一起吃。太阳把沙子晒得滚烫，人就把小麦粒、大麦粒、玉米粒和其他谷物埋进去炙烤。

芥子油是传统加热介质。一顿标准餐由米饭、豆子、蔬菜组成。炸豆丸（litti）是一道比哈尔特色菜，用面粉加鹰嘴豆粉或扁豆粉捏成球，浸透酥油后再油炸。配菜是芥子油、洋葱、辣椒点缀的蔬菜泥（chokha）。19世纪有大量比哈尔人移民加勒比海地区（尤其是特立尼达和圭亚那），带去了自己的饮食习惯（见第十三章）。　268

# 阿 萨 姆

阿萨姆茶闻名全球，邦名源于"阿洪姆"（Ahom），这是一批傣族人，13世纪初从中国西南部迁移至此，统治该地至1826

年被英国吞并。[18]20世纪70年代，阿萨姆邦分出了米佐拉姆邦、那加兰邦、梅加拉亚邦和阿鲁那恰尔邦，各自有占据多数的种族和部落。阿萨姆邦人口中约有三分之二信仰印度教，28%是穆斯林（包括许多孟加拉国移民），其余信仰基督教和部落宗教。阿萨姆人大多不吃素。

由于阿萨姆饮食的一些特征，它成了印度最引人入胜的菜系之一。它几乎是唯一保存了古代印度教饮食六种基本口味（包括涩味）的地区。阿萨姆代表菜是酸鱼（tenga），先用芥子油煎鱼块，然后放入葫芦巴籽、蔬菜和酸柠汁小火熬煮，成菜微酸。另一道酸味菜品是用发酵竹笋制作。涩味（或者说碱味）菜品叫做khar，与酸味形成平衡。如今碱味来自小苏打，但过去用的是香蕉树干烧出来的灰；碱也可以撒在豆子或蔬菜上。阿萨姆人以稻米为主食，传统加热介质是芥子油，鱼的需求量很大，尤其是鲤鱼和云鲥（与孟加拉地区一样）。阿萨姆有许多用米粉和糖制作的甜品（pitha），与丰收节（Bihus）有关。这些甜品可以加椰蓉馅，用芝麻或茴香籽调味，或者与菠萝蜜一起吃。

# 东 北 各 邦

印度东北部生活着众多族群部落，其中有一些的祖先是几个世纪前从东南亚和中国南方迁来的藏缅语民族。许多人信仰基督教，因为这里长期有传教活动。（那加兰邦的官方语言是英语，所以英语才会列入印度纸币上的官方语言之一。）当地人主要是不吃素的稻食者，偏爱粳米，而不是印度其他地方喜欢吃的长粒米。

比哈尔炸豆丸，面团里放了加香料的萨图（烤鹰嘴豆）

经典比哈尔餐，炸豆丸配蔬菜泥

270

## 梅加拉亚邦猪肉炖发酵竹笋

500克发酵竹笋

1千克带骨肥瘦猪肉

2小勺切碎的青辣椒

2小勺切碎的生姜

1.5小勺盐

少许姜黄粉

75克米粉

竹笋洗净，沥干水分。

猪肉切成大小适中的块。不加水，不加油，放入大锅小火焖25分钟，不时搅拌，直到肉里的水分蒸发。

放入竹笋和240毫升（1杯）水，再煮几分钟。

加入青辣椒、生姜、盐和姜黄粉，煨至汁水收干。

倒入480毫升（2杯）水，煮15分钟至猪肉软烂。

加入米粉，煮15分钟至汤汁浓稠。

改编自霍伊胡努·豪泽尔（Hoihnu Hauzel），《基础印度东北菜谱》（*The Essential North-east Cookbook*）（新德里，2003），第204页

那加兰邦流行吃猪肉（还有狗肉，据说除了桌子椅子，凡是带腿的东西，那加兰人都吃）。做菜用油非常少，一般是用明火

煮、蒸或者烤。竹笋是咖喱和腌菜的一种重要食材。米和鱼可以用芭蕉叶包住，然后蒸熟。调味品有大蒜、葱、姜和辣椒。［当地出产全世界最辣的辣椒之一，魔鬼椒（bhut jolokia）］。特里普拉人和曼尼普尔人会将小鱼晒干发酵，用在咖喱、酱料和腌菜中。饮品是本地酿的小米酒或大米酒。印度东北部常用发酵，发酵制品丰富多样，包括大豆、竹笋、芋头、芥菜、鱼和河蟹。那 271加兰人会将大豆煮熟，放入坛中发酵数日，用臼杵捣烂，然后用芭蕉叶裹住，置于火堆旁进行二次发酵。（亚洲各地都有类似做法，比如日本纳豆、韩国清曲酱、泰国北部的豆豉泥。）这里自古以来就有野生茶树，发酵茶叶可以当蔬菜吃，也可以煮成饮品，那加兰高地部落科亚克人（Konyak）至今还在喝。[19]

米佐拉姆邦的献祭仪式上会杀一头大额牛（mithun，家牛与水牛的杂交品种），然后群众分而食之。阿鲁那恰尔邦有很多典型的藏族菜，包括馍馍（momo，肉馅水饺），牦牛干酪，糌粑（将青稞面和牦牛酥油搅拌为浓稠油茶状）。

## 表 列 部 落

印度总人口中有近9%属于表列部落，这些人叫做部落民或阿迪瓦西（adivasi，印地语里是"原住民"的意思，因为有一些部落民据信是次大陆最初居民的后裔，这些人后来被赶进了山林之中）。[20]除哈里亚纳邦和旁遮普邦外，印度各邦均有部落，总数超过350个，语言上百种。绝大多数部落民（87%）居住在印度中部和西部，包括冈德人740万和比尔人（Bhils）550万。2001年，三个部落独立建邦：乌塔兰恰尔邦、贾坎德邦、切蒂斯格尔邦。

从收入和教育医疗资源来看，部落民是印度最贫困的群体。他们在森林中以渔猎、采集、游耕为生。随着森林遭到破坏，他们正在转型为定居农民，尽管他们的土地往往非常贫瘠。他们有时会进行以物易物，用豆蔻、树脂、蜂蜜和其他林产换取油、米、盐和厨具。他们的一个蛋白质来源是稻田里的田鼠。人们收割后会用烟将田鼠熏出来，做法有煮和烤。红蚂蚁捣碎后可以制成一种口味很刺激的蘸酱。

中央邦的冈德人会用盐麸木的树汁做成一种饮料（sulfi）。
272 树汁一开始只含少量酒精，但发酵一两天后就会变稠，酒劲也大了。另一种古酒是用长叶紫荆木的花酿制的，酒体清透，喝了上头，就连英国人当年都在商业化生产这种酒。目前有人正在尝试重启它的商业化酿制。

# 第十二章

# 印餐新趋势（1947年至今）

## 独立后的粮食安全

1943年，全世界有记载的最严重粮食危机爆发了。据估计，在所谓的"孟加拉大饥荒"期间，印度东部有500万人至600万人死于饥饿和相关疾病。饥荒起初被归咎于粮食减产，但后来诺贝尔经济学奖得主阿玛蒂亚·森（Amartya Sen，他小时候亲身经历了饥荒）得出的结论是饥荒属于"人祸"，缘于政府管理不善、囤积物资还有实际收入减少，乡村地区尤甚。

1947年印度独立后，粮食安全成为新政府的重点事项。当时，72%的印度人生活在乡村。早期历届政府在一定程度上遵循苏联模式，以中央计划、发展重工业、粮食流通集中为基础，但耕种仍然归属私营部门。因为农产品供不应求，所以印度在整个20世纪50年代都是粮食净进口国。

印度从1950年前后发起了一场针对乳业的"白色革命"，名为"洪水行动"。乡村奶农合作社体系建立，为社员提供现代科技和管理方法，目的是提高奶产量，通过消除中间商提升农民收入，确保消费者获得平价奶。如今，印度是全球最大的牛奶生产国（1998年超过美国）。奶农人数超过1 000万，日产奶量达

2 000万升以上。

接下来的"绿色革命"让印度从粮食进口国变成了全球最大
274 的农产品生产国之一。1966年至1977年之间，印度出台多项政
策，目的包括：扩大耕地面积，巩固农田租赁；推广一年两熟；
借鉴美国赠地模式，开办农学院；增加化肥和杀虫剂用量；扩
大灌溉工程；研发和使用高产粮种，尤其是小麦和水稻。到了
1978年，印度亩产提高了30%。

印度农业还在继续发展。小麦产量从1961年的1 100万吨提
升到了2009年的8 000万吨，同期人均小麦消费量增加了七倍，
达到每年约58千克。尽管小米和高粱消费量同期减少到了初始
水平的三分之一，但人均水果、蔬菜、奶、香料消费量翻了几乎
一番。动物制品在人均食品消费量中依然只占9%左右，作为对
比，美国是28%。过去十年间，养鸡业平均年增速为10%，体现
了集约化饲养方法与杂交鸡种的使用。鸡蛋产量和酥油消费量均
显著提高，达到了1990年的近三倍。

与此同时，印度贫困人口的绝对数量增加了。根据世界银行
的数据，印度2010年约有三分之一左右人口生活在日收入1.25
美元的国际贫困线以下，三分之二人口的日收入不到2美元。最
贫困的邦是比哈尔邦、贾坎德邦、中央邦和切蒂斯格尔邦（这些
邦均有大量部落民），还有北方邦。近年来有报道称，印度农民
蒙受歉收和债务压力，自杀率远高于全国整体水平，马哈拉施塔
特邦和安得拉邦尤为严重。[1]

在国际粮食政策研究所开发的全球饥饿指数中，印度也几乎
垫底，尤其是5岁以下儿童体重偏低的比例这一项（43.5%）。[2]
尽管印度的得分自1990年以来有所改善，但依然赶不上经济增

长的步伐。人民营养不良的主要原因不是粮食产量不足，而是浪费和仓储流通管理不善。[3]官方出库的粮食只有不到一半进入了印度家庭。因此，赤贫群众的饮食与一千年前相差无几：北印度人吃面粉恰巴提饼配少许腌菜和鲜菜，稍微富裕一点的人家还有豆子吃；南印度人吃米饭配腌菜和三巴酱；西印度人吃萨图、干豆子配一根辣椒。2013年7月，政府通过了《国家粮食安全法案》，旨在消灭饥饿与营养不良。法案规定贫困家庭每月可以领5千克补贴粮，价格非常低廉（每千克1至3卢比），覆盖一半城市贫民和75%乡村人口。赤贫家庭还有额外补助。

　　迄今为止，印度的转基因作物只有2002年引进的棉花。2009年，政府尝试过引进一种名为"BT茄子"（Bt Brinjal）的转基因茄子。该品种携带抗虫害基因，但人畜食用的安全性问题引发关注，于是政府无限期暂停了种植工作。最高法院任命的专家委员会建议，暂停转基因作物田间试验10年。2013年5月，印度国家生物多样性保护局（National Biodiversity Authority of India）起诉开发BT茄子的农业科技企业孟山都，理由是孟山都在转基因作物开发过程中"未经有关部门批准"就使用了本土茄子品种，也没有取得代代种植这些品种的几十万农民同意。

　　2009年，印度立法将所有传统药草（以及瑜伽体式）定为民族文化遗产，因此属于"公共财产"，禁止任何人注册专利。最著名的转基因食品反对者是生态学家纨妲娜·希瓦（Vandana Shiva）。她于1987年成立九种基金会（Navdanya），专注于"保护粮食的生物多样性，推广有机非暴力农业，普及原生饮食与饮食文化知识，同时维持人民生计"。[4]

# 自由化与中产阶级崛起

1991年，面对国际收支危机，印度政府决定推行经济自由化与全球化。印度向国际贸易与投资开放，部分经济部门放松监管并私有化，遏制住了通货膨胀。外国资本涌入，出口和工业品产量增长，通货膨胀下降，股市繁荣。2007年，印度的国内生产总值（GDP）增长率为9%，媒体界由此谈起了印度经济奇迹。（之后增长率有所放缓。）

276   自那以来，印度城镇化率提高（生活在城市中的印度人比例从1961年的18%提升到了2011年的32%），并出现了"中产阶级"，媒体和智库对这个问题多有讨论。[5]中产阶级的定义是一个问题。按照印度政府的定义，中产阶级分为两个群体，一个是人均日收入相当于8至20美元的"探索者"，另一个是人均日收入相当于20至40美元的"奋斗者"。如果用这个定义的话，印度2009年至2010年有近13%的家庭属于中产阶级，也就是1.53亿人。其他估计值较低，认为印度有7 500万中产阶级，其中60%在城市生活。甚至有学者提出了更为宽泛的定义：对子女社会与经济向上流动性持乐观态度，或有合理的稳定收入保障。印度中产阶级有一个子集：就职于呼叫中心、IT公司、国际银行和咨询机构，薪水远超父母想象的年轻印度消费者。不管采用什么定义，人数是多少，这个阶级无疑存在，而且他们的富裕生活已经引发了印度饮食模式的变化。

一个变化就是吃肉多了，尤其是鸡肉。如前所述，严格素食者在印度只占少数。尽管数据稀缺，但2006年的一份调查显示，全印度只有21%的家庭吃全素。[6]印度女性吃素比例为34%，男性为28%；55岁以上人群为37%，25岁以下人群为29%。令人惊讶的是，有3%的印度穆斯林和8%的印度基督徒表示自己吃素，这或许体现了素食氛围在印度社会的根深蒂固。

一个家庭中可能既有人吃素，也有人吃肉，尽管肉食的家庭成员往往会到外面吃。人类学家R. S. 卡瑞（R. S. Khare）研究了北方邦婆罗门家庭内的饮食习惯。他发现，本来只与同种姓的人一起吃饭的中老年正统派婆罗门可能会在某个时间点，如在旅行的时候开始吃外面的饭，不是在餐厅里，就是在净素斋（vaishnav bhojanalaya）吃。净素斋是北印度的一种场所，供应严格按照正统标准制作的素菜。[7]下一步可能就是去咖啡厅或甜品店，这些地方的菜品也属于素食，但厨师的种姓乃至宗教信仰或许都无从得知。

这种情况下，"不问不说"原则似乎会盛行。饭店就餐是背离正统的最后一步。卡瑞写道，"现代餐厅完全否定了家灶层面灌输的正统派饮食与迦提共处规范，显然是原则的对立面"。[8]

## 出去吃……

进入现代之前，印度并没有公共就餐传统，也没有餐厅文化（餐厅指的是这样的场所：食客可以在相对舒适或奢华的环境中用餐，并从菜品众多的菜单中自行选择）。[9]社交规范和各个法典中复杂的饮食规范都不利于外出用餐。对大多数家庭来说，唯一的例外是节庆、婚宴、种姓宴会和寺庙。

尽管如此，印度自古以来就有酒馆、旅店和供应熟食、小吃

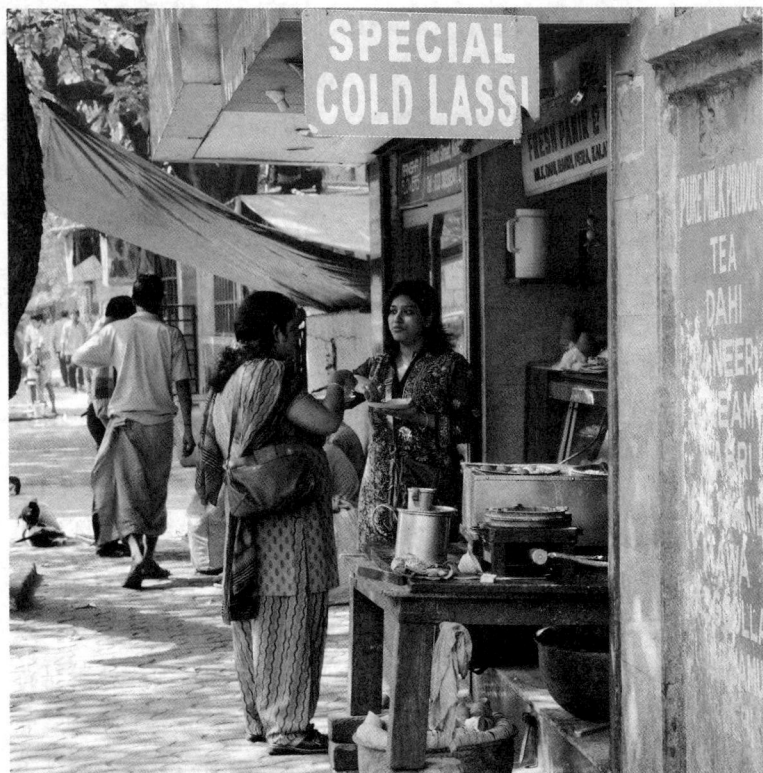

消费者在加尔各答路边摊享用早餐小吃

278　和甜品，面向人群有旅客，有学生，无疑也有不想做饭的主妇。
这一传统在印度丰富鲜活的街头食品文化中得以延续。据估计，
印度街头食品部门从业者达1 000万人，仅德里和加尔各答就分
别有30万和13万名摊贩。街头食品通常为素食，现点现做，因
为热带气候下吃放久的菜不安全。印度每座城市，每片区域都有
自己独特的街头美食。比如，孟买有酸爽拌米花（bhelpuri），加
尔各答有烤肉卷饼（kathi kebab），北印度有舔指小吃（chaat）。

随着交通通信条件的改善和人员外出务工，许多街头食品已经传遍印度。[10]

　　食品安全确实成问题，因为许多摊贩没有干净的水，也没有净水设备，而且经常用脏手制作和拿取食品。2007年，德里市政府试图禁止路边摊食品，此举得到了印度高级法院支持，但法令无法执行，到现在也没有落地。如今，街头食品开始离开街道，就像马来西亚和新加坡那样，两国政府部门设立了具备卫生条件的美食广场。孟买Jumbo King和多地Great Kabab Factory等连锁品牌开始提供卫生化的传统菜品，现代都市购物中心也有美食广场进驻。

新德里路边的一家现代化马路摊

# 孟买外卖员

外卖员（dabbawalla）是孟买的一项独特制度。他们从办公室职员家里取走刚做好的饭菜，赶在午餐时间前送到职员手上（通常是骑自行车），然后当天晚些时候送还餐盒。餐盒首先会送到当地的一家火车站，用颜色标记后输送到孟买的其他站点，最后分拣配送至目的地。每天有4 500至5 500名外卖员配送17.5万至20万份餐盒，费用低廉，准时可靠，堪称传奇。现在有时会通过短信方式订餐。

标好数字，准备配送的餐盒（dabba）

孟买外卖员从办公室职员家里取走刚做好的饭菜，
赶在午餐时间前送到职员手上

280

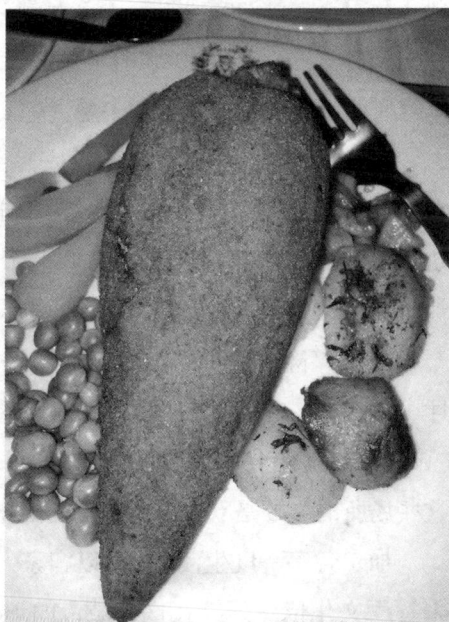

自20世纪50年代以来，加
尔各答著名的玛卡宝餐厅就
供应欧陆菜肴。图为基辅黄
油鸡卷

老式摊贩的另一个传人是"马路摊"（dhaba）。这些小摊开在大马路旁，一般有五六道菜，装在大铜缸里。许多店还供应杯装浓奶茶，有时叫做"90英里茶"（印地语作 nabbe mil chai），意思是货车司机喝了这一杯浓茶，足够再开90英里路。这些店的第一批主顾是货车司机，但马路美食风靡于印度城市年轻人群。有些马路摊甚至升级换代，有墙，有空调，有桌椅，还有打印菜单。

在南方，旅客和不住在家里的人可以到供应肉蛋的军方招待所，也可以去只供应素菜的乌杜皮旅店（见第五章）。[11]一个有趣的反转是，纽约市现在有好几家餐厅贩卖符合犹太教规的南印度菜。

19世纪末，西式餐厅传入印度，当时这种餐厅在英国出现也才不久。1890年前后，意大利甜品师费德里科·佩利蒂（Federico Peliti）在加尔各答开了一家用自己姓名命名的餐厅，这家店成了城中商人喜爱的午餐去处。

第一次世界大战后，瑞士人安杰洛·菲尔波（Angelo Firpo）在加尔各答主干道乔林基街（Chowringhee）开了菲尔波餐厅。这些餐厅以西餐为主，加上几道半印菜，比如咖喱肉汤和咖喱炖菜。1927年，著名的弗卢里点心店（Flury's）在帕克街开张，至今生意兴隆。孟买的类似店铺有意大利厨师开的蒙格尼斯餐厅（Monginis），有自称"清净私密宜人英式酒吧"的路边酒吧（Waysid），还有供应欧陆菜的戈登公司（Gourdon & Company）。[12]这些场所的主顾是欧洲人，或者英国化印度精英人群。

加尔各答一度生活着8万以客家人为主的华人，当年兴盛的中餐厅文化依然延续在这座城市的坦格拉唐人街（Tengra）。近

著名的加尔各答唐人街的一家餐厅

年来，印式中餐成为印度最受欢迎的餐厅类型之一，以红辣酱为特色，代表菜有玉米鸡汤、蒙古鸡肉、蒙古羊肉、蒙古奶豆腐、辣椒鸡。

适合家庭用餐，环境宜人，供应优质印餐的餐厅在印度出现得比较晚。先行者是1947年开设于新德里红堡附近的珍珠皇宫餐厅（Moti Mahal）。创始人昆丹·拉尔·古杰拉尔是泥炉料理的实际创造者，泥炉菜已经成了全球印度餐厅的招牌。

## 泥炉烧鸡的发明者

如今，泥炉烧鸡、黄油鸡、泥炉烤饼是世界各地印度餐厅的主力菜品，但这些菜直到20世纪中期之前都默默无闻，甚至在印度次大陆上也是如此。它们的创造者昆丹·拉尔·古杰拉尔是印度最有活力和创新力的餐厅老板之一，他在德里开的珍珠皇宫正是印度最著名的餐厅。

昆丹·拉尔·古杰拉尔出生于英属印度西北边境省白沙瓦附近，是一名旁遮普和帕坦（Pathan）血统的印度教徒。他小时候在白沙瓦的一家小饭店里打工，这家店最终发展成了珍珠皇宫。店内专营泥炉烤肉配馕，所用的大炉子埋在地下。

1947年印巴分治时，昆丹·拉尔一家人来到了印度首都德里，在红堡附近的达利亚根杰（Daryaganj）开了一家路边小饭店。他将店名定为"珍珠皇宫"，找到一名（同为难民的）泥炉师傅，尝试了多种不同的设计，最终选定了一种适合餐厅环境的地上版本。

昆丹老家的菜口味寡淡，为了适应印度人的口味，他试验了不同的香料搭配，敲定的配方在店里沿用至今。珍珠皇宫的秘方据说包括芫荽籽粉、胡椒碎和一种微辣红椒粉，泥炉烧鸡标志性的红色就来自这种辣椒粉。混合香料加入酸奶腌制鸡块乃至整鸡，然后送入泥炉炙烤。为了满足习惯厚重酱料的食客（也有人说是为了处理剩下的烧鸡），他发明了黄油鸡：烤鸡斩块，用番茄、奶油和黄油酱炖煮。珍珠皇宫的另一道特色菜是黑扁豆咖喱（dal makhani），做法是黑扁豆小火熬煮过夜，然后放入番茄、黄油和鲜奶油。昆丹·拉尔还供应老家的各种饼，包括厚长大馕和坚果葡萄干馅的白沙瓦馕。

泥炉烧鸡，20世纪40年代由白沙瓦难民昆丹·拉尔创制

　　昆丹·拉尔沿袭了众多大餐厅老板的传统，极尽招摇，头戴羊毛毡帽，胡子上翘，恭敬有礼，很容易就能认得出来。珍珠皇宫成了许多政界人物喜欢的场所，包括印度首

任总理贾瓦哈拉尔·尼赫鲁及其女儿英迪拉·甘地，后者总理任内将许多来访的大人物带了过来。一位印度官员曾对来访的伊朗沙阿说，来德里不吃珍珠皇宫，就好比去阿格拉不看泰姬陵。珍珠皇宫承接了大量重要活动，包括接待来访美国第一夫人杰奎琳·肯尼迪（Jacqueline Kennedy）的国宴，还有尼赫鲁孙子桑贾伊·甘地（Sanjay Gandhi）的婚宴。

昆丹·拉尔在德里和穆索里（Moosoorie）开了分店，但直到去世都坚守在老店。他的孙子莫尼什（Monish）学习酒店管理，创办了泥路小径公司（Tandoori Trail），现在全印度有90多家连锁店。如今，珍珠皇宫在印度和世界各地有无数效仿者；泥炉烧鸡也被认为是正宗印度菜，实在是美食史的一大讽刺。[13]

284

## 粟：从贱粮到营养谷物

粟（这一类作物包括糁子、黍子、小粟、鸭姆草、稗，也包括高粱）是世界上最古老的粮食作物之一，古代曾是中国和南印度的主粮。尽管印度一直是全球最大的粟生产国，但现在粟主要用作牲畜饲料。自20世纪60年代以来，粟田面积减少了44%。粟逐渐不受欢迎的一个原因是比小麦硬，烹饪耗时长，需要趁新鲜加工和食用。此外，粟传统上被认为是穷人和下等人的口粮，而吃稻米和小麦则是社会地位高的象征。

但是，粟近年来有回归之势。印度粟米网络（Millet Network of India）是由机构、农民、营养学家、食品活动家组成的联合机构，正在推动粟的复兴，提出粟在环境和营养方面的益处。例如，粟的纤维、蛋白质、矿物质和钙含量高于稻米。

在世界心脏日，国际半干旱热带作物研究所（International Crops Research Institute for the Semi-Arid Tropics）号召印度重点恢复以高粱和粟为基础的农耕模式，以应对生活方式类疾病的增多。粟正在成为印度国内外都市食客追捧的时尚，原因是粟有益于健康，也可能是因为他们追求"纯正"。

信息来源：德干发展协会（印度粟米网络会员单位），"粟米：饮食与农业的未来"，www.swaraj.org/shikshantar/millets.pdf（2014年5月访问）

许多1947年进入新德里的难民是旁遮普人，他们做起了小生意，包括资金需求不高的食品摊。有些摊位发展为社区小店，最后成了大店。著名的例子是卡瓦利迪（Kwality's）和爵乐（Gaylord）这两家连锁餐饮企业。爵乐最初卖西餐和中餐，后来菜单里加入了印度菜。主打菜品是带有南印度和所谓"莫卧儿"

风情的旁遮普菜。20世纪60年代，印度政府设立的烹饪学校教的就是这种风格。随着毕业生进入工作岗位，这种风格传入了五星级酒店，而这些酒店在20世纪70和80年代成了市民新贵的餐饮社交中心。

旧德里的另一个重要地标是1913年开张的卡里姆餐厅（Karim's）。创始人哈吉·卡里姆丁（Haji Karimuddin）的祖上是莫卧儿皇帝的御厨。现在，餐厅传到了第四代人手里，还开了几家分店。创始人的目标写在了菜单上："将御膳带给普通人。"特色菜是北印度穆斯林菜品，如拌饭、烤肉串、哈利姆、炖牛肉和羊脑咖喱。

285

过去二十年间，印度西餐厅变多了，不仅是在大城市，小城镇也一样。素菜品种多的泰国菜和意大利菜尤其流行。肯德基（1995年进入）、麦当劳和必胜客（均为1996年进入）、本杰瑞冰激凌（2013年进入）等美国快餐连锁品牌的菜品根据印度本土口味和习惯进行了改良。印度麦当劳不卖牛肉，而有大君鸡肉堡、素食汉堡和素食扭扭薯条。印度公司纷纷效仿，推出印度快餐。外卖在21世纪初还几乎闻所未闻，如今已经非常流行。

直到不久前，除了南印度风味以外，地方菜餐厅还很少。以ITC酒店和泰姬陵酒店为代表的五星级连锁酒店品牌引领了地方菜复兴与推广。1977年，ITC酒店聘请勒克瑙主厨和宴席承包商伊姆蒂亚兹·库雷希（Imtiaz Qureshi）进行酒店餐厅升级。他开了专营泥炉菜和西北边境菜的布哈拉餐厅（Bukhara），还有主打传统勒克瑙特色菜的肉抓饭餐厅（Dum Pukht），两家店都在新德里孔雀王朝喜来登酒店内。泰姬陵酒店的餐厅主打拉贾斯坦菜、海得拉巴菜和各种南印度菜品，也举办美食节。如今，食客们在

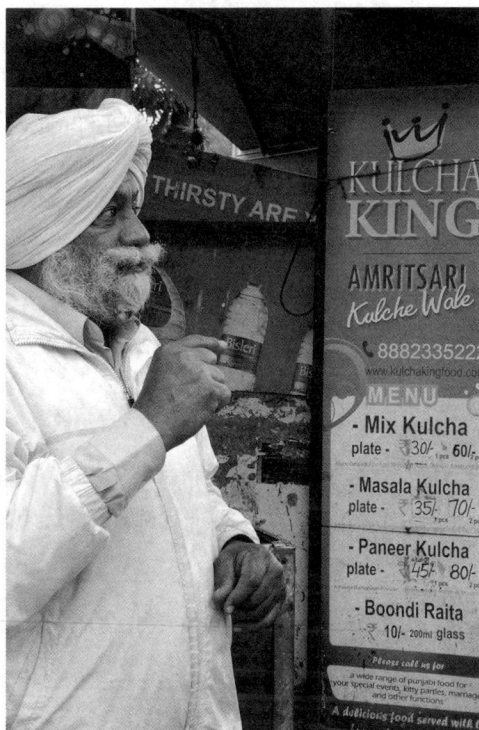

旧德里的一家卖库尔恰
（旁遮普特色小吃）的店

大城市里也能找到专营比哈尔菜、切蒂纳德菜、克什米尔菜、古
吉拉特菜等地方菜的小餐馆。

　　"哦！加尔各答!"（Oh！Calcutta！）是最成功的连锁印
度餐厅之一，分店遍及各大城市，供应经典孟加拉菜。创始
人安詹·查特吉（Anjan Chatterjee）毕业于酒店管理与餐饮学
院（Institute Management and Catering），他管理的特色餐厅集
团（Speciality Restaurants）旗下也有北印度餐厅和中餐厅。另
一个连锁品牌"正宗旁遮普"（Punjabi by Nature）供应高端旁
遮普菜。新德里的豪兹卡斯村（Hauz Khas Village）等商圈拥有

数十家餐厅，涵盖了快餐、印度地方菜和欧洲餐厅；班加罗尔（Bangaluru，旧称Bangalore）是印度高新技术与呼叫中心行业的中心，以夜生活活跃和餐厅多元闻名。许多餐厅的酒单都很长，还供应鸡尾酒和"假鸡尾酒"，顾客可以在zomato.com等网站上给餐厅打分。

287

## 出去喝……

印度人对酒的态度一向矛盾。尽管经书中都表达了不赞同，但有证据表明，酒精饮品一直很盛行，阿育吠陀医师甚至将酒作为某些疾病的药方。圣雄甘地反对饮酒的依据是酒伤害穷人。在甘地思想的影响下，《印度宪法》于1977年全面禁酒。尽管禁令只持续了两年，但今天依然有多个邦禁止制酒和饮酒，包括米佐拉姆邦、曼尼普尔邦和古吉拉特邦。印度还有一些节日禁酒，包括甘地的生日。

穷人用手头的一切材料自行酿酒：稻米、棕榈树汁、本地水果和蔬菜。中产阶级的标配一直是英国人引进的威士忌，印度如今是全球最大的烈酒进口国。（中产阶级女性传统上只喝果汁。）然而，葡萄酒正在成为一批都市男女的选择，他们尽管人数不多，但热情很高。2020年印度葡萄酒消费量是2004年的近三倍，不过现在增长速度正在放缓。外国葡萄酒的进口关税很高，目前印度约有四分之三的葡萄酒为国产。[14]葡萄酒消费群体来自上层中产阶级，他们接触外国饮食更多，可收入支配也更高。女性消费者是增长最快的细分市场。一种解释认为，葡萄酒由葡萄酿制而成，与果汁差距较小。葡萄酒还有高雅饮品的名声，是地位高的象征。

　　大城市里有葡萄酒俱乐部向有意愿者传授品鉴知识，甚至还有一本专门讲葡萄酒的杂志《品酒家》（*Sommelier*）。昏暗的"英式酒铺"之外出现了设立于购物中心的雅致店面，尽管前者并未被完全取代。高档餐厅的酒单品种丰富。2012年末，孟买开出了印度第一家塔帕斯酒吧 Vinoteca，供应西班牙风情小吃塔帕斯。老板拉吉夫·萨曼特（Rajeev Samant）毕业于斯坦福大学，辞去加州硅谷的工作后创办了苏拉酒庄（Sula Winery），有一些印度最流行的葡萄酒就是这里出的。苏拉、格罗夫（Grover）和印迭戈酒庄（Chateau Indage）三家的总市场份额超过90%。印度几乎所有国产葡萄酒都来自马哈拉施塔特邦，尤其是海拔高、气候凉爽，适合种植葡萄的纳西克产区（Nasik）。葡萄酒消费量提升的一大障碍是价格。葡萄酒进口关税是150%，此外各邦还要各自收税。　288

　　媒体推动了印度饮食文化的发展。报纸一直以来都登载菜谱专栏，而现在有很多报纸还设立了生活方式栏目，刊登餐厅评论和介绍最新饮食潮流的文章。一位开风气之先的食评人是帕西族记者贝拉姆·康特莱科特（Behram Contractor，1930—2001），笔名"忙碌小蜜蜂"（Busybee）。几十年来，他一直在撰写读者众多的"忙碌小蜜蜂外出用餐指南"专栏，为各类出版物供稿。[15]2001年，他和妻子法尔赞（Farzan）创办杂志《上流酥皮》（*Upper Crust*），关注"美食、美酒与美好生活"。这份杂志刊登印度国内外餐厅介绍文章、主厨和美食家访谈、菜谱和游记，还赞助美食节和美酒节。[16]

　　自1988年阿尔琼·阿帕多拉伊写了那篇《如何造就国菜：当

代印度烹饪书研究》以来，烹饪书的数量越来越多。其实，在很大程度上，烹饪书在普及地方菜方面扮演的角色已经被印度众多私营电视台的烹饪节目所取代。网上也有美食博客和大量视频展示菜品制作过程。

印度发生的另一个重大变化是，主厨成了一个受人尊敬的体面职业。放在过去，除了少数例外，主厨的地位比普通厨师或侍者高不了多少。中产阶级家庭的孩子要是想干这行，会把父母吓坏（2001年的电影《季风婚宴》里就有这个桥段）。今天，主厨成了明星和企业家，有自己的博客、电视节目和旅行节目。桑吉夫·卡普尔（Sanjeev Kapoor）的节目《新派素食》（*Khana Khazana*）观众超过5亿，遍及全球120个国家。他还创办了自己的美食频道和生产线。业余和职业厨师效仿英美节目，通过电视竞赛竞逐"主厨大师"的称号。2007年的电影《低糖》（*Cheeni Kum*）是主厨新地位的终极证据。超级巨星阿米达普·巴强（Amitabh Bachchan）在片中饰演一位伦敦主厨，赢得了年轻美娇娘的芳心。

## 健 康 与 饮 食

自由化之后的另一个变化是超市变多了。超市里不仅卖新鲜水果蔬菜、肉鱼、西方进口产品（比如墨西哥玉米片、法国芝士、意大利橄榄油），还有大量预制菜和包装食品。中产阶级家庭不再像过去那样请仆人了，而且随着职场女性的增多，方便食品也成了必需品。目前只有2%的果蔬被加工成预制菜，但比例正在增加。

饮食与健康的联系一直是印度饮食文化的核心内容。由于部分社会阶层的财富增长，快餐的出现，白米饭、糖和油脂摄入量的增加，再加上体力活动的减少，印度出现了所谓"生活方式类疾病"的爆炸性增长：高血压、冠心病、肥胖症和Ⅱ型糖尿病。[17]印度糖尿病患者的数量估计在3 000万至6 500万之间，还有多达7 700万人属于前驱糖尿病。Ⅱ型糖尿病在印度城乡愈发普遍，甚至儿童群体中都有上升态势。世界卫生组织预测，到2015年，印度用于糖尿病和其他非传染性疾病的开支或达到2 360亿美元。

新德里的一处果蔬夜市

这就引发了对健康烹饪与健康饮食的新关注。明星主厨和烹饪书作者开始宣扬少油低碳水饮食——这绝非易事，因为传统印度饮食以淀粉为基础，甜品非常受欢迎，煎炸也是常用技法。人们重新对粟米等传统谷物，以及传统阿育吠陀和悉达疗法产生了兴趣。[18]与此同时，"有机"和"本地饮食"成了都市食客们

290 的口头禅，政府也推出了各项政策鼓励有机谷物、水果和蔬菜生产。

现在，世界各地的学者都在研究传统印度医药的保健功效，不仅仅是印度人在做。2013年1月检索美国国立卫生研究院的PubMed数据库显示，阿育吠陀医药的研究或试验论文共有2 143篇，目的是治疗糖尿病、癌症、结核病乃至抑郁症的各种医学病症。

# 第十三章

# 侨 民 印 餐

几千年来，印度人以商人、佛教僧侣、印度教祭司、劳工的身份前往世界上的其他地方，最近又多了一个移民。考古发现的印章证明，两河城市中存在印度河谷文明的商人。在古代和中世纪，商人们前往中东、北非、东非和东南亚。有人从海上去了中东、斯里兰卡和印度尼西亚，也有人跟随商队踏上了伟大的丝绸之路，穿过伊朗、阿富汗和中亚，最后来到中国。

17世纪以来，少量印度人作为奴隶或仆人流入南非、英国和北美。[1]然而，次大陆的大规模移民是19世纪30年代才随着契约劳工制度而开启。19世纪后期，印度农业劳工定居在加拿大和美国西海岸。然而，20世纪初的移民限制政策让流向北美、英国和澳大利亚的亚洲移民成了涓涓细流，直到20世纪60和70年代的政策调整。

如今，海外印度裔、巴基斯坦裔、孟加拉国裔人群约有3 000万的规模，只有海外华人能与之相比。[2]在数个世纪的时间里，他们发展出了自己独特的饮食，在故乡菜式中融入了本地食材和本地影响。

## 契约劳工制度

292    1834年8月，英国宣布奴隶制在西印度群岛非法。甘蔗种植园过去是黑人奴隶劳作，而获得自由的奴隶大多拒绝继续从事这项累断腰、工钱还少的工作。许多种植园主都有深厚的政界人脉〔包括英国首相威廉·格莱斯顿（William Gladstone）的父亲〕，他们似乎蒙受了毁灭性的经济打击，于是东印度公司赶来救场，从印度贫困地区招募劳工。这些所谓的"契约劳工"签订的合同规定，他们要在某一家甘蔗种植园干满两期，一期五年，期满后种植园主会支付回印度的路费，劳工亦可留下来购置土地。法国和荷兰分别于1846年和1873年在本国海外领地废除奴隶制之后，东印度公司也为两国提供劳工。

从第一艘劳工船抵达圭亚那的1834年对契约劳工制度废除的1917年，据估计有140万印度人离开了次大陆，其中24万前往圭亚那，14.4万前往特立尼达，3.7万前往牙买加。另一个目的地是印度洋上的毛里求斯，英国于1810年从法国人手中获得了该岛屿。约有50万印度人进入了毛里求斯的甘蔗种植园工作。也有人前往法属殖民地留尼旺、瓜德罗普和马提尼克、荷属苏里南，甚至还有属于丹麦的圣克罗伊岛。[3]航程可长达18周。移民在船上的口粮少得可怜，只有一点米饭和面粉、咸肉、鱼干、椰子和芥子油，还有孜然、葫芦巴、罗望子、盐等几样调味品。做饭常常引发火灾。

大多数移民来自饥荒肆虐的北方邦东部和比哈尔邦西部乡村，讲博杰普尔语（Bhojpuri）。10%左右的移民来自南印度。印度教徒占85%，穆斯林占15%。令人惊讶的是，有四分之一到三分之一移民是女性，通常是寡妇或者逃离不幸婚姻的女子。与完全剥离自身认同的非洲奴隶不同，印度人有信仰和习俗自由，若干婆罗门祭司和伊玛目也会随行。[ 特立尼达诺贝尔奖得主V. S.奈保尔（V. S. Naipual）就是其中一位婆罗门祭司的后代。] 尽管有人期满后回到了印度，但大多数人还是购买土地，留了下来。如今毛里求斯人口中有三分之二是印度裔（除次大陆以外印裔比例最高的地区），圭亚那、苏里南、特立尼达的印度裔比例是40%左右。

1852年，契约劳工制度拓展到了东南亚，为当地的咖啡、棕榈和橡胶种植园提供印度劳工。约有200万人前往马来亚（今马来西亚），250万人去了缅甸，大多数来自南印度。1962年缅甸政变后，大多数印裔离开了这个国家。从1860年开始，约有15万名印度劳工前往南非，另有3万人前往英属东非（今肯尼亚和乌干达）帮助修建通往内陆的铁道，其中有很多是旁遮普锡克教徒。还有一批印度人去了斐济岛上的甘蔗种植园。

## 加勒比地区

### 特立尼达和多巴哥

特立尼达和多巴哥是南美洲沿海的一个小岛国，人口约有40%是印度裔，38%是非裔特立尼达人，其余为欧洲人、华人和中东人。移民到了以后，领到的日常口粮是大米、扁豆、椰子油或酥油、糖、盐、姜黄、洋葱，有时还有咸鱼或鱼干。契约期满后，大多数劳工购置土地，组建村落，尝试按照过去的方式安定生活，种植水稻、甘蔗和蔬菜。奈保尔写道，印度契约劳工设法"在特立尼达中部重建了北方邦东部村落，仿佛身处广袤的印度大地"。[4]因为特立尼达和多巴哥油气储量丰富，所以该国从未像其他加勒比岛国那样依赖旅游业，这或许有助于保存文化与饮食传统。（石油的发现还促使特立尼达甘蔗产业的消亡。）

印度移民的来源地解释了特立尼达菜的一些特征。这里不像印度一样用全麦粉做饼，因为移民来自稻食区，而他们在船上或者特立尼达最先遇见的面粉是英国人运来的白面。路边和小店里卖的咸味点心与19世纪比哈尔的很像：油炸五香鹰嘴豆丸子（phulorie），分量比较大的鹰嘴豆饼（bara），用面粉、糖和澄清黄油制作的甜品（kurma），用少许黄油煎成的蛋糕（sohari），酸甜罗望子丸子，还有挂豆面糊炸绿色蔬菜（sahenna）。[5]这些小吃通常配酸芒果酱或辣味青芒果蘸酱食用。另一道典型的比哈尔菜是蔬菜泥：将蔬菜（通常是土豆）捣成泥，加入油和洋葱碎。

294

### 番茄泥（特立尼达和圭亚那）

这是一道早上吃的菜，通常配白饼子吃。

450克熟番茄

1个小洋葱，切成骰子大小的块

1根辣椒，细细切碎

2小勺植物油

2 瓣大蒜，压碎

盐，根据个人口味调整

番茄放在火上烧焦，放凉后扒皮，捣碎成糊状。加入洋葱、盐和辣椒。

在小平底锅上烧油，煎一下大蒜，加入番茄糊，搅拌均匀。

## 圭亚那白罗提

250 克普通面粉

2.5 小勺泡打粉

0.25 小勺盐

1 勺糖

1 大勺切碎的洋葱

1 根绿色或红色的鸟眼辣椒，细细切碎

150 毫升左右温水

1 大勺植物油、酥油或黄油，另有 3 大勺用来刷饼

295

将所有食材混在一起，成为柔韧面团。

将面团揉成球形，放在刷油的碗里，封上保鲜膜。静置醒面 30 至 60 分钟。轻轻将面团揉开，分成四个剂子。每个剂子擀成一个直径约 15 厘米的圆饼，如有必要，可以

> 撒一点面。
>
> 　　预热一个印式平底锅（tawa，厚重圆烤盘或煎锅亦可）。烧热后关小火。将一个饼坯放上去，烤至底部出现小的棕色斑点。两面刷上酥油或黄油，包在一块茶巾里待食。
>
> 　　盖特利·帕格拉赫-钱德拉（Gaitri Pagrach-Chandra），《热饼与蜂蜜蛋糕》（Pavilion，伦敦，2009）

　　咖喱是特立尼达和多巴哥的一道常见主菜。主要香料有孜然、芫荽、葫芦巴和姜黄，和比哈尔乡村家庭用到的一样。因为特立尼达不出咖喱叶、新鲜芫荽和薄荷，所以劳工们找到了替代品。芫荽的替代品是一种生长在排水沟里的野草，中文名叫刺芹，当地人叫shado(w) beni，学名Eryngium foetidum。特立尼达咖喱中用的辣椒品种特别辣，名字叫做"苏格兰圆帽"（scotch bonnet），因为样子像一个皱巴巴的小圆帽。在特立尼达（还有牙买加），印度芹菜（sag）的替代品是芋头叶（callaloo）。咖喱会配蘸酱和腌菜食用，比如用芒果和芥子油做的腌菜（mango kuchela），还有一种名叫"丈母娘"的蔬菜辣酱，配白面制作的罗提吃。

　　在特立尼达，"罗提"（roti）一词不仅仅有饼子的意思，也指一种被奉为国菜的流行街头食品，就在一张大大的圆面饼表面撒上黄豌豆粉，卷上鱼、肉或蔬菜咖喱，最后用蜡纸或铝箔包装，边走边吃。另一种流行的街头食品是双夹（doubles），是用两张姜黄味的炸罗提夹上鹰嘴豆咖喱，最后挤上辣蘸酱和辣椒酱吃，类似于印度小吃夹豆饼（chole bhature）。其他特立尼达特色面食有：碎衫饼（buss-up-shut roti，来自英语 busted-up shirt，字面意思是撕碎的衬衫），就是把罗提饼撕成不规则的小块；辣扁豆炸饼（dal puri roti）；白饼（sada roti），通常在家里制作；还有油饼（oil roti），一种形状不规则的抛饼。

## 圭亚那和苏里南

尽管圭亚那和苏里南位于南美洲大陆的东北角，但这两个小国在文化和饮食上都属于加勒比地区。圭亚那在1966年之前是英国殖民地，苏里南在1667年至1975年之间是荷兰殖民地。两地原本都是甘蔗种植园经济。

辣扁豆炸饼是一道特立尼达菜，饼里夹着五香黄扁豆，配菜是咖喱、鹰嘴豆和甜品

圭亚那最大的族群是印度裔（又称东印度人），占总人口的近 44%。其次是非裔圭亚那人，占30%。再次是混血儿，占17%。原住民、华人、欧洲裔合计占9%左右。与特立尼达一样，圭亚那菜反映了移民的来源地。鹰嘴豆丸子和大饼是当地流行的小吃，配辣椒酱或芒果酱食用。圭亚那和特立尼达印度教徒都过洒红节（当地叫Phagwah）和排灯节，节庆活动之一是分享传统印度甜品。

苏里南是一个文化与宗教熔炉，有印度裔（40%）、克里奥尔人（含有非洲人和原住民血统的混血儿，30%—35%）、印度尼西亚裔（15%）和众多少数民族。1975年独立后，苏里南约有三分之一人口移民荷兰，荷兰现在生活着35万苏里南人（当地称作印度斯坦人）。典型的苏里南菜有：白面罗提，通常会夹土豆或鹰嘴豆馅；鹰嘴豆大饼；鹰嘴豆丸子；炸三角，通常配印

297

圭亚那坚果奶饼（pera）最初的做法是鲜牛奶煮沸加糖，质地坚硬，最后做成小丸子。后来，人们开始改用淡奶，成品偏软，口感也更丝滑，形状也从丸子变成了圆饼

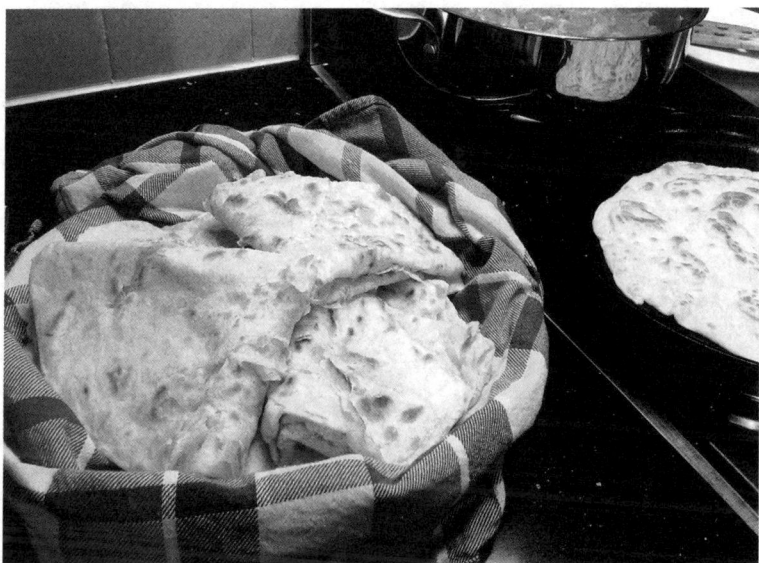

圭亚那飞饼以疏松有层次闻名。饼刚一出锅要立即抛入空中，然后双手合十接住，反复多次，形成分层的效果。这样做出的饼子放凉之后依然很有韧性，因此适合用来舀咖喱吃

度尼西亚调味料食用。

298

## 牙买加

1845年至1917年之间，约有40万名印度人来到牙买加，但契约期满后，他们便分散到了全国人口中。牙买加的跨种族通婚比例远高于特立尼达和圭亚那，结果就是如今只有3%的牙买加人自称印度裔。然而，印度对牙买加饮食有着显著影响，尤其是最著名的两道牙买加菜：肉饼（patty）和山羊咖喱。后者是节庆食品，佐料是商业化生产的咖喱粉（包含当地产的多香果）和苏格兰圆帽辣椒，还有椰奶酱。牙买加肉饼是面饼中包入香辣绞

肉，不仅流行于牙买加本土，牙买加侨民也爱吃。

## 毛 里 求 斯

毛里求斯是印度洋上的一个岛国，位于马达加斯加以东800千米，距离印度4 800千米，先后被荷兰、法国和英国殖民，由此成了一个饮食与文化熔炉。如今，毛里求斯人口中有三分之二是印度裔，其余是法裔毛里求斯人或华人。

毛里求斯菜融合了非洲、荷兰、法国和印度的食材和技法。有章鱼咖喱，有鹿肉和树豆（lilva bean，流行于西非的一种豆子，口味微甜带苦）咖喱，还有鸡肉咖喱、大虾咖喱。温达莱（Vindaille，与温达卢有关）的做法是用芥末、藏红花、辣椒、大蒜、油和醋腌制新鲜金枪鱼、章鱼或其他海鲜。一道流行的印度毛里求斯小吃是卷油饼（dalpuri）——印式油炸饼夹上扁豆咖喱、红酱（rougaille，一种辛辣的番茄酱）、印度蘸酱和泡菜。

## 斐 济

斐济是南太平洋上的一个岛国，将近一半人口的祖先是19世纪90年代末英国输入的60万甘蔗种植园印度劳工。斐济菜融合了美拉尼西亚、波利尼西亚、印度、中国和西方元素。斐济咖喱的食材有面包果、山药、木薯、芋头、芋头叶和海鲜，常用椰奶。调味料包括大蒜、姜、姜黄、芫荽、葫芦巴、孜然、酱油和辣椒。当地有一种独特的家常咖喱，"鱼罐头咖喱"，主料是罐头金枪鱼、青鱼或三文鱼。咖喱和咖喱粉从斐济传到了汤加、萨摩

299

亚和其他太平洋岛屿，通常配煮芋头或面包果食用。

# 南　非

　　1651年，荷兰东印度公司在好望角设立据点，为往来于荷兰与荷属东印度之间的船只提供补给。殖民者建造了永久定居点，从孟加拉地区、科罗曼德海岸和东印度群岛输入奴隶，让他们替自己种田做饭。这些劳工的后代就是开普马来人。（马来语是贸易通用语。）据估计，现在南非生活着18万开普马来人，以开普敦为主。

　　开普马来人以厨艺闻名，是供不应求的厨师。当地流行拌饭、扁豆、烤肉串、脆饼、罗提、炸三角和各种咖喱（当地叫做kerry），佐餐有印式腌菜（atjar）、水果调味品、印式蘸酱、三巴酱和米饭，明显能看到印度的影响。

　　1806年，英国接管开普殖民地。英国人引入了15万名契约劳工，大多来自南印度乡村。日常主食是扁豆、豌豆、米饭、米饼和苞谷饭（玉米粒碾碎煮熟成米饭状）。劳工在运输船上吃的鱼干也成了日常饮食的一部分。自19世纪80年代以来，印度商人、外贸从业者和律师（包括年轻律师圣雄甘地）也来了。这些"印度过客"中有很多来自印度西海岸的古吉拉特。他们开小饭馆，还有卖香料和印度调味品的商店。

　　最著名的南非印度菜是咖喱面包箱（bunny chow），是将一大块西式吐司面包掏空，装入肉咖喱。菜名来源的一种说法是，印度商人在德班（Durban）常被叫做bania，也就是婆罗门种姓。由于种族隔离政策，他们开的小饭馆不许南非黑人

300

油炸脆饼

咖喱面包箱，源于南非德班

入内；但是，黑人可以在后门（违法）用餐。一个事业心强的　301
老板想到一个主意，挖空一块小面包，把咖喱倒进去，配上印
度腌菜，直接交给顾客，不用配刀叉。菜由此得名，字面意思
是"婆罗门小炒"。

## 决定移民

卡洛走后的第四年，旱灾降临了。去年水稻歉收，天
不下雨，今年的庄稼不长，又没有钱买吃的。我们本来应
该种小米的，但我们又一次没种，所以只能靠稻子了。每
天做饭的人是我，我能看见米越来越少……

我必须找活干，但村子里……哪来的活呢？于是，我
拿上岳母存起来的最后几把炒米，还有一些鹰嘴豆烤的萨
图面，装在两个口袋里。接着，我又拿了一条纱丽，带着
孩子走向法兹巴德（Faziabad，北方邦城市）。

我在城里遇到了负责招工的女士（arkaitiniya），让人
跟她一起移民。我刚到城里，就在街头碰上了她。她告诉
我，他们正在招工去一个叫"吉尼巴德"（Chini-dad），就
是吉尼之地，"吉尼"就是糖。吉尼巴德有制糖的大庄园。
他们要人进甘蔗田做工。她告诉我，他们特别想招女工，
还承诺报名就有额外的预付金。她说，只要过去干一年，
然后就带你回来。钱多得很。

佩吉·莫汉（Peggy Mohan），《舶来人》（*Jahajin*）（新
德里，2007）

# 东　非

　　1888年，英国创办英帝国东印度公司，开发当地贸易，之后又设立英属东非保护领地，范围包括今天的肯尼亚和乌干达。19世纪末，英国在印度招募了3万名劳工修建肯尼亚—乌干达铁路。后来东非又迎来了其他印度移民，包括大量古吉拉特印度教徒和伊斯玛仪派穆斯林，他们是放贷人、贸易商和小店老板（duka）。20世纪60年代中期，约有36万名印度裔在东非生活，但其中大部分人都在民族主义新政府要求下被迫离境，拿着英国护照移民英国和加拿大。随着乌干达和肯尼亚的政权更迭，有些印度裔回到东非，开杂货铺，摆小摊卖炸三角、咖喱和其他印度菜。蒙巴萨和坎帕拉等大城市有许多印度餐厅。

302

## 椰浆鸡（东非）

1颗小洋葱，细细切碎

3大勺油

1千克去皮鸡块

1个中等大小的番茄，细细切碎

姜末、生姜、孜然碎、芫荽籽末各0.5小勺

0.25至1小勺辣椒粉，根据个人口味调整

0.125小勺姜黄粉

0.25至1小勺切碎的新鲜青辣椒，根据个人口味调整

1小勺盐

480毫升（2杯）水

90克无糖椰子奶油

3或4个煮鸡蛋

3个熟马铃薯，炸煮均可

120毫升（0.5杯）打发奶油

1大勺芫荽叶

油煎洋葱至变软。

放入鸡块、番茄、大蒜、姜、香料、辣椒和盐。

加热2分钟，然后加水。继续中火加热，直到鸡肉即将成熟。

椰子奶油中加入120毫升（0.5杯）水，倒入锅中。酱汁应当几乎没过鸡肉，可按需加水。

继续加热至鸡肉完全成熟。

加入鸡蛋、马铃薯、打发奶油和新鲜芫荽。加热两到三分钟，配抛饼或米饭食用。

改写自努尔巴努·尼姆吉（Noorbanu Nimji），《香料入门》（*A Spicy Touch*）（阿尔伯塔省卡尔加里，1986）

铁路工人的一种标准食物是扁豆焖饭配粟米饼（rotli）和豆　303
子。中产阶级群体中发展出了一种非印融合菜，有许多印度菜取
了斯瓦希里语名字。根据在肯尼亚长大的亚斯明·阿利巴伊–布

朗（Yasmin Alibhai-Brown）的说法："为印度人工作的非洲仆人承担了大量烹饪工作，以至于酥油和咖喱进入了东非的饮食词汇。今天在路边摊买恰巴提、炸三角、烤肉串、炸蔬菜是多么平常的事啊？"[6]东非咖喱（mchuzi）的材料是番茄、椰奶、罗望子和咖喱粉，配香蕉和腌菜使用，一种常见腌菜用的是特别辣的鸟眼辣椒（当地叫做peri peri）。Muchuzi在斯瓦希里语里也表示家家常备的咖喱粉。最流行的肯尼亚印度菜或许是椰浆鸡（kuku paka）。

## 葡 属 非 洲

自16世纪以来，葡萄牙人在今安哥拉、赤道几内亚、马达加斯加、莫桑比克、桑给巴尔建立了殖民地。他们带来了新大陆的辣椒、玉米、番茄、甘薯、木薯和家猪，葡萄牙的腌鳕鱼，还有印度属地的香料。葡萄牙和英国都将果阿人引入了各自的殖民地，主要是工匠和职员。大量非洲菜，尤其是海鲜里使用椰奶，由此可见果阿的影响。咖喱（当地叫做caril）是莫桑比克和安哥拉的流行菜品。根据洛朗·范德波斯特（Laurens van der Post）的说法，他们的咖喱一般"要么直接是印度咖喱的翻版，要么是南非，尤其是纳塔尔咖喱的东施效颦"。[7]特辣鸟眼辣椒（peri peri，也有拼法是piri piri或pili pili）遍布非洲，有一道辛辣的果阿菜便以此为名。这道菜一般用鸡肉制作，在英国颇受欢迎。

304

## 东 南 亚

自古以来，东南亚就在印度和中国的贸易路线中占据重要地位。公元前3世纪，印度商人不仅带来了香料和布匹，还传入了印度教和佛教，新的舞蹈、雕塑、音乐形式，还有印度治国理念。今泰国、越南、柬埔寨和印度尼西亚兴起了所谓的"印度化王国"，直到18世纪为止。印度商人可能还将罗望子、大蒜、红葱头、姜、姜黄、胡椒引入了东南亚，并促成了香茅、高良姜等草本植物的区域间传播。8世纪，阿拉伯商人接管香料贸易，让许多当地人皈依伊斯兰教。他们从伊斯兰世界传入了烤肉串、拌饭、抓饭和其他肉菜，可能还让丁香、肉豆蔻和其他当地香料流行开来。

1602年，荷兰创办荷兰东印度公司，负责开展亚洲贸易和殖民活动。这家公司常被视为全世界第一家跨国企业。鼎盛时期的荷兰东印度公司规模远胜于英国东印度公司，最终控制了今印度尼西亚全境（直到1945年独立为止，印度尼西亚都是荷兰殖民地，称荷属东印度）。

1819年，英国建立新加坡，后来扩张到马来半岛和缅甸。1914年，法国占领了印度支那，即今天的老挝、柬埔寨和越南。只有泰国没有被外国占领。尽管泰国文化受到了印度的强烈影响，泰餐一定程度上也受到印度影响，尤其是驰名的泰国咖喱，但相比于东南亚其他国家，泰国的印度移民很少。

### 马来西亚和新加坡

19世纪，200万印度劳工（以南印度和斯里兰卡的泰米尔人为主）来到马来西亚和新加坡，在橡胶和棕榈种植园工作。当地也有印度公务员定居。今天，2 500万马来西亚人口中有三分之二左右是马来人，25%是华人，8%左右是以泰米尔人为主的印

度人。1965年脱离马来西亚的新加坡以华人占绝对多数，马来
人和印度人只占少数。

305  东南亚饮食受到的印度影响主要来自泰米尔地区。芭蕉叶
餐厅是吉隆坡的寻常风景。这些小店售卖蒸米糕、煎脆饼、炸豆
饼、三巴酱、拉萨姆汤和其他南印度菜，餐具是芭蕉叶。

  许多街头食品发源于印度。曼煎粿（murtabak，词源是阿拉
伯语里的"折叠"）相当于印度的夹馅罗提饼。做法是将香料肉
馅和鸡蛋液包进白面面团，下油锅煎，切块后配咖喱酱使用。另

印度煎饼流行于马来西亚、新加坡和印度尼西亚，常配咖喱肉食用

一种流行街头食品是鱼头咖喱，据说是两名印度厨师1964年在新加坡发明的。马来西亚的印度穆斯林发展出了独特的"嘛嘛"（mamak）菜系，特色菜有焖饭和印度煎饼（roti canai）。印度煎饼是一种分层的饼子，可以配咖喱吃，也可以夹煎蛋、洋葱、沙丁鱼、芝士、扁豆和其他食材吃。佐餐饮品是"拉茶"（the tarik）：加了炼乳的茶水装进一个壶里，从高处倒进杯中，反复多次，冲出泡沫——类似于南印度的咖啡做法。

### 其他东南亚国家

法国将南印度殖民地的劳工输入越南，由此带来的一个影响就是用辣椒、姜黄和其他原料配制的南印度风格咖喱粉。流行菜品有咖喱鸡（cari ga）和咖喱牛（cari bo）。咖喱鸡用椰奶炖煮，而咖喱牛里常加香叶、肉桂、洋葱、胡萝卜和马铃薯或甘薯。

缅甸在1948年之前是英属印度的一部分，族群众多，但对缅甸菜影响最大的是印度和中国。20世纪40年代，仰光有一半人口是印度裔，但现在印度裔只占2%。印度对缅甸菜的影响体现在炸三角、拌饭、饼和咖喱上，既用印度香料，也放香茅、罗勒叶和鱼露。缅甸国菜街头鱼汤面（mohinga）融合了中国、印度和缅甸元素，配料有炒米、大蒜、洋葱、香茅、芭蕉心、鱼酱、鱼露和鲇鱼。

# 英　国

印度人最早来到英国是在17世纪后期，主要是作为返乡东印度公司职员的仆人或妻子，这些职员就是在印度发了财的"纳波布"。在英（以伦敦为主）印度人的风俗习惯统称"纳波布里"（nabobery），伦敦马里波恩（Marylebone）和梅菲尔（Mayfair）区发展出了所谓的"小孟加拉"。英国人在印度的时候努力还原故乡的生活，归国后也想要重现印度生活的某些方面。1733年，伦敦干草市场开出了第一家卖印度菜的店——诺里斯街咖啡厅（Norris Street Coffe House）。但是，第一家纯印度餐厅是印度斯坦咖啡厅（Hindoostanee Coffee House）。该店1809年开业于乔治街34号，1833年歇业。店主是一位传奇印度人，名叫萨克·迪恩·马哈茂德（Sake Dean Mahomed，1759—1851），曾在英国陆军服役，娶了一名爱尔兰女子。1824年，东方俱乐部（Oriental Club）成立于伦敦西区，是东印度公司前职员的聚会场所。最早供应法餐，但1839年开始提供咖喱。今天，东方俱乐部延续着这一传统，菜单上有"每日咖喱"这道菜。

最早收录咖喱的英国菜谱是汉娜·格拉斯（Hannah Glasse）的《简明烹饪法》（*Art of Cookery Made Plain and Easy*，1747）。书中的第一道菜基本就是用胡椒粒和芫荽籽调味的香料炖菜，但1796年版本加入了咖喱（粉）和卡宴辣椒。自此以后，咖喱菜就在整个英语世界的菜谱中占据了突出地位，包括殖民地在内。1784年，索莱香坊（Sorlie's Perfumery Warehouse）发售了第一款商用咖啡粉。到了1860年，福南梅森和CB皇牌已经在大规模出售咖喱酱、肉咖喱酱和印度蘸酱了。这些产品中都有一个共同的配料：姜黄粉。其他配料（大致按由多到少的顺序）有芫荽籽、孜然、芥末籽、葫芦巴、胡椒、辣椒、咖喱叶，有时还放姜、肉桂、丁香和豆蔻。

另一个来到英国的印度人群体是东印度公司招募的印度海员

（lascar），其中很多是私自离船，或者在伦敦迷路了。到了19世纪中叶，英国有4万多名南亚人，20世纪初增长到了7万左右，其中四分之三是海员，其余是学生。很多人都来自锡尔赫特地区，当地人有给葡萄牙人和英国人当厨师的传统，一些人开起了餐厅。

1920年，伦敦有几家印度餐馆，包括霍尔本的萨吕埃印度（Salut e Hind）和杰拉德街的莎菲（Shafi），还有东区码头附近的咖啡厅。1926年，海得拉巴公主与英国陆军中将的重孙爱德华·帕尔默（Edward Palmer）在摄政街99号开了维拉斯瓦米餐厅（Veeraswamy），这家店营业至今。帕尔默的餐厅试图复刻印度英国俱乐部的氛围，菜单上有温达卢、马德拉斯咖喱、洋葱炖肉、五彩抓饭和其他流行菜品。

第二次世界大战后，英联邦国家移民剧增，尤其是加勒比海和次大陆地区。他们进入工业部门，参与了战后重建工作。1971年孟加拉国建国引发了新一轮移民潮，次年又来了遭到驱逐的东非南亚裔。移民法对后续新移民施加了很多限制，但已在英国定居者的家属准许入境。根据2001年的人口普查数据，英国有230万南亚裔（包括第二代和第三代移民），占总人口比例的4%；其中约有一半是印度裔，75万巴基斯坦裔，28.3万孟加拉国裔。

为了服务这个扩大中的人群，努恩（Noon）、帕萨科［Pathak's，308后更名为帕塔克（Patak's）］、S&A食品等企业开始生产印度香料粉酱、蘸酱、腌菜和其他印度产品。许多移民从事资金门槛较低，需要大量廉价劳动力的餐饮业。英国的每一座大型城镇都有印度餐厅，最有名的印餐区是伦敦砖巷和伯明翰百老街。这些餐厅采用标准化菜单，融合了各地菜品。咖喱很受欢迎，一度取代炸鱼薯条成为英国最受欢迎的外带食物，只是后来再次让位于炸鱼薯条和中国菜。[8]

# 北 美 洲

1607年詹姆斯敦殖民地建立后不久，第一批印度移民就来到了美洲。有些是英国东印度公司船上的水手，也有富裕英国纳波布的仆人（一部分纳波布在印度发财后移民美洲）。[9]还有一些是被荷兰或英国商人抓获的奴隶。在18世纪初弗吉尼亚的人口调查中，"东印度人"的数目甚至超过了美洲原住民，两个族群之间也经常通婚。

19世纪80年代，孟加拉穆斯林小贩开始来到美国，向渴求一切印度事物的公众出售刺绣、丝绸等"异域"商品。[10]他们的活动中心是新奥尔良市特雷姆区，有一些娶了当地的非裔美国人女性。还有一批孟加拉人是二战后在美国港口私自下船的水手，尤其是纽约。许多人住在哈勒姆，娶波多黎各和非裔美国人女子为妻，开清真肉铺和印度小餐馆。

由于美国移民法将大多数非白人排除在外，所以美国印度裔人口一直很少：1930年只有3 000人左右，许多都是在纽约市居住的学生。20世纪20年代末，纽约有六家印度餐厅，以火辣的咖喱闻名。来自印度次大陆的第一波移民大潮发生在1900年至1910年之间，当时有3 000多名农场工人来到美国西北海岸和加拿大，以旁遮普锡克教徒为主。在"排亚"情绪的压力下，他们309 去了南边加利福尼亚州的萨克拉门托山谷，成了成功的农场主。1917年的种族歧视法律终止了"非白人"的移民流程，其中很多人都娶了当地的墨西哥女子。这一社群总数为400对夫妇，史称"墨西哥印度人"。[11]他们的饮食结合了墨西哥与旁遮普元素。最后一家供应墨印菜（包括"印度比萨"）的餐厅是位于尤巴城（Yuba City）的拉苏尔牧场餐厅（Rasul's El Ranchero），于2009年关门。

　　1946年，移民法有所放宽。到了1965年，约有6 000名以学生为主的印度人进入美国。1965年，倾向于"白人"国家的旧移民配额制度废除，新制度以东西半球为划分依据，且对专业技术人员和现有公民的亲属有倾斜。1976年，地域配额完全废除。之后十年间，数十万印度专业技术人员移民美国，形成了著名的"人才外流"现象。

　　到了2007年，约有280万名南亚裔在美国生活。其中150万人出生于印度，其余来自巴基斯坦、孟加拉国、加勒比海地区和南非，也有第二代或第三代亚裔美国人。仅纽约-新泽西就有60万左右印度裔。这些新移民的饮食需求由各地商铺、餐厅和整片购物街区满足。这些街区包括皇后区的杰克逊高地、曼哈顿列克星敦大道的"咖喱山"、芝加哥的德文大道、洛杉矶的先锋大街、泽西市的日报广场、得克萨斯州休斯敦的克拉夫特丘大道。移民向郊区迁移，这些场所也随之转进。帕特尔兄弟（总部位于芝加哥）等印度商店在全国各地开设分店，最终形成了自己的生产流通网络。

　　这些店铺最初售卖香料、稻米和其他基础食材，如今商品范围已经拓展到了即食即热产品，包括塑封包装食品（通常为素食）、速冻前菜和开胃菜，还有你能想象到的每一种面食，有新鲜的，也有冻冻的。今天，几乎每一个郊区和城镇都有印度商店，大多数超市的货架上也能找到印度产品。

移民的家庭饮食习惯似乎融合了印式与西式。社会学家克里什南杜·雷（Krishnendu Ray）研究了美国的孟加拉家庭，发现他们吃典型的西式早餐，包括麦片配牛奶或吐司面包（和印度中产阶级家庭一样），中午在外面也吃西餐，但很多人不吃牛肉。晚餐依然属于"传统"领域，尽管常常会吃代用品。一顿晚餐可能是吃米饭、豆子，加上用典型孟加拉香料烹制的鱼，也可能是米饭、火鸡肉馅（代替山羊肉）炸土豆饼和草莓奶油蛋糕（代替孟加拉甜品）。"孟加拉人仿佛将一天分成了'现代'和'传统'两个部分，认为两者在各自的位置里都是好的，也是必要的。"雷写道。[12]

加拿大移民政策起初也排斥非白人，1962年之后废除了最明目张胆的种族歧视条款。1976年，加拿大出台了基于教育水平、职业技能、语言能力和家庭资助的新入境政策。2001年人口普查数据显示，加拿大有超过90万名印度裔居民，占总人口的3.1%，其中有相当数量来自特立尼达和多巴哥，还有圭亚那。

## 海湾地区与中东

如前所述，印度与海湾中东地区的阿拉伯国家自古以来就有很强的联系。20世纪70年代以来，据估计有300万人从次大陆去海湾国家打工，大多数是非熟练工人和半熟练工人，以穆斯林为主，半数以上来自喀拉拉邦。有许多场所满足他们的需求，从工厂食堂到廉价小饭馆。多哈、迪拜等城市有面向游客和本地人的高档印度餐厅。烤肉串、拌饭和泥炉烧鸡到处都很流行。麦加

左侧页边：310

有供应朝圣客饮食的印度和巴基斯坦餐厅。阿拉伯富豪聘请印度厨师的情况也不罕见。

自以色列建国以来，大多数印度犹太人已经移民以色列。据估计，目前以色列有7万名印度裔居民。特拉维夫、耶路撒冷等大城市有众多印度餐厅，其中一些供应素食，另一些有肉菜，但为了符合犹太教规，所以没有奶制品。

自远古以来，印度就是全球饮食经济的一部分，接纳和吸收几乎世界上所有地方——中亚、中东、波斯、非洲、中国、西半 311 球、东南亚和欧洲——的食材、菜品和烹饪技法，也输出本国的美食宝藏与饮食观念。到了21世纪，人们自由地跨越大洲流动，菜系的界线在瓦解，于是这种交流变得更加显著。

化身众多的印度菜已经成了一种世界性美食。原因之一在于，人们愈发意识到传统印度饮食的优点，尤其是肉吃得少，果蔬吃得多，以谷物为核心，还有使用香料。科学已经验证了香料的医学价值。出于伦理、人道或健康原因，素食主义的日益流行也与此相关。素食或许是印度带给世界的最大礼物。食品专家发现人们偏好香料更多、"更火辣"的食物，这是21世纪的主要消费趋势之一。

# 印 餐 年 表

注：由于早期著作与事件的年代难以确定，因此部分年代为约数。

| | |
|---|---|
| 公元前6500年至前2500年 | 梅赫尔格尔文化（俾路支斯坦）。种植大麦、小麦、枣、葡萄、豆类、椰枣；驯化绵羊、山羊和牛 |
| 公元前3000年至约前1500年 | 印度河谷文明。基于农业和贸易的城市文明。主粮是小麦和大麦。饮食包括鹰嘴豆、扁豆、肉、鱼、水牛奶、姜黄、胡椒和姜 |
| 公元前1700年至前1300年 | 印度—雅利安部落带着牛群迁入印度河—恒河平原。主食是大麦，后来加入了小麦和粟。吠陀创作。社会划分为四个种姓 |
| 公元前700年至前600年 | 阿育吠陀医师妙闻在贝拿勒斯讲学 |
| 公元前6世纪 | 十六雄国形成。佛陀（公元前563年至483年）和大雄（公元前540年至468年）分别创立佛教和耆那教，提倡不伤生和戒肉食 |
| 约公元前5世纪 | 法典编纂 |
| 公元前327年 | 亚历山大大帝入侵印度 |
| 公元前316年 | 旃陀罗笈多建立孔雀王朝 |
| 公元前304年至前232年 | 阿育王提倡吃素 |

（续　表）

| 公元前 300 年至前 100 年 | 印度是当时全球最富裕的国家，向罗马、中东和中国出口胡椒、香料和奢侈品 |
| --- | --- |
| 公元前 300 年至公元 300 年 | 《摩诃婆罗多》创作 |
| 公元前 200 年至前 78 年 | 中亚人、巴克特里亚人、希腊人入侵北印度 |
| 公元前 200 年至公元 200 年 | 《罗摩衍那》创作；《摩奴法典》规定了包括饮食在内的行为规范 |
| 公元前 200 年至公元 400 年 | 印度—斯基泰王国 |
| 公元前 180 年至公元 10 年 | 印度—希腊王国兴盛 |
| 公元 52 年 | 圣托马斯在南印度殉教 |
| 2 世纪（估计） | 遮罗迦作阿育吠陀论 |
| 324 年至 550 年 | 笈多王朝统治北印度；印度的"黄金时代" |
| 约 650 年 | 拉杰普特列国出现于拉贾斯坦；帕西人定居于印度西海岸 |
| 712 年 | 信仰伊斯兰教的阿拉伯人征服信德 |
| 约公元前 400 年至公元 1279 年 | 南印度诸王朝 |
| 约公元前 400 年至公元 1314 年 | 切拉王朝 |
| 公元 275 年至 882 年 | 帕拉瓦王朝 |
| 公元 543 年至 1156 年 | 遮娄其王朝 |
| 公元前 301 年至公元 1279 年 | 朱罗王朝 |
| 756 年至 1174 年 | 波罗王朝统治印度北部和东北部 |
| 约 1017 年至 1025 年 | 贝鲁尼游历印度 |
| 约 1025 年 | 《利民论》撰写 |

313

（续　表）

| | |
|---|---|
| 1126年至1138年 | 娑密室伐罗三世（《心之乐》作者）在位 |
| 1206年至1526年 | 中亚人建立德里苏丹国。传入抓饭、拌饭、烤肉串、炸三角、哈尔瓦和其他食品 |
| 1292年 | 马可·波罗登陆科罗曼德海岸 |
| 1336年至1565年 | 毗奢耶那伽罗帝国 |
| 1347年至1527年 | 巴赫曼尼苏丹国 |
| 1398年 | 帖木儿入侵北印度 |
| 1495年至1505年 | 曼杜苏丹宫廷撰写《美馔之书》 |
| 1498年 | 瓦斯科·达·伽马登陆印度西海岸 |
| 16世纪 | 葡萄牙人建立贸易站，夺取果阿，建立印度帝国。传入番茄、马铃薯、辣椒、花生、菠萝、腰果和其他新大陆作物 |
| 1526年至1857年 | 莫卧儿王朝统治印度。宫廷菜达到新高度，尽管皇帝是半素食者 |
| 1563年 | 加西亚·达奥塔撰写《印度药物药草对话录》 |
| 约1590年 | 阿布法兹尔撰写《阿克巴治则》 |
| 1600年12月31日 | 伊丽莎白一世特许成立东印度公司 |
| 1674年至1817年 | 马拉塔帝国 |
| 17世纪 | 荷兰、英国和法国在印度建立贸易站 |
| 1724年 | 海得拉巴尼扎姆宣布脱离德里政权 |
| 1753年至1856年 | 勒克瑙成为饮食与文化中心 |
| 1830年至1850年 | 英国在阿萨姆和大吉岭建立茶园，在南印度建立咖啡种植园。从印度回国的英国人创造了咖喱粉和伍斯特酱 |

（续　表）

| 1857年 | 第一次独立战争（又称土兵叛乱） |
| 1858年 | 末代莫卧儿皇帝被流放。印度由英国王室直接统治 |
| 1877年 | 维多利亚女王称印度女皇 |
| 1885年 | 印度国民大会党成立 |
| 1890年 | 圣雄甘地加入伦敦素食协会 |
| 1920年至1922年 | 圣雄甘地领导反对英国的公民不服从运动 |
| 1947年 | 印度独立，成为英国自治领。巴基斯坦建国。泥炉烧鸡在德里被发明 |
| 1966年至1977年 | 绿色革命提升印度农业产量 |
| 1996年 | 麦当劳首家印度门店开业 |
| 2000年5月 | 印度第10亿名公民诞生 |

314

# 注 释

## 序 言

1 Mark Twain, *Following the Equator: A Journey Around the World* (1897), chapter 43; available online at www.gutenberg.org.

2 Diana L. Eck, *India: A Sacred Geography* (New York, 2012), p. 82.

3 Arjun Appadurai, 'How to Make a National Cuisine: Cookbooks in Contemporary India', *Comparative Studies in Sociology and History*, xxx/1 (1988), pp. 3–24.

4 Carol Appadurai Breckenridge, 'Food, Politics and Pilgrimage in South India, 1350–1640 AD', in *Food, Society and Culture: Aspects in South Asian Food Systems*, ed. R. S. Khare and M.S.A. Rao (Durham, nc, 1986), pp. 21–22.

## 第一章 气候、作物与史前史

1 R. C. Saxena, S. L. Choudhary and Y. L. Nene, *A Textbook on Ancient History of Indian Agriculture* (Secunderabad, India, 2009), pp. 112–16中列举了公元前5世纪至18世纪的印度历次饥荒。

2 Dorian Q. Fuller and Emma L. Harvey, 'The Archaeobotany of Indian Pulses: Identification, Processing and Evidence for Cultivation', *Environmental Archaeology*, xi/2 (2006), pp. 219–44.

3 Food and Agriculture Organization of the United Nations: http://faostat.fao.org.

4 例见Dorian Q. Fuller, 'Finding Plant Domestication in the Indian Subcontinent',

*Current Anthropology*, lii/s4 (October 2011), pp.S347–D362. Available online at www.jstor.org。另见Fuller, 'The Ganges on the World Neolithic Map: The Significance of Recent Research on Agricultural Origins in Northern India', *Prāgadhāna* [Journal of the Uttar Pradesh State Archaeology Department], no. 16 (2005–6), pp. 187–206。

5 Dorian Q. Fuller et al., 'Across the Indian Ocean: The Prehistoric Movement of Plants and Animals', *Antiquity*, lxxxv/328 (2011), pp. 544–58: www.antiquity.ac.uk.

6 William Shurtleff and Akiko Aoyagi, 'History of Soy on the Indian Subcontinent', 2007: www.soyinfocenter.com; Ramesh Chand, *Agro-industries Characterization and Appraisal: Soybeans in India*, FAO Agricultural Management, Marketing and Finance Working Document 20 (Rome, 2007): www.fao.org.

7 见 'Rice's Origins Point to China, Genome Researchers Conclude', 3 May 2011: www.sciencenewsline.com ; Xuehui Huang et al., 'A Map of Rice Genome Variation Reveals the Origin of Cultivated Rice', *Nature*, cdxc/7421 (2012), pp. 497–501。

8 'Mango – History', plantcultures.kew.org, accessed 28 June 2014.

9 K. T. Achaya, *A Historical Dictionary of Indian Food* (New Delhi, 2002), p. 84.

10 要了解香料对健康的益处，可检索美国国立卫生研究院的PubMed数据库（www.ncbi.nlm.nih.gov）。该数据库收录了世界各地的医学和生物学期刊。2014年1月，PubMed中有6200多篇文章提到了姜黄和姜黄素（姜黄的活性成分之一），其中2400篇与癌症有关。另见Helen Saberi and Colleen Taylor Sen, *Turmeric: The Wonder Spice* (Evanston, il, 2014)。

11 Romila Thapar, *Early India: From the Origins to AD 1300* (Berkeley, ca, 2002), p. 57.

12 哈佛大学遗传学研究发现，几乎所有印度人都来自两个祖先人群的混合。一个是"北印度祖源"，占印度人基因组祖源的40%至80%，类似于西部欧亚人（包括欧洲人、中东人和中亚人）。另一个是"南印度祖源"，这是一个孤立人群，与世界上的任何人群都没有明显关联。见 David Reich et al., 'Reconstructing Indian Population History', *Nature*, CDLXI (24 September 2009), pp. 489–95, available at http://genetics.med.

harvard.edu。另一份 DNA 研究发现，达罗毗荼人是公元前 2200 年左右从澳大利亚乘船来到印度的，他们传入了苏铁果（cycad nut，喀拉拉菜中的一个常见食材），可能还有澳洲野犬（dingo dog）。见 'An Antipodean Raj', *The Economist*, 19 January 2013, pp. 77–8, available at www.economist.com.

317   13  尽管过去人们经常谈论"达罗毗荼"或"雅利安"种族，但将语言和种族画等号的做法现在被认为是虚妄；事实上，单纯"种族"的概念本身已经受到了质疑，尤其是在 DNA 分析面前。

14  Frank C. Southworth, 'Proto-Dravidian Agriculture', www.upenn.edu, accessed 30 June 2014.

15  Dorian Q. Fuller and Mike Rowlands, 'Towards a Long-term Macrogeography of Cultural Substances: Food and Sacrifice Traditions in East, West and South Asia', *Chinese Review of Anthropology*, 12 (2009), pp. 32–3.

16  'India's "Miracle River"', *BBC News South Asia*, 29 June 2002, news.bbc. co.uk.

17  Jean Bottéro, *The Oldest Cuisine in the World: Cooking in Mesopotamia* (Chicago, il, 2004).

18  传统上，"咖喱"这个词是欧洲人在用，印度人不用。印度人有自己的具体叫法：科尔马、罗甘乔什、莫利、温达卢等等。不过，现在印度人也常用咖喱来表示任何汤汁菜品。关于"咖喱"一词的定义和起源，详见本书第 222 页和第 293 页；另见 Colleen Taylor Sen, *Curry: A Global History* (London, 2009)。

19  Andrew Lawler, 'The Mystery of Curry', *Slate*, 29 January 2013, www. slate.com; Arunima Kashyap and Steve Weber, 'Harappan Plant Use Revealed by Starch Grains from Farmana, India', *Antiquity*, LXXXIV/326 (December 2010): www.antiquity.ac.uk; and Steve Weber, Arunima Kashyap and Laura Mounce, 'Archaeobotany at Farmana: New Insights into Harappan Plant Use Strategies', in *Excavations at Farmana: District Rohtak, Haryana, India, 2006–2008*, ed. Vasant Shinde, Toshiki Osada and Manmohan Kumar (Kyoto, 2011), pp. 808–82.

20  Jonathan Mark Kenoyer, *Ancient Cities of the Indus Valley Civilization* (Oxford, 1998), pp. 169–70.

21  同上，第 164 页。

22 同上，第19页。

## 第二章　仪式时代（公元前1700年至前1100年）

1 见 Colin Renfrew, *Archaeology and Language: The Puzzle of Indo-European Origins* (Cambridge, 1990)。另见 Also B. B. Lal, 'Aryan Invasion of India, Perpetuation of a Myth', in Edwin Bryant and Laurie Patton, *The Indo-Aryan Controversy: Evidence and Inference in Indian History* (London, 2005)。还有一种"走出印度"理论认为，印度—雅利安人是印度次大陆原住民，后来向北迁移。大多数学者并不重视这一理论，但它在某些圈子里一直得到讨论。

2 基于《梨俱吠陀》的《夜柔吠陀》（*Yajur Veda*）和《婆摩吠陀》（*Sama Veda*）主要讨论仪式。《阿闼婆吠陀》创作时间较晚，记录了预防疾病或影响事件的符咒和一些治疗方法，被认为是阿育吠陀的前身。

3 Youtube 上有吠陀火祭仪式的现代还原视频。　　　　　　　　　　318

4 见 Emily Eakin, 'Holy Cow a Myth? An Indian Finds the Kick is Real', *New York Times*, 17 August 1992, pp. a13, a15; Herman W. Tull, 'The Killing that is Not Killing: Men, Cattle and the Origins of Nonviolence (Ahimsa) in the Vedic Sacrifice', *Indo-Iranian Journal*, 39 (1996), pp. 223–44; Ludwig Alsdorf, trans. Bal Patil, ed. Willem Bollée, *The History of Vegetarianism and Cow Veneration in India* (London, 2010); D. N. Jha, *The Myth of the Holy Cow* (London, 2004); and Ian Proudfoot, *Ahimsa and a Mahabharata Story: The Development of the Story of Tuladhara in the Mahabharata in Connection with Non-violence*, Cow Protection and Sacrifice (Canberra, 1987)。

5 K. T. Achaya, *Indian Food: A Historical Companion* (New Delhi, 1994), pp. 104–5.

6 Wendy Doniger, *The Hindus: An Alternative History* (New York, 2009), p. 161.

7 Robert Gordon Wasson, *Soma: Divine Mushroom of Immortality* (New York, 1972), p. 316.

8 *The Rigveda*, trans. Stephanie Jamison and Joel Brereton (Oxford, 2014).

9 Achaya, *Indian Food*, p. 33.

10 'Lactose Intolerance by Ethnicity and Region', 23 February 2010: http://milk.procon.org.

11 人类学家尼古拉斯·德克斯（Nicholas Dirks）主张，我们现在所说的"种姓"并不是印度社会、文化或传统的重要因素，而是"一个现代现象，具体来说，是印度与西方殖民统治历史遭际的产物。"这并不是说英国人发明了种姓，种姓本来就存在，而且在婚姻和宗教方面具有重要意义，而是说在英国人到来之前，"种姓似乎并不是特别重要或固定。"英国人将种姓用作统合印度繁多社会身份认同的一种手段，目的是方便管理以及为殖民势力提供合法性。Nicholas B. Dirks, *Castes of Mind: Colonialism and the Making of Modern India* (Princeton, nj, 2001).

## 第三章　弃世传统与素食主义（公元前1000年至前300年）

1 戈尔·维达尔（Gore Vidal）的小说《创造》（*Creation*）（New York, 2002）富有想象力地探讨了一种想法，即这些人群之间存在思想接触和杂交。毕达哥拉斯（公元前585年至495年）的学说之一就是灵魂轮回（metempsychosis），他也提倡吃素。有人主张，毕达哥拉斯可能通过波斯文献得知了印度学说。

2 Ainslie T. Embree, ed., *Sources of Indian Tradition*, 2nd edn (New York, 1988), pp. 44–5.

3 Patrick Olivelle, 'From Feast to Fast: Food and the Indian Ascetic', in *Rules and Remedies in Classical Indian Law: Panels of the VIIth World Sanskrit Conference*, ed. Julia Leslie, vol. IX, (Leiden, 1987), p. 21.

4 关于禁欲者的生活方式，包括饮食习惯，详见同上。

5 Hanns-Peter Schmidt, 'The Origin of Ahimsa', in Ludwig Alsdorf, *The History of Vegetarianism and Cow Veneration in India*, trans. Bal Patil, ed. Willem Bollée (London, 2010), p. 109.

6 Romila Thapar, 'Renunication: The Making of a Counter-Culture?', in *Ancient Indian Social History: Some Interpretations* (New Delhi, 1978), pp. 56–93.

7 James Laidlaw, *Riches and Renunciation: Religion, Economy and Society among the Jains* (Oxford, 2003), p. 153. 关于耆那教饮食习惯的完整论述，见Colleen Taylor Sen, 'Jainism: The World's Most Ethical Religion',

319

in *Food and Morality: Proceedings of the Oxford Symposium on Food and Cookery*, 2007, ed. Susan R. Friedland (Totnes, Devon, 2008)。

8　作者为一个本地美食社团组织了一顿耆那教餐，颇受欢迎，参与者们要求再来一次。耆那教菜谱见Manoj Jain, Laxmi Jain and Tarla Dalal, *Jain Food: Compassionate and Healthy Eating* (Germantown, tn, 2005)。

9　这种做法的合法性受到了质疑，因为按照印度刑法典，自杀是非法行为。见W. M. Braun, 'Sallekhana: The Ethicality and Legality of Religious Suicide by Starvation in the Jain Religious Community', *Medicine and Law*, XXVII/4 (2008), pp. 913–24。

10　保罗·麦卡特尼爵士（Sir Paul McCartney）曾致信达赖喇嘛，批评他吃肉。达赖喇嘛答道，医生告诉他，他需要吃肉维持健康。保罗爵士的回应是医生说错了。'Sir Paul McCartney's Advice to the Dalai Lama', *The Times*, 15 December 2008

11　Patrick Olivelle, 'Kings, Ascetics, and Brahmins: The Socio-Political Context of Ancient Indian Religions', in *Dynamics in the History of Religions between Asia and Europe: Encounters, Notions and Comparative Perspectives*, ed. Volkhard Krech and Marion Steinicke (Leiden, 2012), p. 131.

12　Wendy Doniger, *The Hindus: An Alternative History* (New York, 2009), p. 256.

13　Rachel Laudan, *Cuisine and Empire: Cooking in World History* (Berkeley, CA, 2013), p. 73.

14　John Watson McCrindle, *Ancient India as Described by Megasthenes and Arrian* (Calcutta, 1877), p. 31.

15　希罗多德将埃及人分成七类，麦加斯梯尼仿照其做法，将印度人分成七个种姓。从亚历山大大帝的时代至19世纪为止，都有地理学家和其他作者在古埃及和古印度之间作比附。McCrindle, *Ancient India*, p. 44.

16　同上，第99页。

17　引自Andrew Dalby, 'Alexander's Culinary Legacy', in *Cooks and Other People: Proceedings of the Oxford Symposium on Food and Cookery*, 1995, ed. Harlan Walker (Totnes, Devon, 1996), p. 82。

18　同上，第81页。

19　Om Prakash, *Economy and Food in Ancient India*, Part II (New Delhi, 1987).

20　A. P. Nayak et al., 'A Contemporary Study of Yavagu (Prepared from Rice) as Pathyakalpana', *Ayurpharm: International Journal of Ayurveda and Allied Sciences*, I/1 (2013), pp. 9–13.

21　Prakash, *Economy and Food*, pp. 103–4.

22　V. S. Agrawala, *India as Known to Panini* (Calcutta, 1963), pp. 102–21.

23　'Kautilya's *Arthashastra*: Book 2: "The Duties of Government Superintendents"', trans. R. Shamasastry (Bangalore, 1915), available at www.sdstate.edu.

24　长叶紫荆木的花可以食用，印度部落广泛用它来制作同名饮品；这种饮品已经成为他们的文化遗产的一部分。

25　Pankaj Goyal, 'Traditional Fermentation Technology', www.indianscience. org.

320

## 第四章　全球化印度与新正统（公元前300年至公元500年）

1　Rachel Laudan, *Cuisine and Empire: Cooking in World History* (Berkeley, CA, 2013), p. 103.

2　穆奇里斯的确切位置尚未发现，据信毁于1431年贝里亚尔河（Periyar River）的大洪水。普哈尔被认为是公元前500年前后毁于海啸。

3　Jack Turner, *Spice: The History of a Temptation* (New York, 2004), p. 70.

4　Rohini Ramakrishnan, 'Connecting with the Romans', *The Hindu*, 24 January 2011.

5　同上。

6　Patrick Olivelle, trans., *Dharmasūtras: The Law Codes of Ancient India* (Oxford, 1999), p. xxxvii.

7　同上，第xlii–xliii页。

8　在英治时代早期，《摩奴法典》（最早由威廉·琼斯在1704年译为英文）前所未有地获得了"应用"法律文件的地位。即使到了今天，《摩奴法典》也是最有名的印度教典籍之一。美国热门喜剧《生活大爆炸》有一集中就引用了其中的条文，可见《摩奴法典》的知名度。

9　David Gordon White, 'You Are What You Eat: The Anomalous Status of Dog-Cookers in Hindu Mythology', in *The Eternal Food: Gastronomic Ideas and Experiences of Hindus and Buddhists*, ed. R. S. Khare (Albany, ny,

1992), p. 59.

10 Dharmasutra of Baudhayana, 3:32, in *Olivelle, Dharmasūtras*, p. 215.

11 Dharmasutra of Apastamba, 11:13, p. 52.

12 Patrick Olivelle, 'Abhaksya and Abhojya: An Exploration in Dietary Language', *Journal of the American Oriental Society*, CXXII (2002), pp. 345–54.

13 Mary Douglas, *Purity and Danger: An Analysis of Concepts of Pollution and Taboo* (London and New York, 2007), p. 67.

14 Louis Dumont, *Homo Hierarchicus: The Caste System and its Implications* (Chicago, IL, 1980), p. 141.

15 《摩奴法典》只有一条提及唾液："男子通过首陀罗女子的双唇饮入唾液者，罪不可赦。"

16 根据人类学家 R. S. 卡瑞的看法，"正统"一词在饮食方面既指"先辈之道，他们具有'逝去性'、德性与合法性，也有近邻性（尽管并非实在，而是假想）"，也指"文本、哲学和精神理想"。Khare, *The Hindu Hearth and Home* (New Delhi, 1976), p. 48.

17 在19世纪，我丈夫所属的维迪雅种姓（vaidya，医生）曾向当地婆罗门　321提出申请，要求在节庆期间与婆罗门在同一间屋子吃饭，而无须去单独的房间。

18 M. N. Srinivas, *Religion and Society among the Coorgs of South India* (Oxford, 1952), p. 32.

19 M. N. Srinivas, 'Mobility in the Caste System', in *Structure and Change in Indian Society*, ed. Milton B. Singer and Bernard S. Cohn (Chicago, IL, 1968).

20 引自 Fa-Hien (Faxian), trans. James Legge, *A Record of Buddhistic Kingdoms* (Adelaide, 2014), chapter 16: http://ebooks.adelaide.edu.au。

21 'A Description of India in General by the Chinese Buddhism Pilgrim Hiuan Tsang', in *History of India, vol. IX: Historical Accounts of India by Foreign Travellers, Classic, Oriental and Occidental*, ed. A. V. Williams Jackson (London, 1907), pp. 130–31. 我采用的另一本是：Thomas Watters, *On Yuan Chwang's Travels in India, 629–645 AD* (London, 1904), at www.archive.org。

22 Williams Jackson, *Historical Accounts*, pp. 138–9.

23 K. T. Achaya, *Indian Food: A Historical Companion* (New Delhi, 1994), p. 147.

24 I-Tsing (Yijing), *A Record of the Buddhist Religion as Practised in India and the Malay Archipelago*, trans. J. Takakusu (Oxford, 1896), pp. 40–44.

25 Hashi Raychaudhuri and Tapan Raychaudhuri, 'Not by Curry Alone: An Introduction to Indian Cuisines for a Western Audience', in *National and Regional Styles of Cookery: Oxford Symposium on Food History* (Totnes, 1981), p. 48.

26 同上，第48至49页。

27 H. N. Dubey, 'Agriculture in the Age of Sangam', in *History of Agriculture in India, up to c. 1200 AD*, ed. Lallanji Gopal and V. C. Srivastava (New Delhi, 2008), pp. 415–21.

28 Achaya, *Indian Food*, p. 45.

29 同上，第44至45页。

## 第五章　新的宗教潮流与运动：宴会与斋戒（公元500年至1000年）

1 印度教内外的学者有大量相关讨论。例见 K. M. Sen, Hinduism (London, 2005); Gavin D. Flood, *An Introduction to Hinduism* (Cambridge, 1996); Kim Knott, *Hinduism: A Very Short Introduction* (Oxford, 2000); and S. Radhakrishnan, *The Hindu View of Life* (London, 1927)。

2 Sen, *Hinduism*, p. 29.

3 如今，印度国外最著名的奎师那信徒团体是国际奎师那知觉协会（International Society for Krishna Consciousness，简称ISKCON，俗称奎师那快乐力量运动[Hare Krishna movement]。协会1966年成立于纽约。成员吃素，不吃洋葱和大蒜）。

4 Paul M. Toomey, 'Mountain of Food, Mountain of Love', in *The Eternal Food: Gastronomic Ideas and Experiences of Hindus and Buddhists*, ed. R. S. Khare (Albany, ny, 1992), pp. 117–46.

322 5 Paul M. Toomey, 'Krishna's Consuming Passions: Food as Metaphor and Metonym for Emotion at Mount Govardhan', in *Divine Passions: The Social Construction of Emotion in India*, ed. Owen M. Lynch (Berkeley, CA, 1990), p. 167.

6　Carol Appadurai Breckenridge, 'Food, Politics and Pilgrimage in South India, 1350−1640 AD', in *Food, Society and Culture: Aspects in South Asian Food Systems*, ed. R.S. Khare and M.S.A. Rao (Durham, nc, 1986), p. 68.

7　Alka Pande, *Mukhwas: Indian Food through the Ages* (Delhi, 2013), p. 70.

8　Manuel Moreno, 'Pancamirtam: God's Washings as Food', in Khare, *The Eternal Food*, p. 165.

9　同上，第149页。

10　Roopa Varghese, 'Food in Indian Temples', *Indian Food Gourmet* (26 July 2008): www.indianfoodgourmet.com.

11　Stig Toft Madsen and Geoffrey Gardella, 'Udupi Hotels: Entrepreneurship, Reform and Revival', in *Consuming Modernity: Public Culture in a South Asian World*, ed. Carol Appadurai Breckenridge (Minneapolis, mn, 1995), p. 102.

12　有人解读为印度教徒洁净自身所用的五种牛产物（酥油、奶油、奶、酸奶、牛尿）的翻转。

13　Arthur Avalon, trans., *Mahanirvana Tantra: Tantra of the Great Liberation* (1913), available at www.sacred-texts.com; 'Sugar Cane − Early Technology', www.kew.org, accessed 30 June 2014.

14　Diana L. Eck, *India: A Sacred Geography* (New York, 2012).

15　Kisari Mohan Ganguli, trans., *Mahabharata* (1883−96), part III, section 50, available at www.sacred-texts.com.

16　Indira Chakravarty, *Saga of Indian Food: A Historical and Cultural Survey* (New Delhi, 1972), pp. 24−5.

17　Padmini Sathianadhan Sengupta, *Everyday Life in Ancient India* (Bombay, 1950), pp. 547−8.

18　Ganguli, *Mahabharata*, part II, section 207, available at www.sacred-texts.com.

19　Trans. Ammini Ramachandran: http://peppertrail.com.

20　Ganguli, *Mahabharata*, part V, section 115.

21　Barbara Stoler Miller, trans., *The Bhagavad-Gita: Krishna's Counsel in Time of War* (New York, 1986), p. 138.

22　例见，Swami Vishnu-Devananda, *The Complete Illustrated book of Yoga*

(New York, 1988), pp. 204−19, 以 及 Swami Sivananda, *Kundalini Yoga* (Sivanangdanagar, India, 1991), pp. 8−11.

23 Arjun Appadurai, 'Gastropolitics in Hindu South Asia', *American Ethnologist*, VIII/3 (1981), pp. 494−511.

24 Joe Roberts and Colleen Taylor Sen, 'A Carp Wearing Lipstick: The Role of Fish in Bengali Cuisine and Culture', in *Fish: Food from the Waters: Proceedings of the Oxford Symposium of Food and Cookery*, 1997, ed. Harlan Walker (Totnes, Devon, 1998), pp. 252−8.

25 Moni Nag, 'Beliefs and Practices about Food During Pregnancy', *Economic and Political Weekly* (10 September 1994), pp. 2427−38.

323　　　第六章　食品与印度医生（公元前600年至公元600年）

1 Cakrapanidatta, 引自 Dominik Wujastyk, *The Roots of Ayurveda: Selections from Sanskrit Medical Writings* (London, 2001), p. 8.

2 Ken Albala, *Food in Early Modern Europe* (Westport, ct, 2003), p. 216.

3 《摩奴法典》宣称医生是安巴斯塔种姓（ambastha），父亲是婆罗门，母亲是吠舍。

4 *The Sushruta Samhita: An English Translation based on Original Sanskrit Texts*, trans. Kaviraj Kunja Lal Bhishagratna, 3 vols (New Delhi, 2006).

5 例见 Tina Hesman Saey, 'Gut Bacteria May Affect Cardiovascular Risk', *Science News*, 4 December 2012: www.sciencenews.org; 以及 Susan Young Rojahn, 'Transplanted Gut Bugs Protect Mice from Diabetes', *MIT Technology Review*, 21 January 2013, www.technologyreview.com。

6 引自 K. T. Achaya, *Indian Food: A Historical Companion* (New Delhi, 1994), p. 76。

7 Francis Zimmermann, *The Jungle and the Aroma of Meats: An Ecological Theme in Hindu Medicine* (Berkeley, CA, 1987), p. 116.

8 Jungle一词就是由此而来。18世纪末或19世纪初，这个词获得了现在的"丛林"之意。见 Henry Yule and A. C. Burnell, *Hobson-Jobson: A Glossary of Colloquial Anglo-Indian Words and Phrases, and of Kindred Terms, Etymological, Historical, Geographical and Discursive* (London and Boston, MA, 1985), p. 470。

9 北印度曾经游荡着大群羚羊，但1947年独立后，羚羊大屠杀开始了（相当于19世纪80年代美国大草原的屠杀）。禁止用步枪狩猎的规定被视为一种殖民压迫，遭到废除。猎人夜里游荡在田野上，印度羚羊几乎绝种，今仅存活于少数几处避难所。Zimmermann, *The Jungle*, p. 58.

10 Kṣēmaśarmā, trans. R. Shankar, *Kṣēmakutūhalam: A Work on Dietetics and Well-being* (Bangalore, 2009), p. 115. 这是另一个古人智慧深厚的例子。酥油制作过程会富集奶油中凝固的亚油酸（有抗癌和预防动脉粥样硬化的功效），因此酥油比黄油更健康。同时，酥油的脂肪形态也会改变，因此更稳定，保质期更长，烟点也更高。酥油不会变质，因此比黄油更健康。信息来自与坎塔·谢尔克医生（Dr Kantha Shelke）的私下交流。

11 2009年，曾有人企图发售一款基于牛尿的软饮料，名为gau jal（"牛水"）。此事没有成功。（见Dean Nelson, 'India Makes Cola from Cow Urine', *The Telegraph*, 11 February 2009。）喝自己的尿治病并非古法，而是20世纪40年代才开始流传。当时，英国自然医学研究者约翰·W. 阿姆斯特朗（John W. Armstrong）出版了一本书，宣称这种做法能够治愈大部分疾病。印度总理莫拉尔吉·德赛（Morarji Desa）在一次采访中说，他通过喝自己的尿治好了痔疮，而且对成百上千万负担不起医疗费用的印度人来说，尿疗是完美的医疗方案，尿疗由此风闻全球。见 Prasenjit Chowdhury, 'Curative Elixir: Waters of India', *The Times of India*, 27 July 2009。

12 Kṣēmaśarmā, trans. R. Shankar, *Kṣēmakutūhalam*, pp. 417–18.

13 Aparna Chattopadhyay, 'Studies in Ancient Indian Medicine', post-doctoral thesis, Varanasi, India, 1993, pp. 75–82.

14 Wujastyk, *The Roots of Ayurveda*, p. 42.

15 同上，第202、206页。

16 同上，第204页。

17 1742年，本杰明·富兰克林在《穷理查年鉴》中写道，"吃鱼后不宜喝奶"。奶鱼同食被认为会造成皮肤病，包括麻风病。但是，这一观念没有临床证据支持。见 Eric Silla, 'After Fish, Milk Do Not Wish: Recurring Ideas in a Global Culture', *Cahiers études africaines*, XXXV/144 (1996), pp. 613–24。

18 Robert E. Svoboda, *Ayurveda: Life, Health and Longevity* (New Delhi, 1993), pp. 118–20.

19 Caroline Rowe, 'Thalis of India', in *Food and Material Culture: Proceedings of the Oxford Symposium on Food and Cookery*, 2013, ed. Mark McWilliams (Totnes, Devon, 2014), pp. 264–71.

20 例见 Swami Vishnu-Devananda, *The Complete Illustrated book of Yoga* (New York, 1988), pp. 204–19, 以及 Swami Sivananda, *Kundalini Yoga* (Sivanangdanagar, India, 1991), pp. 8–11。

21 关于北印度婆罗门饮食实践的详细研究，见 R. S. Khare, *The Hindu Hearth and Home* (New Delhi, 1976)。

22 水的沸点是100摄氏度，而油的烟点（开始冒烟的温度）从121摄氏度至270摄氏度不等。与未经澄清的黄油（121摄氏度）相比，酥油的烟点较高（190摄氏度）。

23 A. L. Basham, 'The Practice of Medicine in Ancient and Medieval India', in *Asian Medical Systems: A Comparative Study*, ed. Charles Leslie (New Delhi, 1998), pp. 19–20.

24 另一种理论认为，尤纳尼医学来自中国云南省，或许是因为中医和印医的相似性，包括区分寒性和热性。

25 2013年1月检索美国国立卫生研究院 PubMed 数据库发现，应用阿育吠陀治疗各种疾病（包括糖尿病、癌症、肺结核乃至抑郁症）的相关研究和试验论文有2 143篇。见 www.ncbi.nlm.nih.gov。

### 第七章　中世纪：《心之乐》《利民论》与地方菜（公元600年至1300年）

1 Arjun Appadurai, 'How to Make a National Cuisine: Cookbooks in Contemporary India', *Comparative Studies in Sociology and History*, XXX/1 (1988), pp. 3–24.

2 同上，第12—13页。

3 唯一英文译本的译者是 P. 阿伦德哈提医生（Dr [Mrs] P. Arundhati），1994年出版于新德里。这个译本与其说是翻译，不如说是改写，且有前后矛盾、拼写错误、翻译错误的问题。我获得了梵语学者，芝加哥大学南亚学系毕业生杰西卡·纳夫莱特（Jessica Navright）的帮助。她以 Gaekwad's Oriental Series, vols I, II and III (Baroda, India, 1939)的《摩纳娑故事诗》为底本，重新翻译了多个不明确的段落。她还给出了许多有益的评论和背景知识。

4 《摩纳娑故事诗》中有一篇（1.4V: 45—52）给出了一份禁忌食品名单，包括胡萝卜、洋葱、大蒜以及虎肉、乌鸦肉、猴肉、狮肉、象肉、马肉、鹦鹉肉、鹰肉和"所有村中畜禽"的肉。然而，书中有些菜谱中用到了这些食材。插入这张单子的目的大概是为印度教饮食习惯规则准备的套话。

5 K. T. Achaya, *A Historical Dictionary of Indian Food* (New Delhi, 2002), p. 61.

6 Oggarane 在现代卡纳达语中是"香料"的意思。有一档流行烹饪节目就叫 Oggarane Dabbi，意思是"香料盒"。

7 最早提及 idli 的文献是一本 10 世纪的卡纳达语著作，但直到 13 世纪的配方里才出现稻米。见 K. T. Achaya, *A Historical Dictionary of Indian Food* (New Delhi, 2002), p. 61.。

8 Kishori Prasad Sahu, *Some Aspects of Indian Social Life*, 1000–1526 AD (Calcutta, 1973), p. 34.

9 同上，第 42 页。

10 *Gazetteer of the Bombay Presidency*, vol. I, part 1, p. 531.

11 Taponath Chakravarty, *Food and Drink in Ancient Bengal* (Calcutta, 1959), p. 6.

12 'The Charypada', available at www.oocities.org, accessed 1 July 2014.

13 France Bhattacharya, trans. Radha Sharma, 'Food Rituals in the "Chandi Mangala"', *India International Centre Quarterly*, xii/2 (June 1985), pp. 169–92.

14 同上，第 188—189 页。

15 Om Prakash, *Economy and Food in Ancient India* (New Delhi, 1987), pp. 358–9.

16 Marco Polo, *The Travels* (London and Harmondsworth, 1974)；另见 Namit Arora, 'Marco Polo's India', *Kyoto Journal*, LXXIV (June 2010), available at www.shunya.net。

17 Achaya, *A Historical Dictionary of Indian Food* (New Delhi, 2002), p. 97.

## 第八章　德里苏丹国：《美馔之书》《厨经》和《饮食与保健》
### （1300 年至 1550 年）

1 印度穆斯林宴席的描述见 Christopher P. H. Murphy, 'Piety and Honor: The Meaning of Muslim Feasts in Old Delhi' in *Food, Society and Culture:*

*Aspects in South Asian Food Systems*, ed. R. S. Khare and M.S.A. Rao (Durham, nc, 1986), pp. 85–119

2　Christopher P. H. Murphy, 'Piety and Honor: The Meaning of Muslim Feasts in Old Delhi', in *Food, Society and Culture*, pp. 98–100.

3　K. Gajendra Singh, 'Contribution of Turkic Languages in the Evolution and Development of Hindustani Languages', at www.cs.colostate.edu, accessed 9 July 2014.

4　接下来的描述多出自 Iqtidar Husain Siddiqi, 'Food Dishes and the Catering Profession in Pre-Mughal India', *Islamic Culture*, LIV/2 (April 1985), pp. 117–74, 以及 Kishori Prasad Sahu, *Some Aspects of Indian Social Life*, 1000–1526 AD (Calcutta, 1973)。

5　这个词源自阿拉伯语的 shariba，意思是"喝"。相关的英语词汇有 sherbet（冰镇果子露）、sorbet（雪葩/冰糕）、syrup（糖浆）、shrub（一种美国殖民时代流行的饮品）。

6　Muhammad ibn al-Hasan ibn Al-Karim (the scribe of Baghdad), *A Baghdad Cookery book: The book of Dishes*, trans. Charles Perry (Totnes, Devon, 2005), p. 78.

7　Siddiqi, 'Food Dishes and the Catering Profession', pp. 124–5.

8　在与我的私人交流中，查尔斯·佩里表示，最早提到 shorba（在波斯语里指的是一种用盐水制作的菜品）的著作是10世纪阿拉伯菜谱《烹饪之书》（*Kitab-Al-Tabikh*），书中描述了献给6世纪波斯国王的这道菜是如何制作的。先将肉焯水，将肉捞出（水倒掉），然后用清水、盐、肉桂、高良姜煮制。

9　专业烹饪词汇是 betel quid，这个词与 cud 有关，意思是要长时间嚼的东西。Paan 出自梵语词 parṣa，意思是"羽毛"或"叶片"。近义词是 tambula，指的是槟榔叶或槟榔果本身。

10　2013年10月，印度政府禁止生产和销售烟叶和口嚼烟，理由是危害健康和经济成本。印度是全世界口腔癌发病率最高的国家之一，而且在因癌症死亡的男性中，口腔癌是第一大死因。

11　引自 Muzaffar Alam and Sanjay Subrahmanyam, *Indo-Persian Travels in the Age of Discoveries*, 1400–1800 (Cambridge, 2007), p. 75。

12　引自 Siddiqi, 'Food Dishes and the Catering Profession', p. 130。

13　引自 Sahu, *Some Aspects of Indian Social Life*, p. 63。

326

14 Iqtidar Husain Siddiqi, *Perso-Arabic Sources of Information on the Life and Conditions in the Sultanate of Delhi* (New Delhi, 1992), p. 115.

15 Shahzad Ghorasian, personal communication.

16 Henry Yule and A. C. Burnell, *Hobson-Jobson: A Glossary of Colloquial Anglo-Indian Words and Phrases*, 2nd edn (London, 1986), p. 710.

17 Gharib 一词的意思是 "外来的"，或者 "卑贱的"。尽管译者采用了第一个意思，但从上下文来看，似乎后一个意思更合适。

18 现代家政人员验证了许多菜谱，指出说明清晰易懂，在当下环境下烹制也不难。许多菜品就是当代卡纳塔卡菜，包括罗提、抛饼、用各种谷物制作的脆饼、炸豆饼。Madhukar Konantambigi, trans., *Culinary Traditions of Medieval Karnataka: The Soopa Shastra of Mangarasa III*, ed. N. P. Bhat and Nerupama Y. Modwel (Delhi, 2012), p. 107.

19 Kṣēmaśarmā, trans. R. Shankar, *Kṣēmakutūhalam: A Work on Dietetics and Well-being* (Bangalore, 2009).

20 Ammini Ramachandran, private communication.

21 Kṣēmaśarmā, *Kṣēmakutūhalam*, p. 171.

22 同上，第225—227页。

23 同上，第192页。

24 引自 Robert Sewell, *A Forgotten Empire (Vijayanagar): A Contribution to the History of India* (London, 1900), p. 237。

## 第九章　莫卧儿王朝及其继承者（1526年至1857年）

1 引自 Salma Husain, *The Emperor's Table: The Art of Mughal Cuisine* (New Delhi, 2008), p. 29。

2 Babur (Zahiru'd-din Muhammad Babur Padshah Ghazi), *Babur-Nama: Memoirs of babur*, trans. Annette Susannah Beveridge (New Delhi, 1989), vol. I, p. 3.

3 同上，第2卷，第517—518页。

4 当时的人显然已经在用餐刀和勺子了。一位编年史家记述了巴布尔的一场晚宴："舍尔汗［他的一位廷臣］盘中有一条鱼，但舍尔汗觉得吃起来费劲，就用刀切成小块，然后用勺子吃。" Kishori Prasad Sahu, *Some Aspects of Indian Social Life, 1000–1526 AD* (Calcutta, 1973), p. 33.

5 鸦片早在12世纪就从西亚传入印度，起初是药用。鸦片种植的最早记录来自15世纪。莫卧儿王朝对鸦片采取国家垄断经营，之后由英国人接管。16世纪，鸦片成为印度与中国和其他国家之间的重要外贸商品。到了17世纪，以鸦片代替酒的做法在所有阶层普遍开来，尽管奥朗则布皇帝禁止鸦片。见 S. P. Sangar, 'Intoxicants in Mughal India', *Indian Journal of History of Science*, XVI/2 (November 1981), pp. 202–14。

6 引自 Quoted in Joyce Pamela Westrip, 'Some Persian Influences on the Cooking of India' in *Proceedings of the Oxford Symposium on Food and Cookery, 1984*, ed. Tom Jaine (Totnes, Devon, 1985), p. 74.

7 伊斯兰教苏菲派出现于7世纪后半叶的伊拉克，以对抗有些人眼中穆斯林的世俗化倾向。苏菲派前身是一个与先知同时代的团体，名为 Ahi al-suffa（坐凳人），因为他们会整日整夜在清真寺中祈祷。苏菲派提倡贫穷、禁绝世俗享乐、高强度斋戒，以此自我规训，净化自身，将灵魂向真主打开。尽管他们并不是严格素食者，但主张吃肉可能会伤害信仰。一名13世纪的苏菲大师写道："饮食要留心。宜有营养，但不宜有动物脂肪。" Valerie J. Hoffman, 'Eating and Fasting for God in Sufi Tradition', *Journal of the American Academy of Religion*, LXIII/3 (1995), pp. 465–84. 关于伊斯兰教和素食主义的当代讨论，见 http://islamicconcern.com。

328  8 Abu'l-Fazl ibn Mubarak Allami, *The Ain i Akbari*, trans. H. Blochmann [1873] (New Delhi, 1989). 据记载，阿布法兹尔本人胃口特别大，每天吃22希尔食物（约合45千克）。阿克巴之子萨利姆嫉妒阿布法兹尔的影响力，于是下令将其谋杀。

9 J. S. Hoyland, trans., *The Commentary of Father Monserrate, SJ, on his Journey to the Court of Akbar* [1591] (London, 1922), from an excerpt at www.columbia.edu.

10 Kashk 及其同源词（包括 kishik、keshk）指的是中东、埃及和中亚各地的一大批菜品，可能要用到酸味奶制品或者发酵大麦，更宽泛地讲，也可以指制作工序复杂的菜。见 rançoise Aubaile-Sallenave, 'Al-Kishk: The Past and Present of a Complex Culinary Practice' in *A Taste of Thyme: Culinary Cultures of the Middle East*, ed. Sami Zubaida and Richard Tapper (London, 2000), pp. 105–39。Shulla 一词源于多种蒙古和突厥语系的语言，拼法有 shilen、shilan、shölen、shülen、shilen 等等，外加各种不带 n 的词形。Charles Perry, private communication.

注 释

11 Michael H. Fisher, ed., *Visions of Mughal India: An Anthology of European Travel Writing* (London and New York, 2007), p. ix.

12 K. T. Achaya, *A Historical Dictionary of Indian Food* (New Delhi, 2002), p. 43.

13 Willem Floor, 'Tobacco', *Encyclopaedia Iranica*, 20 July 2009, www. iranicaonline.org/articles/tobacco.

14 引自Annemarie Schimmel, *The Empire of the Great Mughals: History, Art and Culture* (London, 2004), p. 194。

15 引自同上，第193页。

16 Abu'l-Fazl, *The Ain i Akbari*, p. 59.

17 同上，第64页。

18 *The Tuzuk-i-jahangiri; or, Memoirs of Jahangir*, trans. Alexander Rogers, ed. Henry Beveridge (London, 1900), p. 419, available at http://archive.org.

19 Achaya, *A Historical Dictionary of Indian Food*, p. 162.

20 同上，第162页至163页。

21 引自Chakravarty, *Saga of Indian Food*, p. 73。

22 Abdul Halim Sharar, *Lucknow: The Last Phase of an Oriental Culture*, trans. E. S. Harcourt and Fakhir Hussain (Delhi, 1994), p. 13.

23 引自William Dalrymple, *White Mughals: Love and Betrayal in Eighteenth-century India* (London, 2002), p. 266。

24 Sharar, *Lucknow*, p. 157.

25 同上，第159页。

26 对这道菜和传说的分析，见Holly Shaffer, 'Dum Pukht: A Pseudo-Historical Cuisine', in Krishnendu Ray and Tulasi Srinivas, *Curried Cultures: Globalization, Food and South Asia* (Berkeley, CA, 2012), pp. 110–25。

27 见Mukul Mangalik, 'Lucknow Food, Streets, and Bazaars', 16 May 2007: www.gourmetindia.com；另见Margo True, 'Fragrant Feasts of Lucknow', *Saveur*, 78 (October 2004), pp. 56–72。

28 引自Michael H. Fisher, ed., *Visions of Mughal India: An Anthology of European Travel Writing* (London and New York, 2007), p. ix。

29 Ja'far Sharif, ed. and trans. Gerhard Andreas Herklots, *Qanoon-e-Islam, or, The Customs of the Moosulmans of India; Comprising a Full and Exact Account of their Various Rites and Ceremonies, from the Moment of birth Till* 329

*the Hour of Death* (London, 1832).

30  Sidq Jaisi (pen name of Mirza Tassaduz Hussain), *The Nocturnal Court, Darbaar-e-Durbaar: The Life of a Prince of Hyderabad*, trans. Narendra Luther (New Delhi, 2004), p. 12.

31  同上，第 xxxv 页。

## 第十章　欧洲人、公侯及其遗产（1500 年至 1947 年）

1  Michael Krondl, *The Taste of Conquest: The Rise and Fall of the Three Great Cities of Spice* (New York, 2007), p. 116.

2  Minakshie Das Gupta, Bunny Gupta and Jaya Chaliha, *The Calcutta Cook Book: A Treasury of Over 200 Recipes from Pavement to Palace* (New Delhi, 1995), p. 148.

3  Colleen Taylor Sen, 'Sandesh: The Emblem of Bengaliness', in *Milk: Beyond the Dairy, Proceedings of the Oxford Symposium on Food and Cookery*, 1999, ed. Harlan Walker (Totnes, Devon, 2000), pp. 300–308.

4  例见 Carl Johanssen, 'Pre-Columbia American Sunflower and Maize Images in Indian Temples: Evidence of Contact between Civilizations in India and America', *NEARA Journal*, XXXII/1 (Summer 1998), pp. 164–80；以及 Johanssen, 'Considerations of Asian Crops Indicate Longstanding Transoceanic Pre-Columbian Contacts', *Epigraphic Society Occasional Paper*, XXV (2006), pp. 5–12。这个理论还有一个更激进的版本，认为南美、太平洋岛屿、印度尼西亚和印度之间甚至更早之前就有接触，新大陆古代文明就源于古代印度人。依据是阿兹特克和玛雅文明遗址中形似印度神灵和动物（比如大象）的形象，以及社会、宗教、政治结构的相似性，当然还有食品的相似性——一个重要的例子就是墨西哥玉米饼（tortilla）与印度恰巴提（chapatti）的相似性。见 Chaman Lal, *Hindu America?* (Bombay, 1941)。

5  Ruben L. Villareal, *Tomatoes in the Tropics* (Boulder, co, 1980), p. 56.

6  William Roxburgh, *Flora Indica: or, Descriptions of Indian Plants*, ed. William Carey, vol. i (Serampore, India, 1832), p. 565.

7  Rachel Laudan, 'Why 1492 is a Non-Event in Culinary History', 16 December 2009: www.rachellaudan.com.

8　Garcia de Orta, trans. Sir Clements Markham, *Colloquies on the Simples and Drugs of India* (London, 1913).

9　同上，第44页至45页。

10　关于槟榔在印度的历史和地位的有趣论述，见Dominik Wujastyk, 'Cannabis in Traditional Indian Herbal Medicine', in *Ayurveda at the Crossroads of Care and Cure: Proceedings of the Indo-European Seminar on Ayurveda Held at Arrábida*, Portugal, in November 2001, ed. Anna Salema (Lisbon, 2002), pp. 45–73。

11　Lourdes Tirouvanziam-Louis, *The Pondicherry Kitchen: Traditional Recipes from the Indo-French Territory* (Chennai, 2012).

12　David Burton, *The Raj at Table: A Culinary History of the British in India* (London, 1993), pp. 3–4.　330

13　Henry Hobbs, *John Barley Bahadur: Old Time Taverns in India* (Calcutta, 1944) p. 127.

14　同上，第35页。

15　Jayanta Sengupta, 'Nation on a Platter: The Culture and Politics of Food in Colonial Bengal', in *Krishnendu Ray and Tulasi Srinivas, Curried Cultures: Globalization, Food and South Asia* (Berkeley, CA, 2012), p. 74.

16　Eleanor Bobb, *The Raj Cookbook* (Delhi, 1981), p. 10.

17　Shrabani Basu, *Victoria and Abdul: The True Story of the Queen's Closest Confidant* (London, 2011), pp. 129–30.

18　引自Burton, *The Raj at Table*, p. 84。

19　Caroline Rowe, 'Fermented Nagaland: A Culinary Adventure' in *Cured, Fermented and Smoked Foods, Proceedings of the Oxford Symposium on Food and Cookery*, 2010, ed. Helen Saberi (Totnes, Devon, 2011), pp. 263–77.

20　Alan Pryor, 'Indian Pale Ale: An Icon of Empire' in *Global Histories, Imperial Commodities, Local Interactions*, ed. Jonathan Curry-Machado (New York, 2013), pp. 38–57. 一种略有差异的论述，见Martyn Cornell, 'Hodgon's Brewer, Bow and the Birth of IPA', *Brewery History*, 111 (2003), pp. 63–8。

21　印度俱乐部列表，见 'List of India's Gentlemen's Clubs', http://en. wikipedia. org, accessed 30 June 2014。

22　Kal Raustiala, 'The Imperial Cocktail', *Slate* (28 August 2013): www.slate.

com.

23 见Patricia Brown, *Anglo-Indian Food and Customs* (Delhi, 1998)。

24 土邦完整列表见http://princelystatesofindia.com以及'List of Indian Princely States', http://en.wikipedia.org, accessed 30 June 2014。

25 Anna Jackson and Jaffer Amin, eds, *Maharaja: The Splendour of India's Royal Courts* (London, 2009).

26 Neha Prasada and Ashima Narain, *Dining with the Maharajas: A Thousand Years of Culinary Tradition* (New Delhi, 2013), passim.

27 Government of Rajasthan, Integrated Excise Management System, 'Heritage Liqueur': https://rajexcise.gov.in.

28 Ammini Ramachandran, *Grains, Greens and Grated Coconuts: Recipes and Remembrances of a Vegetarian Legacy* (Lincoln, ne, 2007), pp. 142–3.

29 Digvijaya Singh, *Cooking Delights of the Maharajahs: Exotic Dishes from the Princely House of Sailana* (Bombay, 1982). Manju Shivraj Singh, *A Taste of Palace Life: Royal Indian Cookery* (Leicester, 1987). 还有一位印多尔王室成员与美国妻子合著了一本菜谱：Shivaji Rao Holkar and Shalini Devi Holkar, *Cooking of the Maharajas: The Royal Recipes of India* (New York, 1975)。

30 S. Vivekenanda, Patrabali Letters, 5th edn (Calcutta, 1987), quoted in Jayanta Sengupta, 'Nation on a Platter', in *Curried Cultures: Globalization, Food and South Asia*, ed. Krishnendu Ray and Tulasi Srinivas (Berkeley, ca, 2012), p. 85.

31 Mohandas K. Gandhi, *Autobiography: The Story of my Experiments with Truth*, trans. Mahadev Desai (New York, 1983).

32 同上，第43页。

33 M. K. Gandhi, *Key to Health*, trans. Sushila Nayar (Ahmedabad, 1948).

34 甘地之孙阿伦·甘地（Arun Gandhi）否认祖父这样做过。

35 *Young India*, 10 June 1921.

36 *The Mind of Mohatma Gandhi: The Complete book*, p. 118, at www.mkgandhi.org.

331

## 第十一章 印度饮食概览：餐制、烹饪技法与地方差异

1 K. T. Achaya, *Indian Food: A Historical Companion* (New Delhi, 1994), p. 57.

2 引自 Krishnendu Ray, *The Migrant's Table: Meals and Memories in Bengali-American Households* (Philadelphia, PA, 2004), pp. 28–9。

3 Caroline Rowe, 'Thalis of India', in *Food and Material Culture: Proceedings of the Oxford Symposium on Food and Cookery*, 2013, ed. Mark McWilliams (Totnes, Devon, 2014), pp. 264–71.

4 Geeta Samtani, *A Taste of Kashmir* (London, 1995); Shyam Rani Kilam and Kaul Kilam, *Culinary Art of Kashmir: A Cook Book of All Popular Kashmiri Dishes* (New Delhi, n.d.), available at www.ikashmir.net; M.S.W. Khan et al., *Wazwaan: Traditional Kashmiri Cuisine* (New Delhi, 2007). 印度转基因食品之争概述，见 Michael Specter, 'Seeds of Doubt', *New Yorker*, 25 August 2014, pp. 46–57。

5 Shanaz Ramzi, *Food Prints: An Epicurean Voyage through Pakistan: Overview of Pakistani Cuisine* (Karachi, 2012), pp. 7–11.

6 同上，第101—104页，以及 Aroona Reejhsinghani, *The Essential Sindhi Cookbook* (New Delhi, 2004)。

7 Kaumudi Marathé, *The Essential Marathi Cookbook* (New Delhi, 2009); Hermalata Dandekar, *Beyond Curry: Quick and Easy Indian Cooking Featuring Cuisine from Maharashtra State* (Ann Arbor, mi, 1983).

8 Maria Teresa Menezes, *The Essential Goa Cookbook* (New Delhi, 2000); Mridula Baljekar, *A Taste of Goa* (London, 1995).

9 泰米尔菜宝典是 S. Meenakshi Ammal's *Cook and See (Samaithu Par)* (Madras, 1991)。这本书最早是1951年由作者自费出版，目的是教新嫁娘烹制泰米尔素食。1972年英译本出版，原书的传统泰米尔计量单位（ollock、palam）换算成了公制单位。见 www.meenakshiammal.com。

10 Alamelu Vairavan, *Chettinad Kitchen: Food and Flavours from South India* (New Chennai, India, 2010).

11 K. M. Mathew, *Kerala Cookery* (Kottayam, India, 1964); Vijayan Kannampilly, *The Essential Kerala Cookbook* (New Delhi, 2003); 以及 Ammini Ramachandran, *Grains, Greens and Grated Coconuts: Recipes and Remembrances of a Vegetarian Legacy* (Lincoln, ne, 2007).

12 Ramachandran, *Grains, Greens and Grated Coconuts*, p. 56.

13 Lathika George, *The Kerala Kitchen: Recipes and Recollections from the Syrian Christians of South India* (New York, 2009).

332  14  Bilkees I. Latif, *The Essential Andhra Cookbook with Hyderabadi Specialties* (New Delhi, 1999).

15  Minakshie Das Gupta, Bunny Gupta and Jaya Chaliha, *The Calcutta Cook book: A Treasury of over 200 Recipes from Pavement to Palace* (New Delhi, 1995)；以及 Chitrita Banerji, *Life and Food in Bengal* (New Delhi, 1993).

16  Joe Roberts and Colleen Taylor Sen, 'A Carp Wearing Lipstick: The Role of Fish in Bengali Cuisine and Culture', in *Fish: Food from the Waters: Proceedings of the Oxford Symposium of Food and Cookery*, 1997, ed. Harlan Walker (Totnes, Devon, 1998), pp. 252–8.

17  Laxmi Parida, *Purba: Feasts from the East: Oriya Cuisine from Eastern India* (New York, 2003).

18  Hoihnu Hauzel, *The Essential North-East Cookbook* (New Delhi, 2003).

19  Caroline Rowe, 'Fermented Nagaland: A Culinary Adventure' in *Cured, Fermented and Smoked Foods, Proceedings of the Oxford Symposium on Food and Cookery*, 2010, ed. Helen Saberi (Totnes, Devon, 2011), pp. 263–77.

20  Colleen Taylor Sen, 'The Forest Foodways of India's Tribals' in *Wild Food: Proceedings of the Oxford Symposium on Food and Cookery 2004*, ed. Richard Hosking (Totnes, Devon, 2006), pp. 285–90.

## 第十二章　印餐新趋势（1947年至今）

1  P. Sainath, 'Farmers' Suicide Rates Soar Above the Rest', *The Hindu*, 18 May 2013.

2  International Food Policy Research Institute, '2012 Global Hunger Index', 2012, at www.ifpri.org.

3  Vikas Bajaj, 'As Grain Piles Up, India's Poor Still Go Hungry', *New York Times*, 7 June 2012.

4  Navdanya, *Bhoole Bisre Anaj: Forgotten Foods* (New Delhi, 2006), foreword. "Navdanya" 在梵语里既有 "新礼物" 的意思，也有 "九种" 的意思，指的是印度九种古老的豆谷。印度转基因食品之争概述，见 Michael Specter, 'Seeds of Doubt', *New Yorker*, 25 August 2014, pp. 46–57。

5  见 Rukmini Shrnivasan, 'Middle Class: Who are They?', *Times of India*,

1 December 2012: www.timescrest.com；以及 Christian Meyer and Nancy Birdsall, 'New Estimates of India's Middle Class: Technical Note', November 2012: www.cgdev.org。

6 Y. Yadav and S. Kumar, 'The Food Habits of a Nation', *The Hindu*, 14 August 2006.

7 R. S. Khare, *The Hindu Hearth and Home* (New Delhi, 1976), pp. 244–63.

8 同上，第246页。

9 可与餐厅文化兴盛的宋代中国（公元960年至1279年）作比较。都城开封和杭州有数百家装潢精美的餐厅，供应各地美食美酒，有雅间，亦有大厅。餐厅顾客是重视品鉴与尝试的富商官员："他们性情好动，追求新奇与平等，不受饮食禁忌影响，从而造就了中餐，" Michael Freeman in 'Sung', in *Food in Chinese Culture: Anthropological and Historical Perspectives*, ed. K. C. Chang (New Haven, CT, 1977), p. 175。

10 印度和全球街头食品全面介绍见 Bruce Kraig and Colleen Taylor Sen, *Street Food Around the World: An Encyclopedia of Food and Culture* (Santa Barbara, CA, 2013)。

11 在印度英语中，"hotel"一词指的是"任何向所有人开放并供应饭食的场所，甚至路边摊也算。" Nigel B. Hankin, *Hanklyn-Janklyn; or, A Stranger's Rumble-Tumble Guide to Some Words, Customs, and Quiddities Indian and Indo-British* (New Delhi, 1992), p. 88.

12 孟买餐厅史见 Frank F. Conlon, 'Dining out in Bombay', in *Consuming Modernity: Public Culture in a South Asian World*, ed. Carol Appadurai Breckenridge (Minneapolis, mn, 1995), pp. 90–127。

13 Colleen Taylor Sen and Ashish Sen, 'In Delhi, it's the Moti Mahal', Christian Science Monitor (5 October 1988), and Monish Gujral, *Moti Mahal's Tandoori Trail* (Delhi, 1994).

14 见 USDA Foreign Agricultural Service, *Wine Market Update 2012*, Report no. IN2162, 24 December 2012，以及 Western Australia Trade Office – India, *Indian Wine Industry Report*, January 2012。

15 见 www.busybeeforever.com, accessed 30 June 2014。

16 见 www.uppercrustindia.com, accessed 30 June 2014。

17 见 'Diabetes in India', www.diabetes.co.uk，以及 Mark Bergen, 'No Answers in Sight for India's Diabetes Crisis', *Time*, 12 May 2013。

333

18 例见 Sheela Rani Chunkath, 'Easy Herbal Route to Tackle Diabetes', *New Indian Express*, 9 December 2012: http://newindianexpress.com

## 第十三章 侨民印餐

1 有证据表明，其中一部分人是奴隶。见 Francis C. Assisi, 'Indian Slaves in Colonial America', *New Indian Express*, 16 May 2007: www.indiacurrents.com。

2 见印度政府1994年发布的《印度外侨报告》(*The Indian Diaspora*)。网址：http://indiandiaspora.nic.in。

3 法国早期曾从法属印度殖民地招募工匠和其他工人。

4 V. S. Naipaul, *An Area of Darkness* (London and Harmondsworth, 1968), p. 30.

5 见 G. A. Grierson, *Bihar Peasant Life* [1885] (Delhi, 1975) 中介绍食物的章节。

6 Yasmin Alibhai-Brown, *The Settler's Cookbook: A Memoir of Love, Migration and Food* (London, 2008), p. 103.

7 Laurens van der Post, *African Cooking* (New York, 1970), p. 124.

8 'Fish and Chips Crowned the UK's Favourite Takeaway', *The Sun*, 12 October 2012: www.thesun.co.uk.

334　9 英国男子每向市民地"输入"一名工人或仆人，则可获得20公顷土地。见 'The Geography of Slavery in Virginia', project compiled by Thomas Costa, Professor of History, University of Virginia's College at Wise: www.vcdh.virginia.edu/gos。

10 孟加拉移民及其后代研究见 Vivek Bald, *Bengali Harlem and the Lost Histories of South Asian America* (Cambridge, MA, 2013)

11 见 Karen Leonard, *Making Ethnic Choices: California's Punjabi Mexican Americans* (Philadelphia, PA, 1991), 以及 Leonard, 'California's Punjabi Mexican Americans', 1989, at www.sikhpioneers.org。

12 Krishnendu Ray, 'Indian American Food', in *The Oxford Companion to American Food and Drink*, ed. Andrew F. Smith (Oxford, 2007), p. 317.

Achaya, K. T., *Indian Food: A Historical Companion* (New Delhi, 1994)

——, *A Historical Dictionary of Indian Food* (New Delhi, 2002)

Agrawala, V. S., *India as Known to Panini* (Calcutta, 1963)

Allami, Abu'l-Fazl al Mubarak, *The Ain i Akbari*, trans. H. Blochmann [1873] (New Delhi, 1989)

Alsdorf, Ludwig, *The History of Vegetarianism and Cow Veneration in India*, trans. Bal Patil, ed. Willem Bollée (London, 2010)

Appadurai, Arjun, 'How to Make a National Cuisine: Cookbooks in Contemporary India,' *Comparative Studies in Sociology and History*, XXX/1 (1988), pp. 3–24

——, 'Gastropolitics in Hindu South Asia', *American Ethnologist*, VIII/3 (1980), pp. 494–511

Asher, Catherine B., and Cynthia Talbot, *India before Europe* (Cambridge, 2006)

Auboyer, Jeannine, *Daily Life in Ancient India from Approximately 200 BC to 700 AD*, trans. Simon Watson Taylor (London, 1965)

Babur (Zahiru'd-din Muhammad Babur Padshah Ghazi), *Babur-Nama: Memoirs of Babur*, trans. Annette Susannah Beveridge (New Delhi, 1989)

Basham, A. L., 'The Practice of Medicine in Ancient and Medieval India', in *Asian Medical Systems: A Comparative Study*, ed. Charles Leslie (New Delhi, 1998), pp. 18–43

——, *The Wonder that was India: A Survey of the History and Culture of the Indian Sub-continent before the Coming of the Muslims*, 3rd revd edn (Kundli, India, 2004)

Bhishagratna, Kaviraj Kunja Lal, ed. and trans., *The Sushruta Samhita* (Delhi, 1916); available at http://chestofbooks.com

Burnett, David, and Helen Saberi, *The Road to Vindaloo: Curry Cooks and Curry Books* (Totnes, Devon, 2008)

Burton, David, *The Raj at Table: A Culinary History of the British in India* (London, 1993)

Chakravarty, Indira, *Saga of Indian Food: A Historical and Cultural Survey* (New Delhi, 1972)

Chakravarty, Taponath, *Food and Drink in Ancient Bengal* (Calcutta, 1959)

Chandra, Satish, *History of Medieval India, 800–1700* (Hyderabad, 2007)

Chattopadhyay, Aparna, 'Studies in Ancient Indian Medicine', post-doctoral thesis, Varanasi, India, 1993

Chavundaraya II, *Lokopakara* [*c.* 1025], trans. Valmiki S. Ayangarya (Secundabad, India, 2006)

Church, Arthur Herbert, *Food-grains of India* (London, 1886)

Collingham, Lizzie, *Curry: A Tale of Cooks and Conquerors* (Oxford, 2006)

Cunningham, Alexander, *The Ancient Geography of India* [1871], (New Delhi, 2006)

Dalrymple, William, *White Mughals* (London, 2003)

De Orta, Garcia, *Colloquies on the Simples and Drugs of India*, trans. Sir Clements Markham (London, 1913)

Dirks, Nicholas B., *Castes of Mind: Colonialism and the Making of Modern India* (Princeton, NJ, 2001)

Disney, Anthony R., *Twilight of the Pepper Empire: Portuguese Trade in Southwest India in the Early Seventeenth Century*, 2nd edn (New Delhi, 2010)

Doniger, Wendy, *The Hindus: An Alternative History* (New York, 2009)

Douglas, Mary, *Purity and Danger: An Analysis of Concepts of Pollution and Taboo* (London and New York, 2007)

Dumont, Louis, *Homo Hierarchicus: The Caste System and its Implications* (Chicago, IL, 1980)

Dundas, Paul, *The Jains*, 2nd edn (London, 2002)

Eck, Diana L., *India: A Sacred Geography* (New York, 2012)

Embree, Ainslie T., ed., *Sources of Indian Tradition*, 2nd edn (New York, 1988)

Fisher, Michael H., ed., *Visions of Mughal India: An Anthology of European Travel Writing* (London and New York, 2007)

Food and Agriculture Organization of the United Nations: http://fao.faostat.org

Gibb, H.A.R., trans. and ed., *The Travels of Ibn Battuta* (New Delhi, 2006)

Goody, Jack, *Cooking, Cuisine and Class: A Study in Comparative Sociology* (Cambridge, 1996)

Gopal, Lallanji, and V. C. Srivastava, eds, *History of Agriculture in India, up to*

336

*c. 1200 AD* (New Delhi, 2008)

Grierson, George A., *Bihar Peasant Life* [1875] (Delhi, 1975)

Gupta, Shakti M., *Plants in Indian Temple Art* (New Delhi, 1996)

Hussaini, Mohammad Mazhar, *Islamic Dietary Concepts and Practices* (Bedford Park, IL, 1993)

Jackson, Anna, and Amin Jaffer, ed., *Maharaja: The Splendour of India's Royal Courts* (London, 2009)

Jaffrey, Madhur, *A Taste of India* (New York, 1985)

——, *Madhur Jaffrey's Ultimate Curry Bible* (London, 2003)

Jones, Constance A., and James D. Ryan, *Encyclopedia of Hinduism* (New York, 2008)

Kalra, J. Inder Singh, *Prashad: Cooking with Indian Masters* (New Delhi, 2006)

Keay, John, *The Honourable Company: A History of the English East India Company* (London, 1993)

——, *India: A History* (New York, 2000)

Karan, Pratibha, *Biryani* (Noida, 2009)

Kenoyer, Jonathan Mark, *Ancient Cities of the Indus Valley Civilization* (Oxford, 1998)

Khan, M.S.W., et al., *Wazwaan: Traditional Kashmiri Cuisine* (New Delhi, 2007)

Khare, R. S., *Culture and Reality: Essays on the Hindu System of Managing Foods* (Simla, India, 1976)

——, *The Hindu Hearth and Home* (New Delhi, 1976)

——, ed., *The Eternal Food: Gastronomic Ideas and Experiences of Hindus and Buddhists* (Albany, NY, 1992)

——, and M.S.A. Rao, ed., *Food, Society and Culture: Aspects in South Asian Food Systems* (Durham, NC, 1986)

Klostermaier, Klaus K., *A Concise Encyclopedia of Hinduism* (Oxford, 1998)

Knott, Kim, *Hinduism: A Very Short Introduction* (Oxford, 2000)

Konantambigi, Madhukar, trans., *Culinary Traditions of Medieval Karnataka: The Soopa Shastra of Mangarasa III*, ed. N. P. Bhat and Nerupama Y. Modwel (Delhi, 2012)

Kraig, Bruce, and Colleen Taylor Sen, *Street Food Around the World: An Encyclopedia of Food and Culture* (Santa Barbara, CA, 2013)

Kṣēmaśarmā, trans. R. Shankar, *Kṣēmakutūhalam: A Work on Dietetics and Well-being* (Bangalore, 2009)

Laudan, Rachel, *Cuisine and Empire: Cooking in World History* (Berkeley, CA, 2013)

Leslie, Charles, *Asian Medical Systems: A Comparative Study* (New Delhi, 1998)

Liu, Xinru, *Ancient India and Ancient China: Trade and Religious Exchanges, AD 1–600* (Delhi, 1988)

337

McCrindle, John Watson, *Ancient India as Described by Megasthenes and Arrian* (Calcutta, 1877)

Manu, *The Law Code of Manu*, trans. Patrick Olivelle (Oxford, 2009)

Mintz, Sidney Wilfred, *Tasting Food, Tasting Freedom: Excursions into Eating, Culture and the Past* (Boston, MA, 1996)

Nandy, Ashis, 'The Changing Popular Culture of Indian Food: Preliminary Notes', *South Asia Research*, XXIV/2 (March 2004), pp. 9–19

Navdanya, *Bhoole Bisre Anaj: Forgotten Foods* (New Delhi, 2006)

Olivelle, Patrick, 'From Feast to Fast: Food and the Indian Ascetic', in *Rules and Remedies in Classical Indian Law: Panels of the VIIth World Sanskrit Conference*, ed. Julia Leslie, vol. IX (Leiden, 1987), pp. 17–36

——, 'Food in India: A Review Essay', *Journal of Indian Philosophy*, XXIII/367–80 (1995)

——, trans., *Dharmasūtras: The Law Codes of Ancient India* (Oxford, 1999)

——, 'Abhaksya and Abhojya: An Exploration in Dietary Language', *Journal of the American Oriental Society*, CXXII (2002), pp. 345–54

Ovington, J., *A Voyage to Surat in the Year 1689*, ed. H. G. Rawlinson (London, 1929)

Pande, Alka, *Mukhwas: Indian Food through the Ages* (Delhi, 2013)

Prakash, Om, *Food and Drinks in Ancient India: From Earliest Times to c. 1200 AD* (Delhi, 1961)

——, *Economy and Food in Ancient India* (New Delhi, 1987)

——, *Cultural History of India* (New Delhi, 2005)

Prasada, Neha, and Ashima Narain, *Dining with the Maharajas: A Thousand Years of Culinary Tradition* (New Delhi, 2013)

Ramachandran, Ammini, *Grains, Greens and Grated Coconuts: Recipes and Remembrances of a Vegetarian Legacy* (Lincoln, NE, 2007)

Ray, Krishnendu, and Tulasi Srinivas, *Curried Cultures: Globalization, Food, and South Asia* (Berkeley, CA, 2012)

Raychaudhuri, Hasi, and Tapan Raychaudhuri, 'Not by Curry Alone: An Introduction to Indian Cuisines for a Western Audience', in *National and Regional Styles of Cooking: Oxford Symposium on Food History* (Totnes, 1981), pp. 45–56

Ramzi, Shanaz, *Food Prints: An Epicurean Voyage Through Pakistan: Overview of Pakistani Cuisine* (Karachi, 2012)

Rowe, Caroline, 'Fermented Nagaland: A Culinary Adventure,' in *Cured, Fermented and Smoked Foods, Proceedings of the Oxford Symposium on Food and Cookery, 2010*, ed. Helen Saberi (Totnes, Devon, 2011), pp. 263–77

Roxburgh, William, *Flora Indica; or, Descriptions of Indian Plants*, ed. William Carey, vol. I (Serampore, India, 1832)

Roy, Nilanjana S., ed., *A Matter of Taste: The Penguin Book of Indian Writing on Food* (New Delhi, 2004)

Sahu, Kishori Prasad, *Some Aspects of Indian Social Life, 1000–1526 AD* (Calcutta, 1973)

Sastri, K. A. Nilakanta, *A History of South India: From Prehistoric Times to the Fall of Vijayanagar*, 4th edn (Oxford, 2009)

Saxena, R. C., S. L. Choudhary and Y. L. Nene, *A Textbook on Ancient History of Indian Agriculture* (Secunderabad, India, 2009)

Schimmel, Annemarie, *The Empire of the Great Mughals: History, Art and Culture* (London, 2004)

Sen, Colleen Taylor, *Food Culture in India* (Westport, CT, 2004)

——, *Curry: A Global History* (London, 2009)

Sen, Kshitimohan, *Hinduism* (London, 1991)

Sengupta, Padmini Sathianadhan, *Everyday Life in Ancient India* (Bombay, 1950)

Sewell, Robert, *A Forgotten Empire (Vijayanagar): A Contribution to the History of India* (London, 1900)

Sharar, Abdul Halim, *Lucknow: The Last Phase of an Oriental Culture*, trans. E. S. Harcourt and Fakhir Hussain (Delhi, 1994)

Sharif, Ja'far, *Qanoon-e-Islam; or, The Customs of the Moosulmans of India; Comprising a Full and Exact Account of their Various Rites and Ceremonies, from the Moment of Birth Till the Hour of Death*, ed. and trans. Gerhard Andreas Herklots (London, 1832)

Siddiqi, Iqtidar Husain, 'Food Dishes and the Catering Profession in Pre-Mughal India,' *Islamic Culture*, LIV/2 (April 1985), pp. 117–74

Somesvara III, *Royal Life in Mānasôllāsa*, trans. P. Arundhati (New Delhi, 1994)

*The Sushruta Samhita: An English Translation Based on Original Sanskrit Texts*, trans. Kaviraj Kunja Lal Bhishagratna, 3 vols (New Delhi, 2006)

Svoboda, Robert E., *Ayurveda: Life, Health and Longevity* (New Delhi, 1993)

Thapar, Romila, *Early India: From the Origins to AD 1300* (Berkeley, CA, 2002)

Thieme, John, and Ira Raja, *The Table is Laid: The Oxford Anthology of South Asian Food Writing* (New Delhi, 2007)

Titley, Norah M., trans., *The Ni'matnāma Manuscript of the Sultans of Mandu: The Sultan's Book of Delights* (London and New York, 2005)

Upadhyaya, Bhagwat Saran, *India in Kālidāsa* (Delhi, 1968)

Wolpert, Stanley, *A New History of India*, 6th edn (New York, 2000)

Wujastyk, Dominik, *The Roots of Ayurveda: Selections from Sanskrit Medical Writings* (London, 2001)

Yule, Henry, and A. C. Burnell, *Hobson-Jobson: A Glossary of Colloquial Anglo-Indian Words and Phrases, and of Kindred Terms, Etymological,*

339

*Historical, Geographical and Discursive* (London and Boston, MA, 1985)
Zimmermann, Francis, *The Jungle and the Aroma of Meats: An Ecological Theme in*
Zohary, Daniel, Maria Hopf and Ehud Weiss, *Domestication of Plants in the Old World: The Origin and Spread of Domesticated Plants in Southwest Asia, Europe, and the Mediterranean Basin*, 4th edn (Oxford, 2012)
Zubaida, Sami, and Richard Tapper, eds, *A Taste of Thyme: Culinary Cultures of the Middle East* (London, 2006)

# 致 谢

我满怀激情地投入了本书的写作，当时并未意识到个中艰难。之前为瑞科图书（Reaktion Books）写《咖喱全球史》（*Curry: A Global History*）的时候，我面对的相关书籍汗牛充栋。这本书的问题恰好相反。印度饮食史一向不受重视的原因是一个谜，但我要感谢出版人迈克尔·黎曼（Michael Leaman），是他建议我尝试写一本。

我深深受惠于帮助过我的各位，若有疏漏错谬，则全为本人之过。我的丈夫阿希什·森（Ashish Sen）多次通读本书手稿，翻译了若干段落，还给出了许多非常好的评论和建议。戴维·吉托默教授（Professor David Gitomer）审读了多个章节，巧妙地指出了我的错误。我要再次感谢海伦·萨贝里（Helen Saberi）一贯富有洞察力的评论和鼓励的话语，我还要感谢布鲁斯·克里格（Bruce Kraig）的富有思想的书评。马西娅·哈曼森教授（Professor Marcia Harmansen）、佩吉·莫汉（Peggy Mohan）、查尔斯·佩里（Charles Perry）、玛丽·伊申（Mary Isin）、沙赫尔扎德·科罗撒因（Shahrzad Ghorasian）、贾扬特·苏卡迪亚（Jayant Sukhadia）、坎塔·谢尔克博士（Dr Kantha Shelke）和阿米尼·拉马钱德兰（Ammini Ramachandran）慷慨地分享自已的专业知识。我要特别感谢印度的各位朋友：麻穆塔·钱德拉（Mamta Chandr）、维韦克·巴特拉（Vivek Batra）、巴帕和阿努·雷（Bappa and Anu Ray）、密里杜拉和普拉卡什·塞特（Mridula and Prakash Seth）、V. P. 拉杰什（V. P. Rajesh）、佩吉和迪内希·莫荷兰（Peggy and Dinesh Mohran）、苏雷什·辛度贾（Suresh Hinduja）和肖恩·肯沃斯大厨（Chef Shaun Kenworthy）。尽管互联网无处不在，但图书管理员依然是研究者的最重要资源。我深深受惠于天然气技术研究院（Gas Technology Institute）的卡罗尔·沃斯特（Carol Worster）、芝加哥大学的詹姆斯·奈（James Nye）和芝加哥公共图书馆的凯瑟琳·威尔逊（Catherine Wilson）。

我第一次去印度是1972年，到现在已经去了15次，游遍了这个国家。我的灵感来源和榜样之一是我故去的婆婆阿拉蒂·森（Arati Sen），她是一名优秀的记者和美食作家。不过，我对印度菜的体验大多来自居住多年的芝加哥。我和我丈夫的住处走着就能去德文大道，那里是北美最集中的南亚购物餐饮区，族裔和场所变幻不居，就像万花筒一样。各个族群的朋友请我们一起吃饭，参与节庆活动，参观宗教场所，饮食体验丰富多彩，在印度本土都很难体验到。我要特别感谢他们。

# 照 片 版 权

在此感谢为本书插图提供图片素材或授权许可的作者和出版商：

Ampersandyslexia：　第160页；Bigstock：　第13页（Europeanipix）、　第90页（A K Choudhurry）、　第177页（masoodrezvi）、　第240页（smarnad）、　第250页（oysy）；The British Library：　第19页、59页、61页、67页、162页、166页、167页、219页；© The Trustees of the British Museum, London：　第71页、96页、98页、115页、180页、181页、209页、221页；Charles O. Cecil/Alamy：第100页；Corbis：第236页（Bettmann）；Ezralalsim10：　第69页；Getty Images/tuseef mustafa/afp：第206页；© harappa.com：第25页、29页、31页；Charles Haynes：　第142页；iStockphoto：　第21页（Alatom）、第24页（RileyMaclean）、　第75页 iannomadav）、　第141页、第259页（danishkahn）、　第205页（Manu_Bahuguna）、　第252页（ShashikanDurshettiwar）、　第283页（jason5yuan）、　第300页下　图（Paul_Brighton）；Kalamazadkhan：　第296页；Gunawan Kartapranata：　第305页；Vinay Kudithipudi：　第258页；Los Angeles County Museum of Art/lacma：　第103页、232页；Luis

Wiki：第210页；Miansari66：第149页、201页；The Museum of Fine Arts, Houston/mfah：第107页；New York Public Library：第229页；Gaitri Pagach-Chandra：第297页上图，第297页下图；phgcom：第74页；Jorge Royan：第188页；Ashish Sen：第22页、88页、267页、269页、277页；Colleen Taylor Sen：第129页、134页；Anilrisal Singh：第20页、144页、145页下图、157页上图、161页、193页、196页、197页、199页、244页、264页、286页、289页、300页；Victoria & Albert Museum, London：第35页、66页、89页、136页、174页、212页；Werner Forman Archive：第211页（Schatzhammer of the Residenz, Munich）。

# 索　引

注：本索引仅列出最重要的资料或文献出处，而不包括一般食品名称（比如豆子和酥油），否则条目会有几百条。

索引条目后页码为原书页码，即本书边码。有插图的页码会用*斜体*表示；有菜品做法的页码会用**加粗**表示。

Abu'l-Fazl 阿布法兹尔 见 "Ain-i-Akbari（《阿克巴治则》）" 条

Achaya, K. T. K. T. 阿查亚 9，40，142，146，211，260

Afghanistan 阿富汗 22，23，26，47—9，76，138，158，160

Africa 非洲 15—19，22，27，154，160，208，299—304

ahimsa 不伤生，非暴力 37，51，53，55，231，234，312

Ain-i-Akbari《阿克巴治则》183—6，187

Albala, Ken 肯·艾尔巴拉 117

Alcohol 酒
　　对酒的态度 39，53，55—6，70，80—81，153，235，271—2，287
　　饮酒 86—8，102，104，181，189，219
　　药用 117，125，129
　　酿酒 68—70，90，145，149，230

Alexander the Great 亚历山大大帝 48—9，62，72，117—18，312

Al-Idrisi 伊德里西 147

ambergris 茉莉抓饭 158，164—6，182

Andhra Pradesh 安得拉邦 262—5

Anglo-Indians 英印人 225—6

Angola 安哥拉 303

*anna* food 种食 113

Annakuta 五谷节 96，*96*，97

Annaprasan ceremony 喂食仪式 115—16，*115*

*anupa* food 湿地食物 121

aphrodisiacs 催情剂 80，163，165，167—8

Appadurai, Arjun 阿尔琼·阿帕多拉伊 9，138，288

Arabs/Arabia 阿拉伯/阿拉伯人 138，152，155，155—8，185，202，265，310
　　影响 155—7，185，247，261，265
　　贸易 30，74，76，152，155，208，214，304

*Arthashastra*《利论》59，67—70

asafoetida (hing) 阿魏 23，53，

139，171—2，214

ascetics 苦修者 51—2，55，62，
77—9，81，106，113

Ashoka 阿育王 见 "Maruya
Dynasty（孔雀王朝）" 条

Assam 阿萨姆 121，223，268，
313

aubergine (eggplant) 茄子 21，53，
110，**169**，*174*，175，275

Awadh 阿瓦德 见 "Lucknow（勒克
瑙）" 条

Ayurveda 阿育吠陀 8，12，117—
36，172，261，290

bael 木橘 *20*，21

Baluchistan 俾路支斯坦 18，27，
246—7，312

bamboo 竹子 90，170，229，260，
268

bananas and plantains 香蕉（芭
蕉）22，32

芭蕉叶 115，*241*，305

343 Bangladesh 孟加拉国 265—6

barley 大麦 13，14，18，32，40，
42，47，63，67

阿育吠陀 127，128，135

起源与早期发展史 15—18，27，
28，31，312

仪式用品 105，113

beer and ale 啤酒和艾尔 *69*，224

betel nut and leaf 槟榔与蒌叶 24，
73，*73*，149，158，159，178，另
见 "paan（包叶槟榔）" 条

Bengal famine 孟加拉饥荒 273

Bernier, François 弗朗索瓦·贝尼
耶 185—6

Beveridge, Annette 安妮特·贝弗里
奇 179

Bhagavad Gita《薄伽梵往世
书》111—12

bhang 大麻 39，48，90，105，214

Bihar 比哈尔 43，267—8，*269*，
293—4

biryani 拌饭 153，193—5，204，
*205*，206

bitter melon (bitter gourd) 苦瓜 40，
110，*136*，145，148，173，246

药用 136

black pepper (*Piper nigrum*) 胡
椒 23—4，26，44

贸易 74—5，118

Bombay duck 孟买鸭 221，254

bread 饼，面包 18，*18*，**19**，63，
*134*，*141*，*157*，*238*，*300*

加勒比 **294—5**，*296*，297

德里苏丹国 155—6

海得拉巴 203

印度河谷 31

勒克瑙 195—6，*196*，197

莫卧儿王朝 185—6，191

Britain, India food in 英国印
餐 306—8

英国对印餐的影响 266

Buddhism 佛教 8，46，48，55—
7，304

素食 56

buffaloes 水牛 26，32

bunny chow 咖喱面包箱 299—300，
*300*

Burma (Myanmar) 缅甸 306

Burton, David 戴维·波顿 218

Busybee (Behram Contractor) 忙碌小
蜜蜂（贝拉姆·康特莱科特）288

camphor 樟脑 166—7

Canada 加拿大 310

Caraka 遮罗迦 118，120，122，
130—31

*Caraka Samhita*《遮罗迦本
集》125—8

cardamom 豆蔻 23，74，260，271

cashews 腰果 23，212，256

caste 种姓 45—6，61—2，66，68，
85—6，94，312

　　否定 52，55，104，248

　　《摩奴法典》77—84

Central Asia 中亚 11，23，26，72，
80，127，154，160，181，185—6，
198

chhana 鹰嘴豆 145—6，175

cheese 芝士 43，211，249

Chennai (Madras) 金奈（马德拉
斯）102，225，257

Chettinads 切蒂纳德人 259

chicken 鸡肉 7，26，62，127，
274，276

　　忌食 82，244

chillies 辣椒 24，25，26，135，
186，213，313

China 中国 75，87，268，324，
332

　　印度中餐 281，*281*

　　来自中国的食品 16，17，20，
　　23，26，47，76

　　贸易 76，139，177，210，291，
　　312，327

Christianity and Christians 基督教与
基督徒 74，210，225，261—2

chula 泥炉 *35*，37

cloves 丁香 23

　　贸易 74—6，304

clubs 俱乐部 225

coconut 椰子 22，140，149，258

coffee 咖啡 186—7，224，257，
305，313

Columbian Exchange 哥伦布大交
换 21，208，211—12

cooking equipment 厨具 66—7，
171—2，241—3

cooking techniques 烹饪技法 44—
5，67，87，166，168，172—3，
185，213，241—3

coriander 芫荽 23，68

cows 牛 26，35，37，40，44，312

　　护牛 34，40，68，236—7

cucumber 黄瓜 20，44

cumin 孜然 32，221，223，294，
306—8

curry 咖喱 32，221，223，294，
306—8

curry leaves 咖喱叶 23，294

curry powder 咖喱粉 215，298，

307，313

custard apple 番荔枝 *212*

Da Gama, Vasco 瓦斯科·达·伽马 208，313
dabbawallas 外卖员 279，*279*
dal 豆子 见"lentils（扁豆）"条
344 Dalai Lama 达赖喇嘛 56，319
Dandin 檀丁 88—9
De Orta, Garcia 加西亚·达奥塔 214—15
Delhi 德里 *22*，*88*，125，147，152—62，182，195，278，281—6，*289*
Delhi Sultanate 德里苏丹国 154—61
dhaba 马路摊 *278*，280
*dharma* 法，达摩 17，57，76—8，81，94，109，111，117
*Dharmasutras* 法典 76—9，312
dhokla 鹰嘴豆蒸糕 151，*251*，252
dhosika 豆子煎饼 142
diabetes 糖尿病 289
diaspora, Indian 印度侨民 292—311
dietary taboos and proscriptions 饮食禁忌与规范 7，132—3
　　佛教 55—6，65—6，70
　　法典 78—86
　　印度教 113—14
　　耆那教 53—4
　　穆斯林 153
digestion 消化 120—21，125，132，135，140，239

dining etiquette 用餐礼仪 45，79，87，197，241
Dirks, Nicholas 尼古拉斯·迪克斯 318
Diwali 排灯节 106
dosa 煎脆饼 28，142，257，*259*
*doshas*（人体内的）能量 119—25，133，138，170，172
Douglas, Mary 玛丽·道格拉斯 82
duhssehra 十夜节 106
Dumont, Louis 路易·杜蒙 84
durgapuja 杜尔迦节 105
Dutch East India Company 荷兰东印度公司 299，304

East India Company (British) 英国东印度公司 200，202，216—18，*219*，292，306—7，313
eggs 蛋 82，234，239，255
etiquette, dining 礼仪（用餐）79，179

famine 饥荒 315
farming techniques 耕作技术 47
fast food 快餐 112，285，289
fasts and fasting 斋戒 8，51—2，53，78
　　阿育吠陀 120，135
　　基督教 262
　　法典 78—79
　　甘地 235—6，*236*
　　印度教 104—5，112—14
　　伊斯兰教 152—3，194，327

耆那教 53—4，114

莫卧儿皇帝 189，190，194

帕西人 255

Faxian 法显 86

feasts and banquets 宴会 58，104—
11，113，133，*206*，221，228，
254，271

德里苏丹国 155—6，158

史诗 59，67，106—9

婚宴 114—15，150，153—4，
239

莫卧儿 *181*，182，184

fenugreek 葫芦巴 23，174

festivals 节日

基督教 225—6，228—9

印度教 104—6

穆斯林 153

帕西人 255

Fiji 斐济 298

films, food in 电影中的食物 288

fish 鱼 32，33，75

云鲥 266，*267*

烹制 144，149—50，172，173，
259，161

禁忌 80，82，130，132

仪式 102，114—15

Forster, E. M. E. M. 福斯特 220—21

France 法国 216

game, wild 野味 26，32，56，121，
139，**226**，251

Gandhi, Mohandas 莫罕达斯·甘
地 16，51，231—7，*236*，*299*，
*314*

Ganesh 伽内什 91—2，*98*，98—9，
*100*，104

Ganesh Charturhi 象神节 105

garlic 大蒜 124，128—30

Gautama, Siddartha (Buddha) 乔达
摩·悉达多（佛陀）55—7

genetically modified crops 转基因作
物 175

ghee 酥油 32，38，42，54，81，
186，189，234，239，274

阿育吠陀 124

有益健康 323

印度教仪式用品 40，43—44，
99—100，101，105，113，116

储存 171，172

吠陀 36，37

ginger 姜 7，23，32

Global Hunger Index 全球饥饿指
数 274

Goa 果阿 209—10，213—15，
228，255—6

goats 山羊 26—7，32，81，97，
98，153，233

Greece and Greeks 希腊和希腊
人 48—9，59—62，72，73—4，
117—18，134—5，312

Green Revolution 绿色革命 13，
16，18，19，273—4，314

Gujarat 古吉拉特 29，33，47，
151，189，232，235，251—3

Gujral, Kundal Lal 昆丹·拉尔·古尔
杰 281—4

345

Gulf States 海湾国家 310

gunas 性 111—12，133

Gupta Dynasty 笈多王朝 73

Guyana 圭亚那 292，**294—5**，*297*

haleem 哈利姆 *201*，202，265

halwa 哈尔瓦 156，*166*，198，204，247，*296*

Haryana 哈里亚纳 247—50

Hindoostane Coffee House 印度斯坦咖啡厅 306

Hinduism 印度教 72，76

　定义 94，236

Holi 洒红节 105

honey 蜂蜜 32，40，53，56，69，271

hot and cold foods 热性与寒性食物 115—16，132—2

hunting (shikar) 狩猎 68，108，**226**，229，*232*，251，323

Hyderabad 海得拉巴 **200**，201—5，228，263，265

Ibn Battuta 伊本·白图泰 154—6，160

Id 节 153

idli 蒸米糕 28，146—7，257，262，325

Indo-Aryans 印度-雅利安人 26，34—46，317

Indus Valley 印度河谷 *25*，*29*（地图），31，28—33，35，97，312

　农业 14，18，29，32，312

贸易 30，73，155，291

jackfruit 菠萝蜜 21，*21*，87，170

Jaffrey, Madhur 玛德胡·贾弗里 223

Jains and Jainism 耆那教与耆那教徒 23，52—4

　饮食习惯 53—4，81，114

　对甘地的影响 231—2，234—5

Jaisi, Sidq 西德科·贾希 204

jalebi 糖耳朵 176，*177*

Jamaica 牙买加 292，298

Jammu and Kashmir 查谟-克什米尔 见"Kashmir（克什米尔）"条

*jangala* food 旱地食物 121

Janmashtami 建摩斯达密节 105

Jews and Judaism 犹太人和犹太教 74—5，215，310

*kaccha* and *pukka* foods 家食与外食 113，133

Kalidasa 迦梨陀娑 88

Karim's 卡里姆餐厅 284

karma 业 50—55，109，111

Karnataka 卡纳塔卡 259—60

kashk 粗小麦粉肉粥 184—5，328

Kashmir 克什米尔 *19*，87，*206*，205—7，229，243—5，331

Kautilya (Chanakya) 憍底利耶 8，49，59，67—70

kebabs 烤肉串 32，122，**143**，*144*，*157*，194，*199*，199—200，313

kedgeree 熏鱼饭 223

Kenoyer, Jonathan Mark 乔纳森·马克·克诺耶 31

Kenya 肯尼亚 301—3

Kerala 喀拉拉 73—5，230，260—62

Khare, R. S. R. S. 卡瑞 276—7，320

khichri 扁豆焖饭 106，*149*，186，189，223，303

khoya 霍亚 145，151，175，246

Khusro, Amir 阿米尔·库斯罗 159—60

Khyber Paktunkhwa 开伯尔—普什图省 247

Kolkata (Calcutta) 加尔各答 98，200—201，211，217，219，222—5，265，*277*，278，280—91

korma 科尔马 193，196

Krishna 奎师那 *95*，96，95—7，101，105，106—7，111—12，146，321

Ksemakutuhalam《饮食与保健》119，170—76

lactose intolerance 乳糖不耐 42

Laudan, Rachel 蕾切尔·劳丹 58，72，213

lassi 拉西 165，*250*

lentils (dal) 扁豆 14—16，63—64，68，105，123，**145**，238—9，257

littis 炸豆丸 267，*269*

London 伦敦 220，224，227，234，306—8

long pepper (*Piper longum*) 荜茇 23，*24*，44，68，74，124—5

Lucknow 勒克瑙 192—201，*193*，206，208，*244*，295，313

Madhya Pradesh 中央邦 256，271

*Mahabharata*《摩诃婆罗多》76，106—11，312

Maharajahs 大君 见 "princes（公侯）"条

Maharashtra 马哈拉施塔特 105，254—5，287

Mahashivaratri 湿婆节 105

Mahavira, Vardamana "大雄" 筏驮摩那 52

maize (corn) 玉米 212，213，303，329

Malaysia and Singapore 马来西亚和新加坡 304—5

malnutrition 营养不良 274

mango 芒果 21，31，32，44，87，164，181

Manrique, Friar Sebastien 塞巴斯蒂安·曼里克修士 190—91

*Mansamangal*《摩纳娑故事诗》149—50

*Manu Smriti* (Code of Manu)《摩奴法典》77—84，320

maps 地图 74，99，210

Marco Polo 马可·波罗 150—51

masala 玛莎拉 25—6

materials 材料 131—2，172

Mauritius 毛里求斯 298

346

Maurya Dynasty 孔雀王朝 49，58，72
    阿育王 49，56—9，73，77，312
    旃陀罗笈多 49，54
meal, the Indian 印餐 238—41
meat 肉
    阿育吠陀 122
    印度河谷 31—2
    饮食禁忌 40，51—2，62，65—6，80—83，109—10
    献祭 37—8，44
Megasthenes 麦加斯梯尼 59—62
Meghalaya 梅加拉亚 *69*，268，**270**
Mexican Hindus 墨西哥印度人 309
middle class 中产阶级 276
milk 奶 32，34，40，42—4，54，234
    仪式用品 99，101，104—5
millet 粟，小米 166，178，189—90，203，*248*，274，284—5，289
    仪式用品 105—6
    起源与早期发展史 14—15，17，**18**，19，27—28，31，33，48，90，312
Mizoram 米佐拉姆 271
modaka 甜饺 64—5，*65*，98—9，*98*，105
monsoons 季风 12—13
Moti Mahal restaurant 珍珠皇宫餐厅 见 "Gujral, Kundal Lal（昆丹·拉尔·古杰拉尔）"条
Mozambique 莫桑比克 303

Mughal dynasty 莫卧儿王朝 179—92，217—18，313
    阿克巴 58，182—9，205
    奥朗则布 189—90，201
    巴布尔 179—82，*180*，*181*
    胡马雍 182
    贾汉吉尔 189
    沙贾汗 189—90
"Mughal cuisine" "莫卧儿菜" 194
mulligatawny soup 咖喱肉汤 221，223，281
Mumbai (Bombay) 孟买 105，217，223，225，254—5，278—80，281，287
mushrooms 蘑菇 53，80，81，117，245
musk 麝香 167
mustard 芥末
    种植 29
    芥子油 32，244，266
    芥末籽 23，44，48，87
myrobalan 诃子 21，126

Nagaland 那加兰 270—71
*Nalapaka* 那拉美食 111
National Food Security Bill《国家粮食安全法案》275
Navaratri 九夜节 104
Nehru, Jawaharlal 贾瓦哈拉尔·尼赫鲁 7，8，231，284
New Delhi 新德里 见 "Delhi（德里）"条
New Guinea 新几内亚 22

nihari 炖牛肉 156，195—6，263—5，*264*

*Ni'matnama* of the sultans of Mandu 曼杜苏丹《美馔之书》162—8，*162*，*166*，*167*，**164**

North America 北美 308—10

Odisha 奥里萨 266—7

Olivelle, Patrick 帕特里克·奥利维勒 77

Onam 欧南节 261

onions 洋葱 22，53，79—81，86—8，96，114

opium 鸦片 181，186，217，327

paan 包叶槟榔 24，75，132，149，150，158—9，*160*，*161*，167，*188*，*218*，326

Paes, Domingo 多明戈·派斯 177—8

panchphoron 五辛粉 165

Panini 波你尼 66—7

panir 奶豆腐 43，249

Parsis 帕西人 152，254—5，313

peda 奶团子 246，*297*

Persia/Iran 波斯/伊朗 48—9，58，154—5，159，160，182—3，201

　影响 43，155，161，163—5，185，194，195—6，198—9，201—2，254—5

　伊拉尼咖啡厅 255

Perry, Charles 查尔斯·佩里 185，326

*phala foods* 野食 113

Phalahar 野食斋 52，79，105，113—14

pickles and pickling 腌菜 **222**，242—3

pigs 猪 26，32，66，153

pilgrimage 朝圣 95，106，152

pineapple 菠萝 8，23，115，186，203，212，214，313

pitha 米饼 150，266—8

pollution, ritual 污染仪式 46，82，85，109，158—9，242

pomegranate 石榴 23，87，160

　阿育吠陀 122—6

Pongal 庞格尔节 104—5

Portuguese 葡萄牙人 23，208—15，*211*，255—6，303，313

potato 马铃薯 23，53，186，212—13，303，313

Prakash, Om 奥姆·普拉卡什 9，62，65

prasad 恩典（供神后分食的食品）100—101，104

pregnancy, foods for 孕期食品 115—16

princes 公侯 207，226—31，**226**，*229*，330

puja 供奉 93，95，99—100

pulao 抓饭 164—5，193—5，**200**

pulses 豆类 见"lentils（扁豆）"条

Punjab 旁遮普 18，247—50

puri 脆饼 63，81，158，165，176　347

purity, ritual 纯洁仪式 46，78，84，86，133

Pushti Marg 普什蒂马尔戈派 96—7

Rajasthan 拉贾斯坦 27，29，72，
161，250—51，329—30
Rajputs 拉杰普特人 161，182，251
Rama 罗摩 95，106—8，107
Ramadan 斋月 152，153，264
Ramayana《罗摩衍那》59，67，
76，95，107，106—8，312
rasas (flavours) 口味 120—21，
140，239
Ray, Krishnendu 克里什南
杜·雷 309—10
recipes 菜谱 43，44，64，54，65，
99，101，110，124，143，145，
164，187，200，222，226，253，
270，294—5，302
restaurants 餐厅 102，176，280—
86，306—7
rice 水稻
　《利论》67—8
　阿育吠陀 122，123
　种植 11，13，17，47，63，140，
　238
　起源与早期发展史 20，32，42，
　47，62—3，316
　烹制 63，64，67，90，145，
　155，172
　爆米花 265
　仪式用品 96，113
Rig Veda《梨俱吠陀》18，36—41，
45，347
Roe, Sir Thomas 托马斯·罗爵

士 60，165，190
Rome/Roman Empire 罗马／罗马帝
国 73—75
roti canai 印度煎饼 305
Roxburgh, William 威廉·罗克斯伯
勒 213

sacrifices, ritual 牺牲献祭 36—8，
46，83，98，53，271
　反对 53，55，56—8，93，
　109—10
saffron 藏红花 74，164，193
salan 汤炖菜 193，204，223
samosa 炸三角 155，185
sandesh 桑德什 266
Sangam literature 桑格姆文学 89—
91
Sanskritization 梵化 85
sattu 萨图 42，43，43，147，267，
269
scheduled tribes 表列部落 271—2
sesame 芝麻 18，23，32，44，48，
64—5，125，131，239
Sharif, Ja'far 贾法尔·谢里夫 202—
3
shirmal 红奶饼 195—6，196，197
Shiva, Vandana 纨妲娜·希瓦 275
Shraddha 肃礼 18，40，44
shrikhand 酸奶布丁 64，124，176，
254
Siddha system of medicine 悉达医
学 134
Sikhs 锡克教徒 249，293，308

Sindh 信德 28，138，152，247

Siva 湿婆 30，93—8，101，104—5

soma 苏摩 37—9

sorghum 高粱 15，17，19，238，274

South Africa 南非 299—301

soy beans 大豆 16

　发酵制品 271

spices 香料 23—6，75，*88*，155，186，209

　健康功效 24—5，167—8，316

　制作与运用 *38*，242—3

　贸易 72—6，208，304，312

squashes and pumpkins 南瓜 7，20，21，87，126，170

Sraddha 肃礼 18，40，41

Srinivas, M. N. M. N. 谢利尼瓦斯 85

Steel, Flora Annie 芙罗拉·安妮·斯蒂尔 222

street food 街头食品 133，*141*，159，178—9

Sufis/Sufism 苏菲派 159，183，327

sugar 糖 13，22—3，32，60—61，*61*，76，148，193

　健康功效 125，127

　种植园 291—2

*Supa Shastra*《厨经》168—70

sura 苏罗 39，125

Suriname 苏里南 117，123—5，131—2

sweets 甜食 60，104，175—6

tamarind 罗望子 7，12，75，257，263

Tamil Nadu 泰米尔纳德 101，256—9

tandoor 泥炉 31，195，246，282—3

tandoori chicken 泥炉烧鸡 282—3，*283*

*Tantra* 经书 102—34，*103*

tapioca 木薯 261

tea (drink) 茶水 112，245，257，223—4，305，315

tea (the meal) 下午茶 224，239，253，266

temples 庙宇 36，53，76，93—4

　庙里的食物 96—7，*101*，101—2

Thailand 泰国 56，76，223，304

thali 盛菜的圆盘 131，229，*240*

Theophrastus 泰奥弗拉斯托斯 62

Timur 帖木儿 161，20

toddy 托迪酒 *71*，*258*，258

tobacco 烟草 158，*188*，186，212，255，326

tomato 番茄 8，23，53，26，99，186，213，263，313

trade, overseas 海外贸易 11，30，48，73—6，138，155，208—10，213，215—16，291，304

Trinidad and Tobago 特立尼达和多巴哥 292，293—5

Tripura 特里普拉 270

tulsi (holy basil) 圣罗勒 23，210

turmeric 姜黄 7，23，32，113，*129*，307

348

药效 25，135—6
Twain, Mark 马克·吐温 7

Udupi hotels 乌杜皮酒店 101—2
Uganda 乌干达 301—3
Unani 尤纳尼 134—6，160
United States 美国 108—10
*Upanishads*《奥义书》50—51
urine, drinking 喝尿 44，323—4
Uttar Pradesh 北方邦 245—6

Vallabhites 婆尔罗巴派 96
Varanasi 瓦拉纳西 230，246
Vedas 吠陀 35—40，51，76，78，
80，94，312，317
vegetarianism 素食主义 53，151，
239，276—8
阿克巴 58，188
阿育王 58，312
甘地 232—5
耆那教 53—4
《摩奴法典》82—3
起源 51—4，56
素菜馆 101，280
仪式与斋戒 113—15
349 毗湿奴派 95—7
Victoria, Queen 维多利亚女王 218，
*221*，221—2
Vijayanagar 毗奢耶那伽罗 161—3，
168，177—8
Vishnu 毗湿奴 23，36，40，56，
93—6，128，210
毗湿奴派 95，101

Vrindaban 沃林达文 *92*

*wazwan* 克什米尔宴席 205—6，
*206*，245
wedding banquets 婚宴 114—15，
153—4，205—6，239，241，262
West Bengal 西孟加拉邦 265—6
wheat 小麦 16—18，48—9，60，62，
88，132，177—8，190—91，238，
284
印度河谷 28—9，31，47—8
White Revolution 白色革命 273
wine 葡萄酒 70，287—8
Wodehouse, P. G. P. G. 伍德豪
斯 223
Wyvern (Colonel Arthur Robert
Kenny-Herbert) 韦恩（亚瑟·罗伯
特·肯尼-赫伯特上校）222

Xuanzang 玄奘 86—7

*yajnas* 吠陀仪式 36—7
yavagu 米粥 63，**64**，123
Yijing 义净 87—8
yoga 瑜伽 39，51，104，111，
112，275
yoghurt 酸奶 28，40，42，131，
241，262

Zimmerman, Francis 弗朗西斯·齐
默尔曼 121
Zoroastrians 琐罗亚斯德教徒 152—3